Veículos elétricos e híbridos

Tom Denton

Tradução

Jorge Augusto Pessatto Mondadori

CB004748

Título original: *Electric and hybrid vehicles*
Veículos elétricos e híbridos
© Taylor & Francis Group 2016
© Editora Edgard Blücher Ltda. 2018

All rigths reserved. Authorised translation from the English language edition published by Routledge, a member of the Taylor & Francis Group.

Imagem da capa: iStockphoto

Blucher

Rua Pedroso Alvarenga, 1245, 4° andar
04531-934 – São Paulo – SP – Brasil
Tel.: 55 11 3078-5366
contato@blucher.com.br
www.blucher.com.br

Segundo Novo Acordo Ortográfico, conforme 5. ed. do *Vocabulário Ortográfico da Língua Portuguesa*, Academia Brasileira de Letras, março de 2009.

É proibida a reprodução total ou parcial por quaisquer meios sem autorização escrita da editora.

Todos os direitos reservados pela Editora Edgard Blücher Ltda.

Dados Internacionais de Catalogação na Publicação (CIP)
Angélica Ilacqua CRB-8/7057

Denton, Tom
Veículos elétricos e híbridos / Tom Denton ; tradução de Jorge Augusto Pessatto Mondadori. -- São Paulo : Blucher, 2018.
216 p. : il., color.

ISBN 978-85-212-1301-7

Título original: *Electric and hybrid vehicles*

1. Veículos elétricos 2. Motores elétricos 3. Motores a gasolina I. Título II. Mondadori, Jorge Augusto Pessatto

18-0349 CDD 629.2293

Índice para catálogo sistemático:
1. Veículos elétricos

Prefácio

A tecnologia automotiva é uma das maiores paixões da humanidade. Encantamo-nos pela possibilidade de nos movermos de forma rápida, segura e confortável. Hoje, veículos são dotados de inteligência que contribui para o controle de tração, estabilidade, temperatura e até mesmo para a direção autônoma. O motor a combustão e o uso de combustíveis derivados de petróleo vêm sendo uma combinação bem-sucedida e amplamente utilizada no transporte de pessoas e cargas, não só por via terrestre, como também marítima e aérea. Contudo, a adoção em massa de veículos automotores de combustão interna em meios urbanos tem gerado problemas ambientais, o que tem forçado governos a tomarem decisões rígidas quanto a controles atmosféricos. Esse cenário veio sendo construído ao longo do século XX e, recentemente, parece ter atingido níveis mais críticos em algumas grandes cidades, a ponto de chamar a atenção das autoridades médicas. Com isso, a redução do índice de poluentes passou a ser a maior necessidade para os motores a combustão nas décadas de 2000 e 2010.

Em busca de alternativas para esse problema, foram criados motores menores, mais leves, mais potentes e mais econômicos – por vezes auxiliados por turbina –, que têm apresentado ótimos resultados. Motores elétricos que auxiliam motores a combustão para proporcionar ganho de eficiência energética e menor consumo de combustível e, até mesmo, a substituição completa do conjunto motopropulsor de combustão por um elétrico são outras importantes soluções tecnológicas adotadas para a redução de poluentes atmosféricos. Veículos híbridos (motor a combustão combinado a um motor elétrico) e veículos puramente elétricos (somente motor elétrico), fabricados em grande escala, já são realidade. Particularmente, o que tem permitido a ampliação do uso dessas tecnologias é o domínio sobre o armazenamento de energia elétrica. Com baterias e capacitores mais eficientes e de menor custo, esses veículos ganharam em competitividade e tornaram-se uma opção viável economicamente. Apesar de um preço relativamente alto no Brasil, percebe-se, nos últimos anos, um aumento da oferta de modelos no mercado de importados e um consequente aumento da frota. Com isso, o tema torna-se muito pertinente e de grande interesse para a indústria automotiva nacional.

Diante das demandas emergentes desse setor industrial, o Sistema Fiep inaugura o Centro de Tecnologia de Veículos Híbridos e Elétricos. Adicionalmente, o lançamento deste livro representa um importante instrumento para a educação tecnológica de qualificação e aperfeiçoamento profissional, pois discute o assunto de forma abrangente, clara e simples. Essa ação é ainda mais edificante por ser o primeiro livro técnico dessa área traduzido para o português do Brasil. Trata-se de um livro originalmente publicado em inglês, em 2016, que tem como autor o renomado engenheiro automotivo Tom Denton. Traz gráficos bem elaborados, ilustrações de ótima qualidade, texto de fácil leitura e é direcionado, principalmente, a proprietários de veículos híbridos e elétricos e a estudantes e profissionais da área automotiva.

Nós, do Senai no Paraná, assim como todo o Sistema Fiep, nos orgulhamos de participar dessa evolução na indústria automotiva, que impactará positivamente os caminhos da economia, da natureza e da vida dos brasileiros em um futuro próximo. Boa leitura!

José Antônio Fares
Superintendente do Sesi e do IEL no Paraná
Diretor Regional do Senai no Paraná

Edson Campagnolo
Presidente do Sistema Fiep

Conteúdo

Prefácio

Neste livro você encontrará várias informações úteis e interessantes sobre veículos híbridos e elétricos (VEs). Este é um livro da série *Tecnologia Automotiva: Manutenção e Reparo de Veículos*, que inclui:

- *Mecânica Automotiva e Sistemas Elétricos*
- *Elétrica Automotiva e Sistemas Eletrônicos*
- *Diagnóstico Avançado de Falhas Automotivas*

Idealmente, você já deve ter estudado alguma tecnologia automotiva ou possui alguma experiência antes de iniciar este livro. Caso contrário, não se preocupe, o livro começa pelo básico, fornecendo uma visão geral de princípios elétricos e eletrônicos, bem como tecnologias de veículos híbridos e elétricos utilizando estudos de caso e exemplos compreensíveis. Cobre-se tudo o que você precisa saber para avançar seus estudos a um nível superior, não importando a qualificação (se alguma) que você busca.

Espero que você encontre conteúdo e informação úteis. Comentários, sugestões e opiniões são sempre bem-vindos em meu endereço eletrônico, www.automotive-technology.co.uk, onde encontrará novos artigos, links para recursos online e muito mais.

Boa sorte e espero que você ache a tecnologia automotiva tão interessante quanto eu ainda acho.

Agradecimentos

Com o passar dos anos, muitas pessoas me auxiliaram na produção de meus livros. Eu sou então muito grato às seguintes empresas, que forneceram informações e/ou permissão para reproduzir fotos e diagramas:[1]

AA
AC Delco
ACEA
Alpine Audio Systems
Autologic Data Systems
BMW UK
C&K Components
Citroën UK
Clarion Car Audio
CuiCAR
Delphi Media
Eberspaecher
Fluke Instruments UK
Flybrid Systems
Ford Motor Company
FreeScale Electronics
General Motors
GenRad
HaloIPT (Qualcomm)
Hella
HEVT
Honda
Hyundai
Institute of the Motor Industry
Jaguar Cars
Kavlico
Loctite
Lucas UK
LucasVarity
Mazda
McLaren Electronic Systems
Mennekes
Mercedes
Mitsubishi
Most Corporation
NGK Plugs
Nissan
Oacridge National Labs
Peugeot
Philips
PicoTech/PicoScope
Pioneer Radio
Porsche
Renasas
Robert Bosch Gmbh/Media
Rolec
Rover Cars
Saab Media
Scandmec
SMSC
Snap-on Tools
Society of Motor Manufacturers and Traders (SMMT)
Sofanou
Sun Electric
Tesla Motors
Thrust SSC Land Speed Team
T&M Auto-Electrical
Toyota
Tracker
Unipart Group
Valeo
Vauxhall
VDO Instruments
Volkswagen
Volvo Media
Wikimedia
ZF Servomatic

Caso eu tenha utilizado qualquer informação ou mencionado alguma empresa que não esteja listada aqui, por gentileza aceite meu pedido de desculpas, e me informe para que eu possa retificar o mais cedo possível.

[1] O livro foi escrito em 2015, e muitas alterações e avanços tecnológicos aconteceram. A informação integral será mantida conforme a publicação original. Quando conveniente, fontes atualizadas serão apontadas para pesquisa externa. [N.T.]

Introdução aos veículos elétricos

1.1 VEs e híbridos

1.1.1 Tipos de veículos elétricos

Veículos elétricos (VEs) ou **veículos eletricamente recarregáveis (VERs)** geralmente se referem a qualquer veículo que é alimentado, parcialmente ou por completo, por uma bateria que pode ser ligada diretamente à rede de energia elétrica. Este livro tem foco em tecnologia para carros, porém veículos maiores são similares. Utilizaremos VE como sigla para "unir" todas as seguintes tecnologias:

> **Definição**
>
> VE (ou EV, do termo em inglês *electrical vehicle*) é utilizado para descrever genericamente qualquer tipo de veículo elétrico.

Veículos puramente elétricos (VPEs), ou **Pure-EVs**, são veículos alimentados apenas por uma bateria. No presente momento, vários fabricantes de veículos com performance padrão fornecem veículos elétricos com autonomia de até 160 km.[1]

Veículos híbridos elétricos plug-in[2] (VHEPs), ou **Plug-In Hybrid Electric Vehicles (PHEVs)**, possuem um motor de combustão interna

Figura 1.1 Nissan LEAF – VE puro (fonte: Nissan Media).

(MCI), ou *Internal Combustion Engine* (ICE), e também uma bateria com autonomia de 16 km. Após a bateria ser utilizada, o veículo troca seu sistema de tração para o funcionamento híbrido completo (utilizando potência tanto da bateria como do MCI) sem comprometer a autonomia.

> **Definição**
>
> MCI: motor de combustão interna (ICE – Internal Combustion Engine).[3]

Veículo elétrico de autonomia estendida (VEAE), ou **Extended-Range Electric Vehicles (E-REVs)**,

Figura 1.2 Volkswagen Golf GTE – VHEP.

são similares aos VPEs, porém com autonomia de bateria de 80 km. Entretanto, a autonomia é estendida por um gerador acoplado a um MCI, fornecendo vários quilômetros adicionais de mobilidade. Em um VEAE, a propulsão é sempre fornecida pelo motor elétrico, diferente de um VHEP, em que a propulsão pode ser elétrica ou completamente híbrida.

Figura 1.3 Chevrolet Volt – VEAE (fonte: GM Media).

Também estudaremos os **veículos híbridos elétricos (VHEs)**, ou **Hybrid Electric Vehicles (HEVs),** nos quais não é possível recarregar a bateria por um meio externo – existem diversas variações, apresentadas na Tabela 1.1. Além disso, analisaremos VEs que utilizam células de combustível de hidrogênio.

Figura 1.4 Toyota Prius – VHE (fonte: Toyota Media).

Um termo que geralmente se usa atrelado aos veículos elétricos é "ansiedade por autonomia" (tradução livre de *range anxiety*). Refere-se ao medo em relação à distância que um VE pode percorrer e a preocupação de que não seja suficiente para chegarmos ao nosso destino!

Contudo, uma informação interessante é que a média de trajeto individual no Reino Unido é de 16 km. A distância total média diária de um motorista é de 40 km. Na Europa, mais de 80% dos motoristas percorrem menos de 100 km em um dia comum. Essas distâncias podem, portanto, ser atingidas utilizando apenas VPEs, e várias viagens podem ser feitas com carros híbridos *plug-in* ou elétricos com autonomia estendida, sem utilizar o motor de combustão.

Fato importante

A jornada média individual do motorista do Reino Unido é menor que 16 km.

1.1.2 Mercado de veículos elétricos

No momento da escrita deste livro (2015), as vendas de VERs estavam em crescimento. Todos os dados disponíveis sugerem continuidade e crescimento ainda maior. Durante 2014, mais de 75 mil novos VEs foram registrados na União Europeia (UE), um aumento de 36,6%.

Tabela 1.1 Resumo de VEs e VHEs e seus nomes alternativos

Carro/veículo elétrico (VE), carro/ veículo eletricamente recarregável	Termos genéricos para veículos alimentados, parcial ou completamente, por uma bateria que pode ser alimentada pela rede elétrica.
Pure-EV, veículo puramente elétrico, totalmente elétrico, *Battery Electric Vehicle* (BEV), completamente elétrico	Um veículo cuja potência é fornecida apenas pela bateria como fonte de energia elétrica. Atualmente, veículos puramente elétricos possuem autonomia ao redor de 160 km.
Veículo híbrido elétrico *plug-in* (VHEPs), veículo híbrido *plug-in* (VHP)	Um veículo com uma bateria que pode ser ligada na rede elétrica e que possui um motor de combustão interna. VHEPs normalmente possuem autonomia de 16 a 48 km em modo puramente elétrico. Após a autonomia elétrica ser exaurida, o veículo altera seu funcionamento para completamente híbrido.
Veículo elétrico de autonomia estendida (VEAE), *Extended-Range Electric Vehicle* (E-REV) e *Range-Extended Electric Vehicle* (RE-EV)	Um veículo alimentado por uma bateria que recebe energia de um gerador acoplado a um motor de combustão interna. Estes veículos funcionam de forma semelhante aos veículos puramente elétricos, porém com autonomia menor de bateria (80 km). Sua autonomia é estendida pelo gerador, fornecendo quilômetros adicionais de mobilidade. No VEAE (E-REV), o movimento é sempre fornecido por um motor elétrico, sistema chamado de híbrido em série (veremos mais sobre isso em um capítulo posterior).
Veículo híbrido elétrico (VHE), totalmente/normalmente/paralelo/ padrão híbrido	Um veículo híbrido exerce tração por uma bateria e/ou por um MCI. A fonte de potência é selecionada automaticamente pelo veículo, dependendo da velocidade, carga no motor de combustão e carga da bateria. Esta bateria não pode ser ligada à rede elétrica, então sua recarga é feita por um sistema de frenagem regenerativa, suprida por um gerador acoplado ao MCI.
Híbrido médio (*Mild Hybrid*)	Um veículo híbrido médio não pode ser ligado à rede de energia elétrica, tampouco operar em modo plenamente elétrico. Entretanto, pode alimentar a bateria por meio de frenagem regenerativa e utilizar essa energia em momentos de aceleração (carros de Fórmula 1 atuais são exemplos de híbridos médios).
Micro-híbrido (*Micro Hybrid*)	Um veículo micro-híbrido possui um sistema *start-stop* (partida-parada) e frenagem regenerativa que alimenta a bateria de 12 V.
Híbrido *start-stop**	O sistema *start-stop* desliga o motor a combustão quando o veículo está parado. Um motor de partida melhorado é utilizado para suportar o número maior de partidas do motor a combustão.
Veículo de combustível alternativo (*Alternative Fuel Vehicle*, AFV)**	Qualquer veículo que não é abastecido com combustíveis tradicionais (ex.: gasolina ou diesel) é tratado como veículo de combustível alternativo.
Motor de combustão interna (MCI)	Motores a diesel ou gasolina*** bem como aqueles adaptados para funcionar com combustíveis alternativos.
Quadriciclo elétrico	Este veículo com quatro rodas é caracterizado e testado de forma similar a uma motocicleta de três rodas ou ciclomotor.
Motocicleta elétrica	Alimentadas apenas por bateria, essas motocicletas elétricas possuem autonomia de até 100 km. Entretanto, novas motos desenvolvidas recentemente na Irlanda atingem até 217 km de autonomia. A Volt 220, que tem seu nome derivado da autonomia de 220 km, atinge até 100 km/h, de acordo com o fabricante.

* O termo *start-stop* está bem difundido no mercado nacional brasileiro. Trata-se de um sistema que desliga o veículo em paradas curtas, religando-o automaticamente ao acelerar o veículo. [N.T.]

** Para o autor, os veículos a álcool estão nesta categoria, embora seja um combustível comum no mercado nacional brasileiro. [N.T.]

*** Álcool também, no caso do Brasil. [N.T.]

Olhando para os principais mercados da UE, o Reino Unido viu o maior crescimento ao longo do ano (+300%), seguido por Alemanha (+70%) e França (+30%). Nos países que fazem parte do Mercado Comum Europeu, a Noruega encerrou o ano em primeiro lugar, com mais de 20 mil registros, mais do que dobrando os registros feitos em 2013 (+141%) (fonte: ACEA).

Fato importante

Em 2014, mais de 75 mil novos VEs foram registrados na União Europeia.

É esperado que a tendência de desenvolvimento de diferentes veículos ocorra conforme a Figura 1.5.

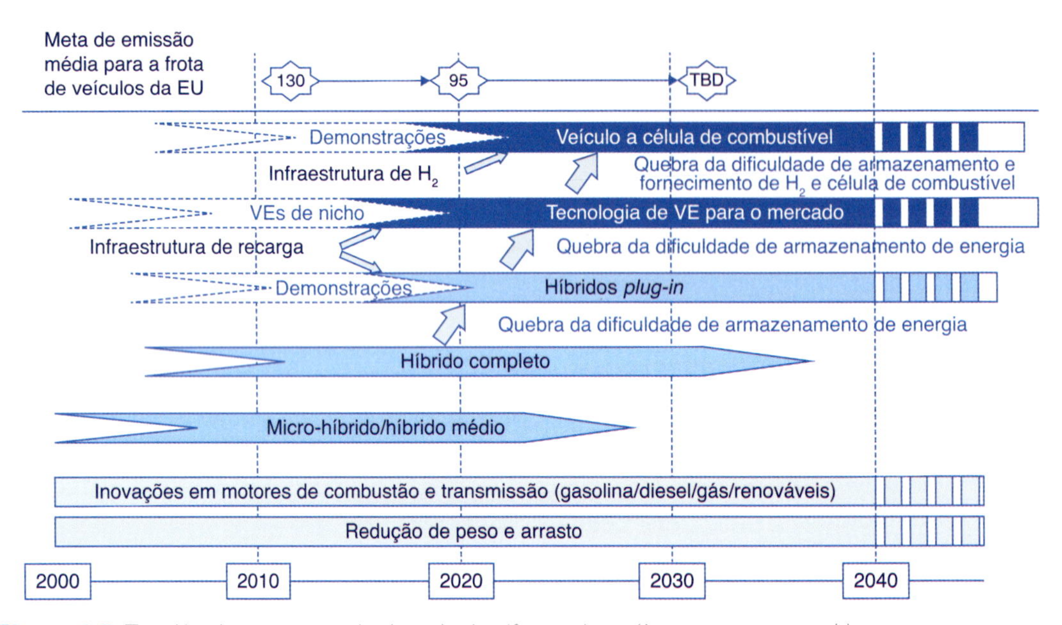

Figura 1.5 Tendências em tecnologia veicular (fonte: http://www.smmt.co.uk).

1.1.3 A experiência de utilizar um VE

Carros tracionados por sistemas elétricos são fáceis de dirigir. Sua direção é leve, silenciosa e a aceleração é boa. Os VPEs não possuem caixa de câmbio, então operam de forma similar ao câmbio automático. Veículos híbridos elétricos *plug-in* possuem caixa de câmbio, mas a troca de marcha é feita de forma automática, embora possa ser controlada de forma manual.

A eletricidade, quando se utilizam fontes sustentáveis, é de fácil fornecimento sem que os veículos produzam emissões (comumente descritas como emissões de escape). Os VEs então possuem benefícios significativos para o meio ambiente, particularmente em meio urbano. Alguns dos benefícios fornecidos por VEs que operam apenas a bateria são:

- Zero emissões de escape.
- Dirigibilidade silenciosa.
- Facilidade de dirigir, em particular em tráfego de intensas paradas e arranques.
- A recarga em casa evita filas em postos de combustível.

Veículos elétricos podem atingir velocidades similares aos de combustão interna em operação normal. Alguns carros puramente elétricos podem atingir velocidades superiores a 200 km/h em locais permitidos. A potência é entregue pelo motor elétrico tão logo o carro começa a se movimentar, o que fornece aceleração suave e rápida.

Fato importante

Alguns carros puramente elétricos podem atingir velocidades superiores a 200 km/h.

A autonomia de um VE depende de suas características e de como é dirigido. Atualmente, a maioria dos carros puramente elétricos fornece autonomia de 160 km ou mesmo superior. São então ideais para viagens curtas e médias. Para trajetos superiores a 160 km, um veículo híbrido elétrico *plug-in* ou mesmo de autonomia estendida é mais recomendado.

Fato importante

A autonomia de um VE depende de suas características e de como é dirigido.

Os VEs devem atender aos mesmos padrões de segurança de carros convencionais, e obter certificações de forma completa. Presta-se atenção de forma particular durante testes de colisão para garantir que funções específicas de VE operem corretamente. Componentes individuais, como as baterias, são submetidas a testes mecânicos e de impacto adicionais.

Os VEs normalmente utilizam uma chave de inércia (componente capaz de medir variação de aceleração súbita) ou sinal do sistema de *airbag* para desligar a tração da bateria caso o veículo se envolva em uma colisão. É similar a veículos convencionais, quando uma chave de inércia é utilizada para cessar a alimentação de combustível em caso de acidente. As baterias são projetadas com um contator (chave magnética) interno tal que, caso a alimentação 12 V seja interrompida por qualquer razão, o fornecimento de energia para tração também seja desligado.

Embora veículos elétricos façam barulho por meio dos pneus, o nível de ruído é muito inferior ao dos carros com MCI, especialmente em baixas velocidades. Pessoas com visão e audição debilitadas podem ser particularmente vulneráveis, então os motoristas devem estar atentos a isso e tomar cuidado adicional.

Segurança em primeiro lugar

Pessoas com visão e audição debilitadas podem ser particularmente vulneráveis, então os motoristas devem estar atentos a isso e tomar cuidado adicional

Como em qualquer outro veículo, a autonomia de um VE depende de diversos fatores, como estilo de direção do motorista, condições do meio e uso de sistemas auxiliares do veículo. A performance divulgada pelos fabricantes deve ser vista como indicativo do potencial do veículo, não como referência real de uso![4] Contudo, é importante observar quanto o estilo de direção afeta esses índices de performance, e que a autonomia máxima dificilmente será atingida em uso baseado em acelerações rápidas, altas velocidades e intenso uso de sistemas auxiliares, como aquecimento e ar-condicionado.[5]

Especificamente para VEs, a regulamentação 101 da Unece mede a autonomia e, como resultado, o consumo de energia elétrica, expresso em watt-hora por quilômetro (Wh/km). O teste usa o mesmo ciclo de condução (NEDC) utilizado para certificações de consumo de combustível para veículos convencionais, bem como emissões e CO_2.

Definição

NEDC: *new European driving cycle* **(novo ciclo de condução europeu).[6]**

1.1.4 Histórico

A história do VE é interessante e na verdade começou muito antes do que a maioria das pessoas pensam. Uma forma interessante de observar é separar os períodos ou "eras". A Tabela 1.2 apresenta apenas alguns dos eventos-chave, números e tendências desses períodos.

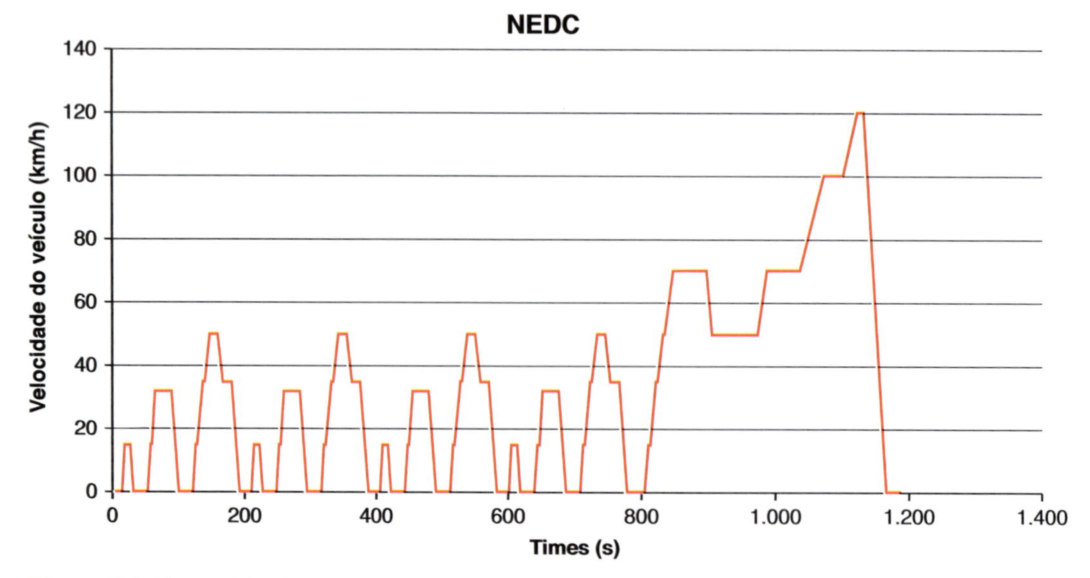

Figura 1.6 Novo ciclo de condução europeu (NEDC).

Tabela 1.2 Principais estágios do desenvolvimento do VE

Início – 1801–1850	Primeira era – 1851–1900	Prosperidade e falência – 1901–1950	Segunda era – 1951–2000	Terceira era – 2001–atualidade
Os primeiros VEs foram inventados na Escócia e nos EUA. **1832–1839** Robert Anderson, da Escócia, construiu o primeiro protótipo de carruagem elétrica. **1834** Thomas Davenport, dos EUA, inventou o primeiro motor elétrico de corrente contínua em um carro que operava em uma pista circular eletrificada.	Os VEs entraram no mercado e começaram a encontrar grande aceitação. **1888** O engenheiro alemão Andreas Flocken construiu o primeiro carro elétrico de quatro rodas. **1897** – Os primeiros VEs comerciais foram utilizados como táxi na cidade de Nova Iorque. A Pope Manufacturing Company se tornou a primeira fabricante de VEs em larga escala nos EUA. **1899** O "La Jamais Contente" (O Nunca Feliz!), construído na França, se tornou o primeiro veículo elétrico a trafegar acima de 100 km/h.	Os VEs atingiram o pico histórico em produção, porém foram substituídos por carros que utilizavam combustíveis fósseis. **1908** Abastecido com gasolina, o Ford Model T foi introduzido no mercado. **1909** William Taft foi o primeiro presidente estadunidense a comprar um automóvel, um Baker Electric. **1912** O motor de partida elétrica foi inventado por Charles Kettering. Isso facilitou o uso de carros a gasolina, visto que a partida manual não era mais necessária. O total de VEs no mundo atinge aproximadamente 30 mil carros.	Com a alta no preço do petróleo e a poluição, surgiu novo interesse em VEs. **1966** O Congresso dos EUA introduziu uma lei recomendando VEs como uma maneira de reduzir a poluição do ar. **1973** O embargo da Opec sobre o petróleo causou alta nos preços, atrasos no fornecimento aos postos e interesse renovado em VEs. **1976** O governo da França lançou o "PREDIT", um programa para acelerar a pesquisa e o desenvolvimento de VEs.	Setores públicos e privados se comprometeram com a eletrificação veicular. **2008** O preço do petróleo atingiu patamares recorde. **2010** O Nissan Leaf foi lançado. **2011** O maior serviço de compartilhamento de veículos elétricos, Autolib, foi lançado em Paris, com frota de 3 mil veículos. **2011** A quantidade global de VEs no mundo atingiu 50 mil unidades. O governo francês se comprometeu a adquirir 50 mil VEs para sua frota no decorrer de 4 anos. O Nissan Leaf venceu o prêmio de carro europeu do ano.

Início – 1801–1850	Primeira era – 1851–1900	Prosperidade e falência – 1901–1950	Segunda era – 1951–2000	Terceira era – 2001–atualidade
	1900 Carros alimentados por eletricidade eram os mais vendidos entre as opções no mercado dos EUA, dominando 28% do mercado.	**1930** Por volta de 1935 o número de VEs chegou a quase zero, e os veículos com MCI dominaram o mercado devido ao baixo preço do combustível. **1947** O racionamento de diesel levou a fabricante Tama, no Japão, a lançar um carro elétrico com 4,5 hp. Utilizava uma bateria chumbo-ácido de 40 V.	**1996** Para atender aos requisitos do programa Zero Emissões Veiculares, de 1990, na Califórnia, a GM produziu o carro elétrico EV1. **1997** No Japão, a Toyota iniciou as vendas do Prius, o primeiro carro híbrido comercial do mundo. Foram vendidas 18 mil unidades no primeiro ano.	**2012** O HEVP Chevrolet Volt superou as vendas de metade dos modelos de carros no mercado estadunidense. O total de VEs no mundo atingiu a marca de 180 mil. **2014** O Tesla Model S, com certificação 5 estrelas pela Euro NCAP, equipado com piloto automático e disponível com tração nas quatro rodas e dois motores elétricos, exibiu performance de 0 a 100 km/h em apenas 2,8 segundos e autonomia de até 530 km. **2015** Fabricantes de carros foram flagrados adulterando regulamentações de emissões,* o que destacava os VEs na mente das pessoas como uma das melhores formas de reduzir consumo e emissões. (Eu comprei um VW Golf GTE [VHEP] e amei!) O número de VEs no mundo atinge 700 mil unidades e continua a crescer (22 mil no Reino Unido e 275 mil nos EUA).

* O diretor executivo da Tesla Motors, Elon Musk, chamou o ocorrido com a VW de "claramente lamentável", mas apontou que, em geração de eletricidade, a Alemanha estava à frente de muitos outros países. Ele também afirmou: "atingimos o limite do que é possível fazer com diesel e gasolina. Portanto, o tempo, penso eu, chegou para evoluirmos a uma nova geração tecnológica".

1.1.5 Formula-e

Na primeira temporada da Formula-e (2014-2015), todas as dez equipes tinham de utilizar veículos para uma pessoa idênticos. Estes eram projetados e fabricados pela Spark Racing Technology. McLaren, Williams, Dallara, Renault e Michelin também contribuíram com o projeto com sua vasta experiência.

Figura 1.7 Carro da Formula-e.

Na segunda temporada, a Formula-e tornou-se um campeonato aberto. Isso significa que fabricantes e equipes poderiam desenvolver seus próprios carros. Para começar, a elas seria permitido desenvolver o trem de força, que inclui motor, inversor[7] e transmissão. É esperado que as regras continuem a ser alteradas, por exemplo, pela possibilidade de que a bateria seja desenvolvida.

O chassi monocoque, feito de fibra de carbono e alumínio (fabricado pela Dallara), é superleve e incrivelmente resistente. Atende totalmente aos mesmos testes de colisão da Fédération Internationale de l'Automobile (FIA), que regulamenta a Fórmula 1. A McLaren Electronics Systems fornece o trem de força elétrico e eletrônico. A Williams Advanced Engineering fornece as baterias. Os carros são capazes de produzir 200 kW, que é equivalente a 270 bhp. A Hewland fornece o câmbio sequencial de cinco velocidades. As relações de engrenagem são fixas para manter os custos o menor possível.

Figura 1.8 Corrida da Formula-e.

Fato importante

Os carros da Formula-e são capazes de produzir 200 kW de potência, que é equivalente a 270 bhp.

Um ponto fundamental de qualquer esporte automotivo é o pneu. A superfície dos pneus é desenvolvida tanto para uso em pista seca como molhada, e rodas de 18" são utilizadas. Elas fornecem desempenho ótimo em uma grande variação de condições. Os pneus,

Figura 1.9 Formula-e em Londres, 2015: Sam Bird, da Virgin Racing, foi um vencedor com méritos.

desenvolvidos pela Michelin, são muito duráveis, e podem ser utilizados durante toda uma prova da competição.

A parceira técnica do campeonato, Renault, avalia a integração de todos esses sistemas.

Um benefício claro da Formula-e é o desenvolvimento tecnológico para aplicações em VE e VHE comerciais. Por essa razão, a utilização de tecnologia de ponta é incentivada para aumentar as fronteiras de conhecimento no futuro.

A quantidade de energia que pode ser entregue ao motor pela bateria é limitada a 28 kWh, e é monitorada de perto pela FIA. A performance dos carros, entretanto, ainda impressiona:

- Aceleração: 0-100 km/h em 3 segundos
- Velocidade máxima: 225 km/h

Para a segunda temporada, a potência foi elevada de 150 kW para 170 kW.

Na primeira temporada, todas as equipes utilizaram carros idênticos, mas agora algumas modificações são permitidas. Elas podem desenvolver seus próprios motores, inversores, caixas de câmbio e sistemas de refrigeração. Continuarão com o mesmo chassi Spark-Renault, com baterias fornecidas pela Williams Advanced Engineering.

Finalmente, um imenso parabéns ao nosso piloto britânico Sam Bird, da Virgin Racing, que ganhou a primeira prova de Londres da

Formula-e – nós estávamos lá torcendo por ele! (visite: http://www.virginracing.com).

1.2 Custos e emissões

1.2.1 Custos de eletricidade

O custo de recarga de um VE depende da capacidade da bateria, do quão descarregada ela está e quão rápido se consegue carregá-la. Como guia, a recarga de um veículo puramente elétrico, de carga zero a completa, tem um custo que chega a apenas £1 a £4 (2015). Esses valores são típicos para VPEs com bateria de 24 kWh, que oferecem autonomia de 160 km.

Fato importante

O custo de recarga de um VE depende da capacidade da bateria, do quão descarregada ela está e quão rápido se consegue carregá-la.

O custo médio do "combustível elétrico" é de aproximadamente £0,02 por quilômetro.[8] Custos similares se aplicam a VHEPs e VEAEs, e, como as baterias são menores, custará menos ainda para recarregá-las. Veja também os dados na Tabela 1.3.

Em alguns casos, pode ser possível recarregar durante a noite, aproveitando a vantagem de

Tabela 1.3 Comparação de custos*

Prazo, milhagem, custo de combustível	Motor de combustão interna	Veículo puramente elétrico	Veículo híbrido elétrico *plug-in*	Observações
Milhagem anual	10.000	10.000	10.000	
Custo do combustível (£/galão ou £/kW/h	£5,70	£0,05	£5,70/£0,05	Eletricidade (£/kWh). A maior tarifa foi utilizada para cálculo. Valor inferior se recarga noturna ou uso de energia solar.
Ciclo oficial combinado em mpg	68 mpg	150 Wh/km	166 mpg	Consumo de energia (Wh/km)
"Mundo real" em mpg	50 mpg	175 Wh/km ou 0,28 kWh/milha	100 mpg**	Consumo real de combustível
Custos totais em combustível	£1.140	£140	£570	(milhagem anual x custo de combustível/mpg) (milhagem anual x custo de combustível x kWh/milha)
Informações de custo do veículo				
Custo de compra	£28.000	£34.000	£35.000	Estimativa de valores baseada em tabelas de preço atuais
Incentivo de carro *plug-in*		–£5.000	–£5.000	O incentivo reduz custo em 25% (limitado por £5.000)
Preço líquido de compra	£28.000	£29.000	£30.000	
Custo de depreciação por ano	£8.400	£8.700	£9.000	30% (este valor pode variar)
Valor residual	£19.600	£21.300	£21.000	
Serviço, reparo e manutenção	£190	£155	£190	Baseado em publicações de fabricantes.
Outras informações				
Imposto e taxa de registro	£30	£0	£0	
Custo total	**£9.760**	**£8.995**	**£9.760**	**Primeiro ano**

* Para simplificação, as unidades foram mantidas em milhas por galão (mpg) e kWh/milha. 1 mpg equivale a 0,43 km/L, e 1 milha equivale a 1,6 km. 1 galão equivale a 3,785 L. [N.T.]
** Depende muito da distância viajada – um valor médio foi utilizado.

energia elétrica mais barata. Outras opções incluem a recarga a partir de painéis solares domésticos. No momento, calcula-se que o custo total de posse de um carro elétrico seja similar ao de um carro com MCI por causa do custo adicional de compra. Entretanto, isso irá mudar, e se outras vantagens forem incluídas, como taxas de uso do veículo em zonas congestionadas (£11,50 por dia em Londres para carros com MCI e zero para VEs em 2015), os VEs serão significativamente mais baratos a longo prazo.[9]

Nota importante: os valores utilizados nesta tabela são apenas estimativas, selecionadas de propósito para ilustrar uma comparação racional. A conclusão final é que os três carros possuem os mesmos custos totais, mesmo que os VHEPs e VPEs tenham custos de combustível muito menores. O importante é avaliar como a depreciação dos VEs se sobressai. Contudo, nos próximos anos, as economias associadas ao combustível com VEs serão mais significativas. O desenvolvimento de sistemas inteligentes de medição de energia pode selecionar de forma automática o horário de recarga, e as tarifas podem se nivelar pelo gerenciamento de demanda da rede de fornecimento.

Figura 1.10 Painel solar fotovoltaico.

1.2.2 Fim de vida

A Diretiva 2000/53/EC da legislação europeia, conhecida como Diretiva de Fim de Vida de Veículos, obriga fabricantes de todos os carros e vans leves a reutilizar, reciclar ou recuperar 95% de todo o veículo em seu fim de vida. Instalações especiais de tratamento autorizadas (*Authorized Treatment Facilities* – ATFs) fazem isso desmontando os veículos após remoção de qualquer componente prejudicial ao meio ambiente, como baterias, pneus e óleos. A Diretiva de Fim de Vida de Veículos incentiva as boas práticas de desenvolvimento de produtos. Por exemplo, evitando o uso de metais pesados danosos à saúde, aumentando o uso de materiais reciclados e desenvolvendo componentes veiculares e materiais para fácil reúso ou reciclagem.

Baterias de VE podem ter um valor significativo após seu uso automotivo. Várias organizações estão estudando formas de utilizar essas baterias como armazenamento de energia elétrica residencial quando a bateria pode operar em conjunto com painéis solares.

Fato importante

As baterias de VE podem ter um valor significativo após seu uso automotivo.

1.2.3 Emissões de CO_2

Um relatório do comitê de mudança climática aponta que a redução de CO_2 decorrente do uso de VEs será modesta. Contudo, conforme a rede de geração se tornar mais limpa, todos os veículos conectados a essa matriz energética trarão resultados cumulativos. O Comitê de Mudança Climática também constatou que a larga adoção de VEs é necessária para atingir as metas de redução de carbono para 2030. VEs não podem solucionar o problema de mudança climática, porém a utilização deles é um importante passo para que o Reino Unido atinja suas metas de redução de carbono. A melhoria na qualidade do ar será significativa. A Figura 1.11 apresenta as fontes de CO_2 e a meta de 2050.

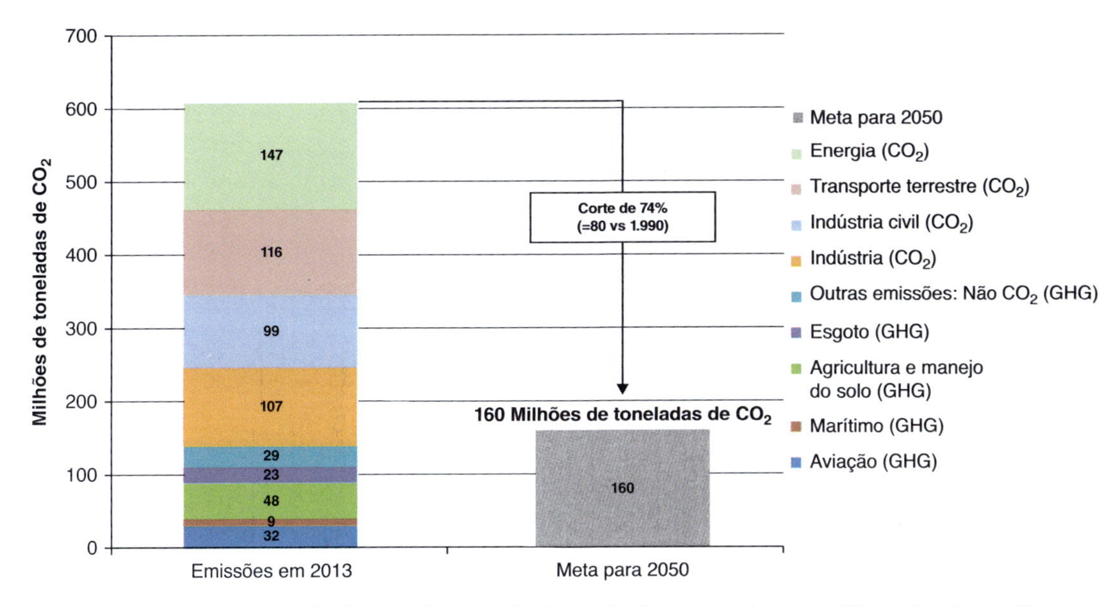

Figura 1.11 Fontes de CO_2 (fonte: Comitê do Reino Unido para Mudança Climática; https://www.theccc.org.uk/).

O documento Global EV Outlook 2015, produzido pela Agência Internacional de Energia (*International Energy Agency* – IEA), apresenta crescimento significativo no uso de VEs e, portanto, redução de emissões de CO_2 (fonte: http://www.iea/org).

1.2.4 Emissões

Veículos elétricos possuem emissão zero do ponto de vista de seu uso, chamado de "tanque a roda", quando alimentado apenas por bateria. A análise "fonte a roda" inclui as emissões de CO_2 desde a geração de energia elétrica, que depende da gama de combustíveis utilizados para gerar energia para a rede de distribuição. Em uma comparação correta entre as emissões de todos os carros, é necessário utilizar os dados de "fonte a roda", que incluem as emissões de CO_2 durante a produção, refinamento e distribuição de gasolina/diesel.

Fato importante

Veículos elétricos possuem emissão zero do ponto de vista de seu uso, chamado de "tanque a roda".

Para demonstrar o caso mais extremo, apresentamos um exemplo de emissões de um veículo puramente elétrico comparado com emissões de um veículo com MCI médio.

A produção de energia continua a diminuir a quantidade de carbono, devido à redução do uso de petróleo e carvão em usinas, então a emissão total para VEs irá reduzir com o passar do tempo. Emissões de escape também incluem óxidos de nitrogênio (NOx) e material particulado (pequenas partículas sólidas ou líquidas suspensas em um gás ou líquido), que contribuem para a poluição atmosférica. Por essa razão, qualquer veículo alimentado apenas por bateria terá um papel importante na melhoria da qualidade do ar local.

	Tanque a roda	Fonte ao tanque	Fonte a roda
VPE	0 g CO_2/km	77 g CO_2/km	77 g CO_2/km
MCI	132,3 g CO_2/km	14,7–29,0 g CO_2/km	147,0–161,3 g CO_2/km

(Fonte: SMMT)

1.3 Carros autônomos

1.3.1 Introdução

Um carro autônomo, também conhecido por carro sem motorista, veículo autônomo e carro robótico, é um veículo capaz de executar as principais funções de transporte de um veículo de forma autônoma. É capaz de visualizar seu ambiente e trafegar sem intervenção de um humano. Claro que um veículo autônomo não precisa ser alimentado por energia elétrica, mas a maioria é, e por essa razão escrevi esta breve seção.

Veículos autônomos enxergam ao redor por meio de técnicas de Radar, Lidar, GPS e visão computacional. Sistemas avançados de controle interpretam os dados dos sensores a fim de identificar caminhos apropriados de navegação, bem como obstáculos e sinalização relevante. Veículos autônomos são capazes de atualizar seus mapas internos baseados na entrada de dados de sensores, permitindo que os veículos mantenham dados de sua posição, mesmo em condições que se alteram ou quando entram em ambientes desconhecidos.

Fato importante

Lidar (LIDAR, LiDAR or LADAR) é uma tecnologia de sensoriamento que mede a distância por meio de luz para um alvo utilizando um feixe de *laser* e analisando a luz refletida. O termo LIDAR foi criado como uma junção entre "*light*" (luz, em inglês) e "radar".

Figura 1.12 Carro autônomo da Audi em desenvolvimento.

A legislação que permite veículos sem motorista foi aprovada em diversos estados dos Estados Unidos (a partir de 2012). Um relatório do Departamento de Transportes do Reino Unido, conhecido como O caminho para carros sem motoristas (The Pathway to Driverless Cars) determinou que a legislação atual do Reino Unido não é uma barreira para seu uso, e um código de boas práticas foi produzido em 2015. A intenção desse documento é facilitar o desenvolvimento da tecnologia.[10]

1.3.2 O carro autônomo da Google

O Google Self-Driving Car, comumente abreviado por SDC, é um projeto da Google X que abrange o desenvolvimento de tecnologia para carros autônomos, principalmente carros elétricos.

Figura 1.13 Carro da Google.

Em maio de 2014, a Google apresentou um novo conceito para seu veículo autônomo que não possuía nem volante nem pedais, e entregou um protótipo completamente funcional em dezembro do mesmo ano que planejam testar na área da baía de São Francisco no início de 2015. A Google planeja disponibilizar esses carros para o público em 2020.

O carro autônomo da Google embarca 150 mil dólares em equipamentos, incluindo um sistema Lidar de 70 mil dólares. Esse sistema, montado em cima do veículo, utiliza 64 feixes

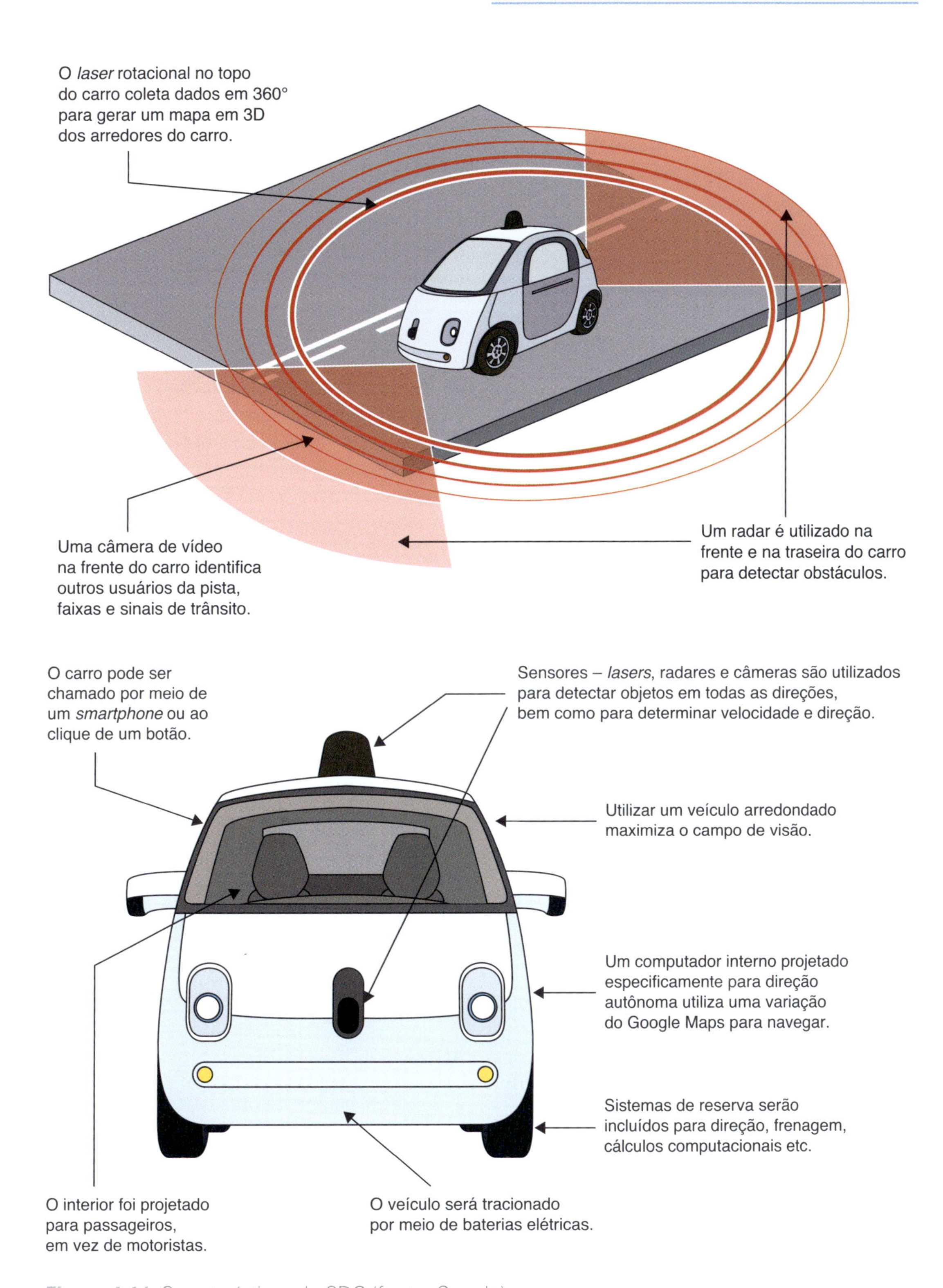

Figura 1.14 Características do SDC (fonte: Google).

de *laser*. O *laser* permite ao veículo a geração de um mapa detalhado em três dimensões do ambiente em que se encontra. O carro então utiliza esses mapas e combina com imagens de alta resolução do mundo real, produzindo diferentes tipos de modelos de dados, que permitem a autodireção.

Chuva forte ou neve produzem preocupações relacionadas à segurança de qualquer veículo autônomo. Outros problemas estão relacionados ao fato de esses carros utilizarem principalmente dados de trajeto pré-programados e, como resultado, não obedecerem a sinalizações de trânsito temporárias e, em algumas situações, entrarem em um modo de "cautela excessiva" e lenta em situações complexas não mapeadas.

O veículo tem dificuldade em identificar quando objetos, como lixo ou detritos, são inofensivos, causando desvio do trajeto sem necessidade. Adicionalmente, o Lidar pode não identificar alguns buracos ou discernir quando humanos, como um policial, sinaliza para o veículo parar.

Todos os desenvolvedores de veículos autônomos enfrentam esses desafios – a Google planeja corrigir todos até 2020. Em junho de 2015, a Google anunciou que seus veículos dirigiram mais de 1 milhão de milhas e que, no processo, foram encontrados 200 mil placas de parada obrigatória, 600 mil semáforos e 180 milhões de outros veículos (fonte: http://www.google.com/selfdrivingcar).

1.3.3 *Hacking*

Quanto mais os sistemas veiculares se tornam conectados ao meio externo por ondas de rádio de algum tipo, ou examinam o meio externo ao carro, mais oportunidades surgem para os *hackers*. É claro que os fabricantes estão se esforçando muito para reduzir a possibilidade de os carros serem hackeados, e são apoiados nesde processo pelo que pode ser definido como *ethical hackers* (*hackers* com intenções corretas). Há vários exemplos noticiados recentemente, e dois deles ilustram por que esta área de estudo é tão importante.

Definição

***Hacking*: obter acesso não autorizado a dados em um sistema ou computador.**

Em 2015 a Fiat Chrysler fez o *recall* de 1,4 milhão de veículos nos Estados Unidos porque *hackers* haviam provado que poderiam ter controle remoto de uma caminhonete utilitária pela internet e manobrá-la para uma vala na pista. Alguns modelos fabricados a partir de 2013 receberam uma atualização de *software* para impedir o controle remoto. Charlie Miller e Chris Valasek, dois especialistas bem conhecidos na área, hackearam o sistema UConnect do Jeep, que foi desenvolvido para que motoristas pudessem dar a partida no carro e trancar as portas por meio de um aplicativo.

O segundo exemplo é relacionado ao Lidar utilizado em veículos autônomos. Jonathan Petit, cientista especialista da empresa de segurança de *software* Security Innovation, afirmou que era capaz de gerar ecos de um carro falso e colocá-lo em qualquer posição do Lidar. O mesmo poderia ser feito com um pedestre ou parede. Utilizando tal sistema, que custa algo em torno de £40, utilizando um *laser pointer* (apresentador multimídia a *laser*), invasores poderiam enganar o veículo autônomo, fazendo-o pensar que algo estaria imediatamente à sua frente, fazendo-o reduzir a velocidade, ou, com número excessivo de sinais falsos, o carro não se moveria de forma alguma.

Notas

1 Em 2015, porém note que dados mudam conforme novas tecnologias e melhorias às existentes são implementadas.

2 O termo *plug-in* significa que o veículo pode ser ligado (ou "plugado") à rede de energia elétrica. Por falta de uma tradução adequada, e pela utilização do termo estrangeiro no cenário nacional, optou-se pela utilização deste último. [N.T.]

3 Comumente, o termo *engine* se refere a motores de combustão, enquanto o termo motor se refere a motores elétricos. Na língua portuguesa, o termo é o mesmo, "motor", sendo necessário sempre diferenciar entre "elétrico" e "de combustão interna". [N.T.]

4 No momento da escrita do livro (2015), o escândalo de uma fabricante que empregava um *software* alterado para atingir padrões rigorosos de emissão durante os ciclos de condução estava chegando aos noticiários.

5 Apesar das "adulterações" de dados, devemos reconhecer que as emissões de veículos modernos são apenas uma fração do que eram anos atrás.

6 Na América, utiliza-se comumente o FTP 75, que é o ciclo de condução utilizado pela agência de proteção ambiental dos Estados Unidos, para o mesmo tipo de certificação e medição de emissões. Diversos outros ciclos podem ser utilizados para diversas outras aplicações. [N.T.]

7 O termo mais adequado seria conversor, porém, por simplificação e pela difusão comercial do termo, utilizaremos inversor. [N.T.]

8 Ou apenas 1 p por milha quando a energia solar é utilizada (ver estudo de caso no final do Capítulo 7).

9 Existe uma portaria que isenta do rodízio de veículos em São Paulo os veículos híbridos e elétricos, tornando uma vantagem possuir tal carro (Portaria 63/2015 da Prefeitura Municipal de São Paulo). [N.T.]

10 Disponível em: <https://www.gov.uk/government/publications/driverless-cars-in-the-uk-a-regulatory-review>. Acesso em: 2 fev. 2018.

CAPÍTULO 2

Segurança do trabalho, ferramentas e gestão de riscos

2.1 Cuidados gerais de segurança

2.1.1 Introdução

Boas práticas de segurança do trabalho são essenciais em relação a quaisquer sistemas automotivos, para a sua segurança e a de outros. Ao trabalhar em sistemas de alta tensão, é ainda mais importante que saiba o que está fazendo. Entretanto, você deve seguir apenas duas regras para sua segurança:

- Use o bom senso – não fique de brincadeira.
- Em caso de dúvida, busque ajuda.

A seção seguinte lista alguns riscos particulares ao trabalhar com eletricidade ou sistemas elétricos, em conjunto com algumas sugestões para reduzi-los. Isso é conhecido como avaliação de riscos.

Definição

Avaliação de risco: processo sistemático para avaliar o risco potencial que pode estar envolvido em uma atividade ou tarefa.

2.1.2 Segurança

Veículos elétricos (puros ou híbridos) utilizam baterias de alta-tensão, para que a energia seja transferida ao motor ou retornada à bateria em um curto período de tempo. O sistema do Honda Insight, por exemplo, utiliza um módulo de bateria de 144 V para armazenar a energia regenerada. O Toyota Prius originalmente utilizava uma bateria de 273,6 V, mas em 2004 ela foi alterada para 201,6 V. Tensões de 300 V são comuns, e em alguns casos até 700 V, então claramente existem alguns problemas de segurança em eletricidade ao trabalhar com esses veículos.

Figura 2.1 Módulo de baterias de alta-tensão (fonte: Toyota Media).

Baterias e motores de VEs possuem alto potencial elétrico e magnético, que pode machucar gravemente ou matar se não manuseados de modo correto. É essencial que você observe todos os avisos e recomendações de segurança apontados por fabricantes e seus fornecedores. Qualquer pessoa utilizando um marca-passo ou qualquer outro dispositivo médico eletrônico não deve trabalhar com um motor de VE, visto que seus efeitos magnéticos podem ser perigosos. E mais: outros dispositivos médicos, como injeções de insulina intravenosos ou medidores, podem ser afetados.

Segurança em primeiro lugar

Baterias e motores de VEs possuem potencial alto potencial elétrico e magnético, que pode machucar gravemente ou matar se não manuseados de modo correto.

A maior parte dos componentes de alta-tensão se encontra combinada em uma unidade de força. Esta geralmente se localiza atrás dos assentos traseiros ou abaixo do assoalho do compartimento de bagagem (ou abaixo de todo o assoalho em um Tesla). Essa unidade é uma caixa de metal completamente selada por parafusos. Uma chave seccionadora da bateria, se utilizada, deve estar posicionada abaixo de uma pequena proteção de segurança, em conjunto com a unidade de força. O motor elétrico fica localizado entre o motor de combustão e a transmissão, ou como parte da transmissão em um veículo híbrido ou em um VPE, sendo o principal componente de tração. Alguns poucos modelos utilizam motores elétricos acoplados às rodas.

A energia elétrica é conduzida para ou a partir do motor elétrico por meio de cabos cor de laranja e grossos. Se algum destes cabos estiver desconectado, *desligue* ou *desenergize* o sistema de alta-tensão. Esta ação irá prevenir o risco de choque elétrico ou curto-circuito do sistema de alta-tensão.

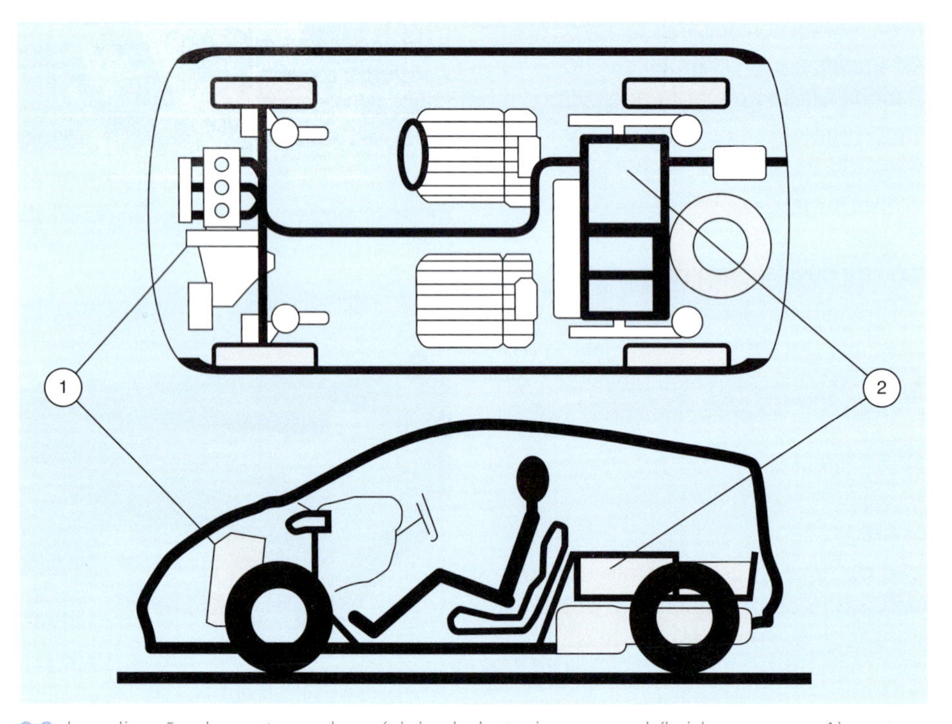

Figura 2.2 Localização do motor e do módulo de bateria em um híbrido comum: 1) motor integrado; 2) módulo de baterias.

Segurança em primeiro lugar

Cabos de alta-tensão são sempre cor de laranja.

Nota: sempre siga as instruções do fabricante; é impossível analisarmos todos os casos aqui.

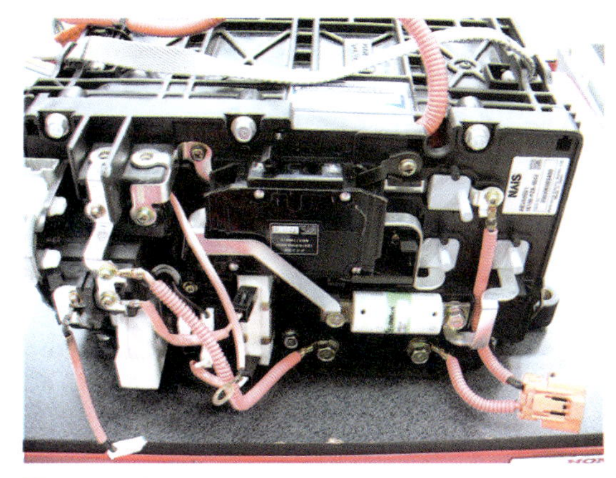

Figura 2.3 Módulo de bateria Honda (unidade de potência integrada).

Figura 2.4 Conexões de potência ao motor.

2.1.3 Guia geral de segurança

Antes da manutenção:

- Desligue o sistema de ignição e remova a chave.
- Desligue a chave do módulo de bateria ou desenergize o sistema.
- Aguarde 5 minutos antes de executar qualquer procedimento de manutenção no sistema. Isso permite que quaisquer capacitores de armazenamento de carga sejam descarregados.

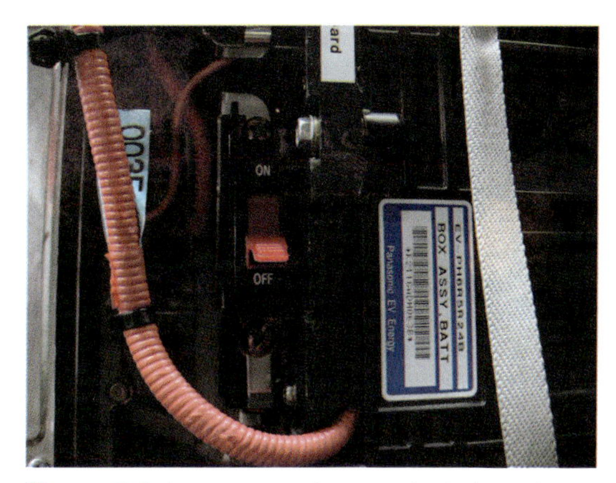

Figura 2.5 Interruptor de energia da bateria de alta-tensão.

Durante a manutenção:

- Sempre use luvas isolantes.
- Sempre utilize ferramentas isoladas ao executar procedimentos de manutenção no sistema de alta-tensão. Essa precaução evitará curtos-circuitos acidentais.

Interrupções:

Quando procedimentos de manutenção forem interrompidos enquanto algum sistema de alta-tensão for descoberto ou desmontado, tenha certeza de que:

- O sistema de ignição está desligado e a chave foi removida.
- A chave do módulo de bateria está desligada.
- Pessoas sem treinamento adequado não tenham acesso à área e previna qualquer toque não intencional nos componentes.

Após a manutenção:

Antes de ligar ou reenergizar o módulo de bateria após os reparos, tenha a certeza de que:

- Todos os terminais foram apertados ao torque especificado.
- Nenhum cabo de alta-tensão ou terminais foram danificados ou curto-circuitados à estrutura do veículo.
- A resistência de isolação entre cada terminal de alta-tensão que foi desmontada e em relação à estrutura ou corpo do veículo foi verificada.

Figura 2.6 Os cabos de alta-tensão são sempre alaranjados.

Trabalhar em veículos híbridos e elétricos não é perigoso **SE** as informações anteriores e os **procedimentos do fabricante** forem seguidos. Antes de iniciar o trabalho, sempre verifique as informações anteriores – NÃO dê chance para o azar! Morrer de choque elétrico não é engraçado.

Segurança de colisão: veículos elétricos são testados nos mesmos altos padrões que qualquer outro carro nas vias do Reino Unido. Em fevereiro de 2011 o primeiro carro puramente elétrico foi avaliado e passou no renomado teste Euro NCAP.

Segurança em primeiro lugar

Veículos elétricos são testados nos mesmos altos padrões que qualquer outro veículo.

Segurança de pedestres: o baixo nível de ruído de VEs é um benefício, porém pode apresentar ameaça a pessoas com visão ou audição debilitadas, especialmente em baixas velocidades. Ao ver um veículo, pedestres são capazes de reagir para evitar um acidente com veículos a até 25 km/h. Contudo, uma pesquisa concluiu que o barulho de pneus rodando irá alertar pedestres sobre a presença de um veículo em velocidades a partir de 20 km/h.

2.1.4 Riscos gerais e sua redução

A Tabela 2.1 lista alguns riscos identificados envolvendo trabalho com todos os veículos. A tabela não cobre todas as possibilidades, porém serve como bom guia.

2.2 Precauções de segurança em alta-tensão

2.2.1 Introdução a altas-tensões

Nesta seção iremos discutir as diferenças entre corrente alternada (*alternated current – AC*) e corrente contínua (*direct current – DC*),[1] bem como altas e baixas tensões. Este tema pode confundir um pouco, portanto vamos simplesmente começar com:

As tensões (AC ou DC) utilizadas em veículos elétricos podem matar, já mataram e vão matar novamente.

Siga todos os procedimentos de segurança e não toque em nenhum circuito elétrico maior que o padrão de 12 V ou 24 V a que estamos acostumados, e tudo vai ficar bem.

Segurança em primeiro lugar

Não toque em nenhum circuito elétrico maior que o padrão de 12 V ou 24 V.

2.2.2 Baixa e alta-tensão

Baixa tensão é um termo relativo, com definição variável pelo contexto. Diferente de definições utilizadas em transmissão e distribuição de energia elétrica e na indústria eletrônica. Normas de segurança em eletricidade definem circuitos de baixa tensão isentos de proteção requerida para altas-tensões. Essas definições variam de país para país, bem como normas específicas. A Comissão Internacional de Eletrotécnica (IEC) define os níveis de tensão conforme a Tabela 2.2.

Definição

IEC: *International Electrotechnical Commission* (Comissão Internacional de Eletrotécnica).

Tabela 2.1 Riscos e sua redução

Identificação de risco	Redução do risco
Choque elétrico 1	Tensão e potencial de choque elétrico ao trabalhar em um VE significa risco de alto nível – veja a seção 2.2 para mais detalhes.
Choque elétrico 2	Alta-tensão na ignição é o local mais provável para sofrer um choque ao trabalhar com veículo com MCI; até 40 mil volts é comum. Utilize ferramentas isoladas se for necessário trabalhar em circuitos de ignição com motor ligado. Observe que altas-tensões também estão presentes em circuitos com enrolamentos devido à força eletromagnética quando desligados; algumas centenas de volts é comum. Ferramentas alimentadas pela rede elétrica e suas pontas e/ou plugues devem estar em boas condições, inclusive utilizar circuito de fuga para terra é recomendado. Apenas trabalhe em VHEs e VEs se for treinado em sistemas de alta-tensão.
Ácido da bateria	Ácido sulfúrico é corrosivo, portanto sempre utilize bons equipamentos de proteção individual. Neste caso, aventais e luvas de borracha quando necessário. Um avental de borracha é ideal, bem como óculos de proteção se trabalhar muito com baterias.
Elevação ou suspensão veículos	Utilize freio e/ou trave as rodas ao elevar veículos em um macaco ou elevador hidráulico. Apenas eleve por meio de chassis e estruturas de suspensão. Utilize cavaletes nos eixos para prevenir em caso de falha do macaco.
Motores	Não utilize vestimentas largas; macacões de boa qualidade são recomendados. Mantenha as chaves de partida em sua posse ao trabalhar com motores para evitar que outros liguem o sistema. Tenha cuidado adicional ao trabalhar próximo a correias e partes em movimento.
Gases de escape	Exaustão adequada dos gases deve ser feita ao utilizar o motor em ambientes fechados. Lembre-se de que o monóxido de carbono não é o único gás que pode lhe prejudicar ou até mesmo matar; outros componentes do escapamento podem causar asma ou até mesmo câncer.
Movimentação de cargas	Apenas levante o que lhe for confortável; peça ajuda se necessário e/ou utilize equipamento adequado para tal. Como regra geral, não levante por conta própria se lhe parecer muito pesado!
Curtos-circuitos	Utilize pontas de prova protegidas por fusível para evitar danos devido a um curto quando testar algum circuito. Desconecte a bateria (aterramento primeiro ao desligar e por último ao reconectar) caso haja algum perigo de curto-circuito. Uma corrente elétrica muito alta pode circular a partir de uma bateria, causando queimaduras em você e danos ao veículo.
Fogo	Não fume ao trabalhar com um veículo. Vazamentos de combustível devem ser parados imediatamente. Lembre-se do triângulo do fogo: calor-combustível-oxigênio. Não deixe que os três lados se encontrem.
Problemas de pele	Utilize barreira protetora com cremes (pomada protetora) e/ou luvas de látex de boa qualidade. Lave a pele e roupas regularmente.

Tabela 2.2 Tensões conforme a IEC

Patamar de tensão IEC	AC	DC	Risco definido
Alta-tensão (sistema de fornecimento)	>1.000 Vrms*	>1.500 V	Arco elétrico
Baixa tensão (sistema de fornecimento)	50–1.000 Vrms	120–1.500 V	Choque elétrico
Muito baixa tensão (sistema de fornecimento)	<50 Vrms	<120 V	Baixo risco

*A raiz quadrada média (*root mean square – rms*) é o valor característico de uma quantidade continuamente variável, como em sistemas de corrente elétrica alternada. Esse é o valor efetivo equivalente que geraria a mesma potência dissipada em um valor de corrente contínua em uma carga resistiva.

Figura 2.7 Raios de plasma devidos à alta-tensão.

É aí que a coisa começa a ficar confusa! Por esta razão, permita-me repetir o óbvio:

As tensões (AC ou DC) utilizadas em veículos elétricos podem matar, já mataram e vão matar novamente.

No contexto das atividades que exercemos em veículos, baixa tensão se refere a sistemas de 12 V ou 24 V, e alta-tensão se refere a baterias de tração, motores e outros componentes associados.

> **Segurança em primeiro lugar**
>
> Para VEs, tensões DC entre 60 V e 1.500 V são definidas como "alta-tensão".

2.2.3 Equipamentos de proteção individual (EPIs)

Somados aos EPIs utilizados em automotiva tradicional, os EPIs adicionais são recomendados para trabalhar em sistemas de alta-tensão:

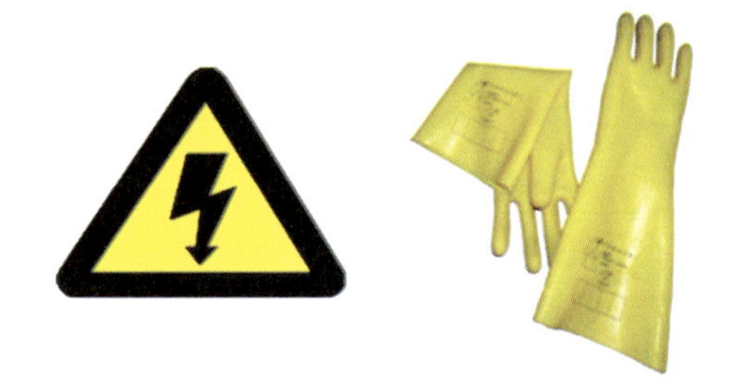

Figura 2.8 Luvas isolantes.

- Macacões com fivelas e presilhas não condutivas
- Luvas de proteção isolantes
- Sapatos de proteção; com sola de borracha; biqueira de plástico
- Óculos (quando necessários)

> **Segurança em primeiro lugar**
>
> Luvas de proteção isolantes NÃO são as mesmas daquelas de trabalho geral.

2.2.4 Cabos e componentes de alto nível de energia

Veículos elétricos utilizam baterias de alta-tensão para que a energia possa ser entregue ao inversor eletrônico ou retornada à bateria em um curto período de forma eficiente. É importante então ser capaz de identificar corretamente cabos e componentes associados a esses sistemas. Isso é feito conforme:

- Coloração
- Símbolos de alerta
- Sinalização de alerta

As figuras seguintes apresentam o local dos componentes de alta-tensão e cabos (cor de laranja) em conjunto com alguns adesivos de alerta:

Figura 2.9 Cabos cor de laranja de alta-tensão.

Figura 2.10 Adesivo de perigo.

Figura 2.11 Etiqueta de aviso.

Figura 2.12 Adesivo de aviso.

2.2.5 Choque elétrico em AC

Quando uma corrente AC que excede 30 mA percorre uma parte do corpo humano, a pessoa em questão está em sério perigo caso a corrente não seja interrompida em um curto período de tempo. A proteção de pessoas contra choques elétricos deve ser feita em conformidade com regulamentações nacionais, regulamentações legais, códigos de práticas, guias oficiais e avisos.

Segurança em primeiro lugar

Quando uma corrente AC que excede 30 mA percorre uma parte do corpo humano, a pessoa em questão está em sério perigo.

Um choque elétrico é um efeito físico da corrente elétrica atravessando o corpo humano. Afeta funções musculares, circulatórias e respiratórias e algumas vezes resulta em graves queimaduras. O grau de perigo da vítima é uma função da magnitude da corrente, das partes do corpo pelas quais a corrente circulou e da duração do fluxo de corrente.

A publicação da IEC 60479-1 define quatro zonas de magnitude de corrente/tempo de duração, e em cada qual um efeito fisiopatológico é descrito. Qualquer pessoa que entre em contato com metais energizados está sob risco de choque elétrico.

A curva C1 na Figura 2.13 apresenta que, quando uma corrente maior que 30 mA atravessa o corpo humano de uma das mãos até o pé, a pessoa corre risco de morte, a não ser que a corrente seja interrompida em um período relativamente curto de tempo. Este é o benefício real de disjuntores de proteção de corrente residual, pois eles podem desarmar antes de um dano grave ou morte!

A seguir estão os resumos de algumas normas internacionais de padronização.

Resumo da IEC 60479-1: para uma determinada corrente elétrica que atravessa o corpo humano, os danos às pessoas dependem principalmente da magnitude e da duração do fluxo de corrente elétrica. Contudo, as zonas que relacionam tempo/corrente especificadas nesta publicação são, na maioria dos casos, não aplicáveis diretamente na prática de projeto de medidas de proteção contra choques elétricos. O critério necessário é o limite de tensão admissível de contato (ex.: o produto da corrente através do corpo, chamada de corrente de contato, e a impedância do corpo) em função do tempo.

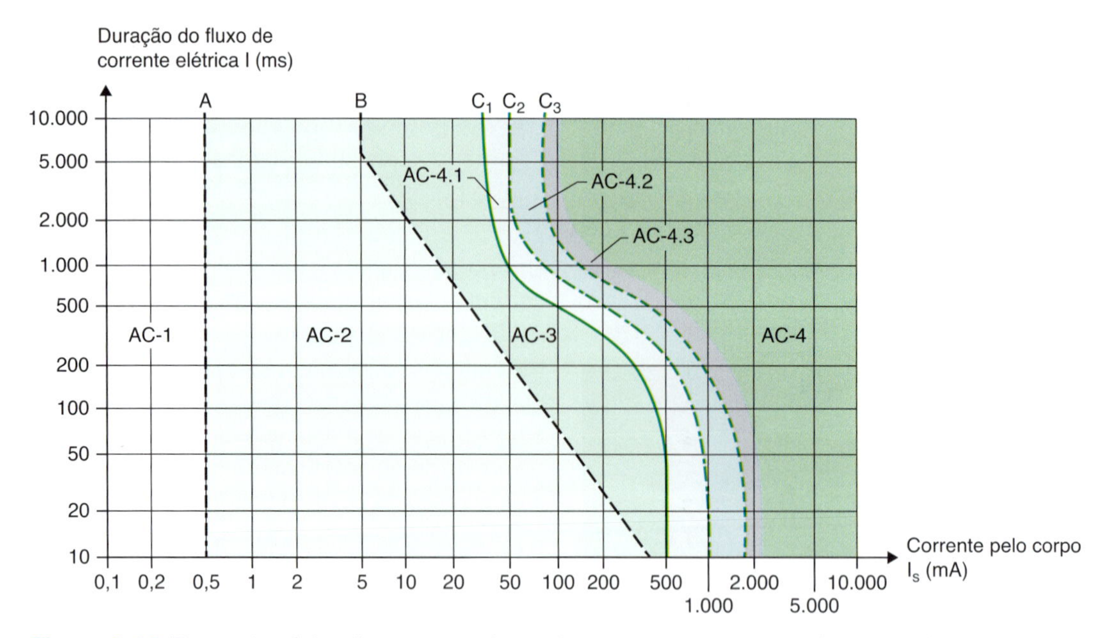

Figura 2.13 Zonas de efeito da corrente alternada que percorre o corpo humano da mão esquerda para o pé. Zona AC-1: imperceptível; zona AC-2: perceptível; zona AC-3: efeitos reversíveis, contração muscular; zona AC-4: possibilidade de efeitos irreversíveis; zona AC-4.1: até 5% de probabilidade de fibrilação do coração; zona AC-4.2: até 50% de probabilidade de fibrilação do coração; zona AC-4.3: mais de 50% de probabilidade de fibrilação do coração; curva A: limiar da percepção da corrente; curva B: limiar das reações musculares; curva C_1: limiar da probabilidade de 0% da fibrilação ventricular; curva C_2: limiar da probabilidade de 5% da fibrilação ventricular; curva C_3: limiar da probabilidade da fibrilação ventricular (fonte: http://www.electrical-installation.org/enwiki/Electric_shock).

A relação entre corrente e tenso não é linear, pois a impedância do corpo varia conforme a tensão de contato, e as informações associadas a essa relação são necessárias. As diferentes partes do corpo humano (como pele, sangue, músculos, outros tecidos e articulações) fornecem à corrente elétrica determinada impedância formada por componentes resistivos e capacitivos. Os valores da impedância corporal dependem de um vasto número de fatores e, em particular, do caminho da corrente, tensão de contato, duração do fluxo de corrente, frequência, grau de umidade da pele, superfície de contato, pressão exercida e temperatura. Os valores indicados nesta especificação técnica resultam de uma avaliação extensa dos resultados experimentais disponíveis a partir de medições feitas principalmente em cadáveres e em algumas pessoas vivas. Esta especificação técnica é categorizada como publicação de segurança básica em conformidade com o Guia 104 da IEC (fonte: https://webstore.iec.ch/home).

Resumo da IEC 60479-2: esta especificação técnica descreve os efeitos no corpo humano quando uma corrente alternada senoidal com frequências superiores a 100 Hz o atravessa. Os efeitos da corrente circulando pelo corpo por:

- corrente alternada senoidal com componentes DC;
- corrente alternada senoidal com controle de fase; e
- corrente alternada senoidal com controle multiciclos são apresentadas, porém aplicáveis apenas em frequências de corrente alternada entre 15 Hz e 100 Hz.

Este padrão descreve também os efeitos da corrente atravessando o corpo humano em formato de impulsos de onda quadrada, com sentido unidirecional, impulsos de onda senoidal e impulsos resultantes de descarga de capacitores. Os valores específicos considerados para duração de impulsos aplicáveis estão na faixa de 0,1 ms a 10 ms. Para impulsos com duração maior que 10 ms, os valores apresentados na Figura 20 da IEC 60479-1 são utilizados. Essa padronização considera apenas a corrente conduzida resultante da aplicação direta da fonte de corrente ao corpo, assim como a IEC 60479-1 e a IEC 60479-3. Não é considerada a corrente induzida ao corpo causada por exposição a campos eletromagnéticos externos. Esta terceira edição cancela e substitui a segunda edição, publicada em 1987, e constitui uma revisão técnica. As maiores alterações em relação à edição anterior são:

- O relatório foi complementado com informações adicionais dos efeitos da corrente atravessando o corpo humano por uma corrente alternada senoidal com componentes DC, corrente alternada senoidal com controle de fase, corrente alternada senoidal com controle multiciclos com frequências entre 15 Hz e 100 Hz.
- Uma estimativa dos valores limiares equivalentes de corrente para frequências mistas.
- O efeito de pulsos repetitivos (surtos) de corrente nos limiares de fibrilação ventricular.
- Efeitos da corrente elétrica atravessando o corpo humano imerso (fonte: https://webstore.iec.ch/home).

2.2.6 Choque elétrico em DC

Os três fatores básicos que determinam o tipo de choque que você pode sofrer quando a corrente passa pelo corpo são:

- Magnitude da corrente
- Duração
- Frequência

Correntes contínuas geralmente possuem frequência zero, visto que a corrente é constante. Contudo, existem efeitos físicos que ocorrem durante o choque não importando o tipo da corrente. O fator que define os efeitos de correntes AC e DC é o caminho pelo qual a corrente atravessa o corpo. Se for da mão ao pé, mas não passar pelo coração, então os efeitos podem ser não letais.

Entretanto, correntes DC causam uma única contração contínua dos músculos, enquanto correntes AC causam uma série de contrações em função da frequência. Em termos de fatalidades, ambas podem matar, mas seriam necessários mais miliamperes de corrente DC que AC para um mesmo valor de tensão.

Se a corrente circular de mão a mão, portanto passando pelo coração, pode resultar em fibrilação do coração. Isso afeta a capacidade do coração de bombear sangue, resultando em danos cerebrais e eventuais paradas cardíacas.

Definição

Fibrilação: uma condição em que todos os músculos do coração começam a se mover independentemente e de maneira desorganizada.

Tanto correntes AC como DC podem causar fibrilação do coração em níveis suficientes. Esses níveis geralmente são de 30 mA para AC (rms, 50-60 Hz) ou 300-500 mA para DC.

Fatos sobre o choque elétrico

- É a magnitude da corrente e a duração que produzem o efeito. Isso significa que um baixo valor de corrente por um grande período de tempo também pode ser fatal. A razão corrente/limite de tempo para uma vítima sobreviver a 500 mA é de 0,2 segundo e a 50 mA é de 2 segundos.
- A tensão fornecida por uma fonte só é importante porque impacta diretamente na magnitude da corrente. Como a tensão é o produto da corrente pela resistência, a resistência do corpo é um fator importante.

Pessoas molhadas ou suadas possuem menor resistência em seu corpo, portanto podem ser fatalmente eletrocutadas em tensões menores.

- A "corrente de largar" é a corrente máxima em que um indivíduo ainda consegue soltar o condutor. Acima desse limite ocorre agarramento involuntário do condutor, e esses valores são: 22 mA para AC e 88 mA para DC.
- A gravidade do choque elétrico depende da resistência corporal, da tensão, da corrente, do caminho em que circula a corrente e da duração do contato.

Calor devido à resistência pode causar queimaduras grandes e profundas; danos causados por queimadura ocorrem em apenas alguns segundos.

Um arco elétrico produz luz e calor com energia suficiente para causar danos substanciais, ferimentos, incêndios ou prejuízos. Note que soldas a arco podem derreter aço com tensão média de apenas 24 V DC. Quando um arco não controlado se forma em tensões muito altas, seu som pode causar danos irreversíveis à audição, forças de concussão supersônicas, estilhaços extremamente quentes, temperaturas muito maiores que a da superfície do Sol, e radiação de altíssima energia capaz de vaporizar materiais próximos.

Figura 2.14 Arco elétrico.

De forma resumida, e em adição ao risco de choque elétrico, o trabalho descuidado com sistemas elétricos (em qualquer tensão) pode resultar em:

- Fogo
- Explosão
- Liberação de compostos químicos
- Gases/fumaça

2.2.7 Equipamentos de proteção

As primeiras ações de proteção contra alta-tensão incluem métodos como:

- Enclausuramento (manter fechado)
- Isolamento (os componentes alaranjados)
- Localização (posicionamento para evitar alterações acidentais)

Os quatro principais métodos indiretos de proteção contra alta-tensão e fluxo de corrente excessivo são:

- Fusíveis
- Minidisjuntores
- Dispositivos de proteção contra corrente residual)
- Disjuntores para corrente residual com proteção contra sobrecorrente

Estes quatro métodos serão detalhados na sequência em detalhes.

O fusível é um pequeno curto intencional em um circuito elétrico que age como dispositivo de sacrifício para fornecer proteção em sobrecorrente. Trata-se de um fio ou trilha de metal que derrete quando muita corrente circula por ele, assim interrompendo o circuito. Curtos-circuitos, sobrecarga, cargas desbalanceadas ou falha de dispositivos são as principais razões da existência de sobrecorrente.

Um minidisjuntor (*miniature circuit breaker* – MCB) faz o mesmo que o fusível, automaticamente se desligando caso o circuito elétrico entre em sobrecarga. MCBs são mais sensíveis a sobrecorrentes do que os fusíveis. É fácil e rápido de fazer o rearme simplesmente religando-o. A maioria dos minidisjuntores

Figura 2.15 Fusível de lâmina (tamanho real de 15 mm).

detecta efeitos tanto térmicos como eletromagnéticos da sobrecorrente. A operação térmica é atingida utilizando um conjunto de dois metais (função bimetálica). A diferença do coeficiente de dilatação dos metais submetidos ao calor excessivo causa flexão do elemento e, portanto, a interrupção mecânica do circuito. A função eletromagnética utiliza o magnetismo para operar os contatos. Durante uma condição de curto-circuito, o aumento instantâneo da corrente causa a movimentação de um êmbolo e interrupção do circuito.

Definição

MCB: *miniature circuit breaker* (minidisjuntor).

Um dispositivo de proteção contra corrente diferencial residual é utilizado para prevenir contra choques elétricos fatais caso haja contato com um condutor alimentado. Também chamados de dispositivos DR, ou apenas DR, oferecem proteção individual que fusíveis e disjuntores comuns não fornecem. Caso o DR detecte fluxo de corrente circulando por um caminho não intencional, como por uma pessoa que entrou em contato com o circuito, o dispositivo irá desligar muito rapidamente, reduzindo de forma significativa o risco de morte ou de danos severos.

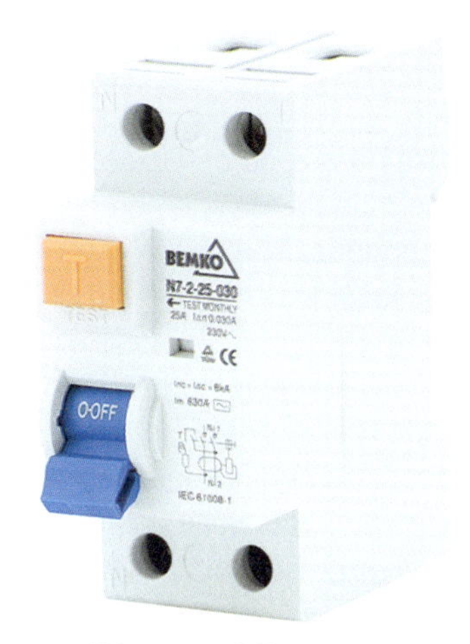

Figura 2.16 Disjuntor DR.

Definição

DR: dispositivo de proteção de corrente residual.

Um disjuntor para corrente residual com proteção contra sobrecorrente (*residual current breaker with overcurrent – RCBO*) é um tipo de disjuntor projetado para proteger a vida, assim como um DR, mas também protegendo contra sobrecarga no circuito. Um RCBO normalmente possui dois circuitos para detectar fuga de corrente e sobrecarga, mas utiliza os mesmos contatos de interrupção.

2.3 Procedimentos de segurança do trabalho

2.3.1 Riscos ao trabalhar com VEs

VEs trazem riscos ao ambiente de trabalho adicionais àqueles já encontrados ao trabalhar com manutenção e reparo de veículos, recuperação de estrada e outras atividades relacionadas. Esses riscos incluem:

- A presença de componentes de alta-tensão e cabeamento capazes de causar choques elétricos fatais.

- O armazenamento de energia elétrica com potencial de causar explosão ou fogo.
- Componentes que podem manter tensões perigosas mesmo quando o veículo estiver desligado.
- Motores elétricos ou o veículo podem se mover de maneira inesperada devido a forças magnéticas atuando no motor.
- Riscos associados ao manejo e troca de baterias.
- Potencial de liberação de gases explosivos ou líquidos prejudiciais se baterias forem danificadas ou modificadas incorretamente.
- Possibilidade de pessoas não estarem cientes da presença de um veículo devido à operação silenciosa.
- Potencial de sistemas elétricos no veículo de afetar dispositivos médicos como marca-passos e controladores de injeção de insulina.

As regulamentações de controle de substâncias danosas à saúde, em respeito ao perigo dos componentes e compostos de baterias, existem para orientar o procedimento em caso de vazamento do conjunto de baterias.

Contudo, as baterias ficam seladas em compartimentos protegidos e, mesmo se estes forem danificados, as baterias não vazarão quantidade significante de eletrólito. NiMH e Li-ion são baterias secas e produzirão apenas algumas gotas por célula caso esmagadas. Alguns modelos podem conter refrigerante líquido, e este não deve ser confundido com eletrólito.

2.3.2 Categorias de trabalho

Quatro categorias de trabalho foram identificadas. Elas são:

- Serviço de manobrista, vendas e outras atividades de baixo risco
- Atendimento a incidentes, incluindo serviços de emergência e recuperação de veículo
- Manutenção e reparo, excluindo sistemas elétricos de alta-tensão
- Trabalho com sistemas elétricos de alta-tensão

Baseadas nas informações do Health and Safety Executive (HSE), essas categorias são apresentadas a seguir, com sugestões para ações iniciais.

Serviço de manobrista, vendas e outras atividades de baixo risco

Chaves para operação remota que colocam o veículo em funcionamento apenas por proximidade devem ser mantidas afastadas. Isso evita que o veículo se mova acidentalmente. Pessoas que trabalham movendo esses veículos devem estar cientes de que outros podem não ouvir a aproximação destes. Da mesma forma, pessoas que trabalham próximas a VEs devem estar cientes de que eles podem estar em movimento sem aviso. Lavagem por pressão pode oferecer riscos de danificar cabos componentes elétricos de alta-tensão. Cabos de alta-tensão geralmente são alaranjados. Recorra às orientações dos fabricantes antes de acessar qualquer parte da carroceria, incluindo o compartimento do motor.

Atendimento a incidentes, incluindo serviços de emergência e recuperação de veículo

Veículos devem ser inspecionados visualmente, buscando qualquer sinal de dano aos componentes elétricos de alta-tensão ou cabeamentos (geralmente de cor laranja). Considere que a integridade da bateria pode ter sido danificada. Curtos ou perda de fluido refrigerante podem ser fontes de ignição caso haja derramamento de combustível. Se o veículo estiver danificado ou em falha, e for seguro, isole o sistema de bateria de alta-tensão utilizando o dispositivo de isolamento no veículo. Recorra às informações dos fabricantes para instruções. Durante qualquer procedimento de recuperação de veículo, qualquer chave de acionamento remoto deve ser mantida a uma distância segura; a bateria padrão de 12/24 V deve ser desconectada para evitar partida do veículo. Obtenha acesso a informações confiáveis para o tipo específico do veículo.

Por exemplo, dados obtidos dos fabricantes ou de serviços de atendimento a acidentes e incêndios. Evite guinchar o VE a não ser que tenha certeza de que é seguro. Tensões perigosas podem ser geradas pelo movimento das rodas e do sistema de trem de força.

Manutenção e reparo, excluindo sistemas elétricos de alta-tensão

Recorra às informações específicas do fabricante para identificar precauções necessárias a fim de evitar perigo. Chaves de operação remota devem ser mantidas afastadas do veículo para evitar operação acidental dos sistemas elétricos e movimentação não desejada do veículo. As chaves devem permanecer em um local fechado e acessível apenas àquele que está executando a manutenção no veículo. Caso a chave seja necessária durante o trabalho, a pessoa responsável pela atividade deve se certificar de que o veículo se encontra em uma situação segura antes de pegá-la. Verifique visualmente o veículo para identificar sinais de perigo aos cabos de alta-tensão (normalmente de cor laranja) ou aos componentes elétricos antes de iniciar qualquer trabalho no veículo. A não ser que uma atividade específica exija que o veículo seja energizado, sempre isole ou desconecte a bateria de alta-tensão conforme instruções do fabricante. Verifique a localização dos cabos de alta-tensão antes de exercer atividades como troca de painéis, corte ou soldas. Tenha atenção redobrada para evitar que os cabos sejam danificados.

Trabalho com sistemas elétricos de alta-tensão

Recorra às fontes de informação específicas do veículo por parte do fabricante (e de órgãos comerciais) para identificar cuidados a serem tomados a fim de evitar perigo. Chaves de operação remota devem ser mantidas afastadas do veículo para evitar operação acidental dos sistemas elétricos e movimentação não desejada do veículo. As chaves devem permanecer em um local fechado e acessível apenas àquele que está executando a manutenção no veículo. Caso a chave seja necessária durante o trabalho, a pessoa responsável pela atividade deve se certificar de que o veículo se encontra em uma situação segura antes de pegá-la. Verifique visualmente o veículo para identificar sinais de perigo aos cabos de alta-tensão (normalmente de cor laranja). Sistemas de alta-tensão devem ser isolados (a alimentação deve ser desconectada e colocada em situação segura tal que não possa ser acionada de forma inadvertida), e a ausência de energia comprovada, antes de iniciar qualquer atividade. Sempre isole e trave a fonte de alimentação, conforme instruções do fabricante. Você deve sempre testar que qualquer cabo ou circuito esteja sem energia antes de continuar o trabalho.

Mesmo quando isoladas, as baterias do veículo e outros componentes podem conter grande quantidade de carga e reter alta-tensão. Apenas utilize ferramentas e equipamentos de teste adequados. Isso inclui equipamentos isolados eletricamente e em conformidade com o GS38.

Alguns componentes eletrônicos podem armazenar uma quantidade perigosa de eletricidade mesmo com o veículo desligado e a bateria isolada. Recorra às informações do fabricante para procedimentos de descarga da energia armazenada.

Segurança em primeiro lugar

Alguns componentes eletrônicos podem armazenar uma quantidade perigosa de eletricidade mesmo com o veículo desligado e a bateria isolada.

Pode haver circunstâncias (ex.: após um dano por colisão) em que não é possível isolar completamente os sistemas elétricos de alta-tensão e descarregar a energia armazenada no sistema. Recorra às informações do fabricante sobre como exercer atividades de controle antes de tentar fazer qualquer ação corretiva.

Conjuntos de bateria são suscetíveis a altas temperaturas. O veículo normalmente contém uma etiqueta de aviso referente à temperatura máxima e deve-se considerar esses valores em atividades como pintura, em que a temperatura das câmaras pode exceder esses limites. Medidas devem ser tomadas para minimizar qualquer risco potencial, por exemplo, remover as baterias ou prover isolamento térmico evitando o aumento de temperatura nas baterias.

Apenas trabalhe com equipamentos elétricos energizados quando **não for possível, de forma alguma,** exercer a atividade de outra forma. Mesmo assim, deve ser considerado se é tanto racional quanto seguro fazê-la. Você deve considerar que os riscos de trabalhar com equipamentos energizados exigem cuidados adicionais, incluindo, como medida de proteção, o uso de EPI adequado. Recorra às informações do fabricante sobre trabalho em circuitos energizados e requisitos de EPI.

Pode ser necessário alocar o veículo em uma área onde pessoas não possam estar em risco, nem se aproximar do veículo. Sinalização de aviso deve ser utilizada para manter as pessoas longe do perigo.

A próxima seção apresenta práticas adicionais e recomendações relacionadas a esse nível de trabalho.

2.3.3 Antes de iniciar o trabalho

O trabalho com eletricidade não deve começar sem que antes sejam tomadas as medidas de proteção contra choques elétricos, curtos-circuitos e arcos. O serviço não deve ser feito em partes energizadas de sistemas ou equipamentos elétricos. Para esse propósito, esses sistemas devem estar em um estado de desenergização antes e durante todo o trabalho. Isso é atingido seguindo estas três etapas:

1 Isolar

- Desligue a ignição.
- Remova o plugue de serviço ou desligue a chave principal da bateria.
- Remova os fusíveis quando apropriado.
- Desconecte o plugue de recarga.

2 Proteger contra religamentos

- Remova a chave de ignição e evite o acesso não autorizado a ela.
- Armazene o plugue de serviço e evite o acesso não autorizado a ele, proteja a chave de alimentação da bateria contra religamento utilizando cadeados ou lacres.
- Observe qualquer instrução adicional do fabricante.

3 Verificar desenergização

- As recomendações do fabricante devem ser atendidas para verificar a ausência de energia no sistema.
- Apenas utilize equipamentos de teste e ferramentas específicas para teste de tensão conforme orientação do fabricante.
- Até a certeza de ausência de energia, trate o sistema como energizado.
- Aguarde 5 minutos adicionais antes de iniciar qualquer procedimento de manutenção no sistema. Isso permite a descarga de capacitores.
- Tenha certeza de que a tensão presente nos terminais é próxima a 0 V.

Segurança em primeiro lugar

Para obter um estado de desenergização total, siga os três passos:

1. Isole.
2. Proteja contra religamentos.
3. Verifique a desenergização.

Figura 2.17 Cabo de alta-tensão.

2.3.4 Durante o trabalho

Durante o trabalho é importante evitar curtos para a terra e curtos-circuitos entre os componentes – mesmo que desconectados. Lembre que a bateria desconectada ainda pode possuir carga! Se necessário, você deve proteger ou cobrir partes próximas com energia.

- Sempre utilize luvas isolantes.

Sempre utilize ferramentas isoladas quando executar serviços no sistema de alta-tensão. Esse cuidado evitará curtos-circuitos acidentais.

Figura 2.18 Luvas isolantes.

2.3.5 Interrupção do trabalho

Quanto for necessário interromper procedimentos de manutenção, e alguns componentes de alta-tensão estiverem desprotegidos ou desmontados, tenha a certeza de que:

- A chave de partida está desligada e foi retirada.
- A chave do módulo de bateria está desligada.
- Nenhuma pessoa sem treinamento tem acesso ao local.
- Qualquer contato não intencional nos componentes é evitado.

2.3.6 Finalização do trabalho

Uma vez que o trabalho foi finalizado, alguns procedimentos de segurança devem ser feitos. Todas as ferramentas, materiais e demais equipamentos devem ser removidos das redondezas da área de trabalho e da área de risco. Proteções utilizadas no início do trabalho e avisos de segurança podem ser removidos.

Antes de ligar o módulo de bateria após finalização dos reparos, certifique-se de que:

- Todos os terminais foram tensionados ao torque recomendado.
- Nenhum cabo ou terminal de alta-tensão encontra-se danificado ou em curto com a carroceria.
- A resistência de isolamento entre cada terminal de alta-tensão que foi desmontado e se a carroceria do veículo foi verificada.

Segurança em primeiro lugar

Trabalhar em veículos elétricos não é perigoso se as orientações anteriores e os procedimentos do fabricante foram seguidos. Antes de iniciar o trabalho, sempre verifique as informações anteriores – não dê chance para o azar! Morrer de choque elétrico não é engraçado.

2.4 Gestão de riscos

Para gerenciar riscos você deve ser capaz de identificar veículos e componentes e estar ciente da alta-tensão, conforme outras seções deste livro.

2.4.1 Avaliação inicial

Os primeiros a atender a um chamado devem fazer uma avaliação visual de riscos. Deve-se utilizar proteção individual. Deve-se então executar etapas para garantir a segurança dos demais envolvidos no incidente com VEs. Por exemplo, pessoas que podem estar em risco:

- Ocupantes do veículo
- Curiosos
- Agentes de recuperação do veículo
- Agentes de serviços emergenciais

Veículos danificados por fogo ou impacto podem gerar os seguintes riscos:

- Choque elétrico
- Queimaduras

- Arco elétrico
- Explosão de arco
- Fogo
- Explosão
- Compostos químicos
- Gases/fumaça tóxica

Talvez seja necessário implementar ações de evacuação e proteção da área.

Segurança em primeiro lugar
Os primeiros a atender a um chamado devem fazer uma avaliação visual de riscos.

2.4.2 Incêndio

Existem diferenças substanciais nos projetos de VEs e suas partes considerando os diversos fabricantes. Ter as informações específicas do veículo em que se trabalha conforme o fabricante é importante para trabalhar com segurança, identificando as ações necessárias para tal.

Apesar da necessidade óbvia de se proteger, operações incorretas de manutenção em sistemas elétricos de VEs podem causar danos ao veículo, outras pessoas e propriedades.

Ao trabalhar com VEs, toda proteção normal de manutenção deve ser utilizada, como tapetes e demais elementos auxiliares. A destinação correta de resíduos não é diferente de veículos com MCI, com a exceção da bateria de alta-tensão. Se os módulos de bateria apresentarem falhas, é possível que surjam temperaturas excessivas. Essas falhas térmicas se referem a situações em que o aumento de temperatura altera as condições adequadas, resultando em destruição da proteção do módulo.

Incêndios podem ocorrer em uma bateria de alta-tensão de um VE, ou o fogo pode atingir o módulo. A maioria das baterias de VE utilizadas atualmente são compostas de Li-ion, mas baterias de NiMH também são utilizadas. Existe uma gama de orientações que consideram a forma correta de lidar com baterias de VE em situação de incêndio. Contudo, o consenso é que a utilização de água ou outro agente extintor não apresenta risco elétrico à equipe de combate ao incêndio.

Se uma bateria de alta-tensão entrar em combustão, será necessária uma grande quantidade de água. Se uma bateria do tipo Li-ion de alta-tensão estiver envolvida em um incêndio, existe a possibilidade de ele iniciar novamente mesmo após extinto, então sistemas de termografia devem ser utilizados para monitoramento do módulo. Se não houver risco imediato à vida ou propriedades, é recomendado permitir que o fogo consuma toda a bateria até a extinção natural.

Outro ponto a se observar com incêndios envolvendo VEs é a possibilidade de sistemas de proteção automática contra choques elétricos serem danificados. Por exemplo, os relés normalmente abertos podem ter seus contatos travados em circuito fechado devido ao calor, permitindo energização do sistema de alta-tensão.

Segurança em primeiro lugar
Se ocorrer incêndio em um módulo de bateria, deixe que a brigada de incêndio cuide do problema.

2.5 Ferramentas e equipamentos

2.5.1 Introdução

Como introdução, as Tabelas 2.3 e 2.4 listam alguns termos básicos e suas descrições para ferramentas e equipamentos.

2.5.2 Ferramentas manuais

A experiência é a melhor forma de aprender a utilizar ferramentas manuais, mas o primeiro passo, e mais importante, é entender a utilidade das mais comuns. Esta seção inicia

Tabela 2.3 Ferramentas e equipamentos

Ferramentas manuais	Chaves, martelos, marretas e todos os acessórios!
Ferramentas especiais	Ferramentas que não fazem parte do *kit* tradicional. Ou itens utilizados para apenas uma atividade específica.
Equipamento de testes	Em geral, refere-se a um equipamento de medição. A maioria dos testes envolve medição de algo e comparação do resultado com dados prévios. Estes dispositivos podem incluir desde uma régua até um analisador de motor.
Equipamento de teste dedicado	Alguns equipamentos servem para testar um sistema muito específico. Grandes fabricantes fornecem equipamentos dedicados aos seus veículos. Por exemplo, um dispositivo de diagnóstico para certo tipo de controlador de injeção eletrônica.
Acurácia	Representa exatidão, livre de erros ou enganos e com dados enquadrados no padrão exigido.
Calibração	Verificação da acurácia do instrumento de medição.
Porta serial	Uma conexão a uma unidade de controle eletrônico, um equipamento de diagnóstico ou um computador, por exemplo. Serial significa que os dados serão enviados em uma fila digital, como empurrar bolas pretas e brancas por um cano, de forma ordenada.
***Scanner* ou leitor**	Um equipamento capaz de ler "as bolas pretas e brancas" mencionadas acima, ou os estados ligado-desligado de um sinal elétrico, e converter em uma informação que faça sentido para nós.
Sistema de informações e diagnóstico combinado	Geralmente um *software* de computador, estes sistemas podem interpretar testes nos sistemas veiculares e também conter informações de manutenção. Diversas sequências e testes diferentes podem ser executados por computador.
Osciloscópio	A parte principal é a tela, que é como uma TV ou tela de computador. Um osciloscópio é um voltímetro, mas, em vez de lermos números em um *display*, podemos ver níveis de tensão por meio de traços apresentados na tela. As marcações na tela podem se mover e alterar, permitindo que visualizemos alterações nas tensões.

Figura 2.19 Conjunto de ferramentas da Snap-on.

listando algumas das principais ferramentas, com exemplos de sua aplicação, e termina com orientações e instruções gerais.

Pratique até entender o propósito e como utilizar as ferramentas listadas na Tabela 2.4 ao trabalhar com veículos.

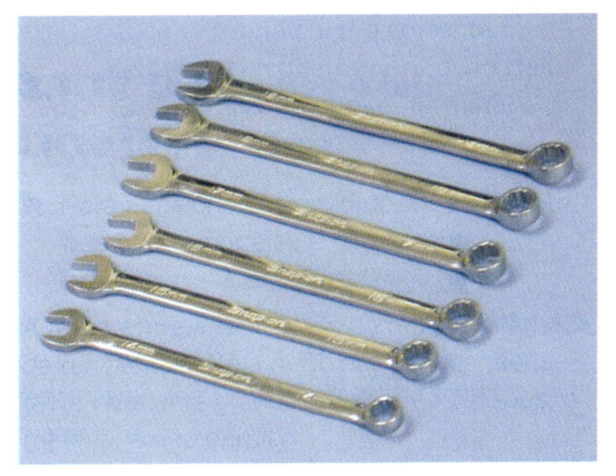

Figura 2.20 Chaves combinadas.

Orientações e instruções gerais para uso de ferramentas manuais (fornecidas pela Snap-on):

- Utilize uma ferramenta apenas para seu propósito.
- Sempre utilize o tamanho correto para o trabalho a ser executado.

Tabela 2.4 Ferramentas manuais

Ferramenta manual	Exemplo de uso e/ou observações
Chave ajustável (chave inglesa)	Ferramenta muito utilizada, útil para apertar ou segurar um parafuso ou uma porca.
Chave de boca	Utilizada para parafusos e porcas onde o acesso é limitado ou uma chave estrela não pode ser utilizada.
Chave estrela	A melhor ferramenta para aperto de porcas ou parafusos. Se encaixada corretamente, não escorregará ou danificará a porca ou o parafuso.
Chave de torque	Essencial para o aperto correto de parafusos. A chave pode ser ajustada para soar um "clique" quando o torque desejado for atingido. Alguns acreditam que não é necessária; bons técnicos sabem dos seus benefícios.
Chave soquete	Geralmente composta de catraca para facilitar o uso.
Chave soquete hexagonal	Soquetes são muito úteis quando uma chave comum não pode ser utilizada. Em muitos casos é até mais fácil e rápido utilizar soquetes. Extensões e juntas articuladas também auxiliam a alcançar aquele parafuso problemático.
Chave de impacto pneumática	Semelhante a uma parafusadeira elétrica. Equipamentos pneumáticos são ótimos para acelerar o trabalho, porém danificam facilmente os componentes devido a sua força. Utilize apenas soquetes fortes e de boa qualidade.
Chave de fenda simples	Para utilizar com parafusos comuns. Utilize o tamanho adequado!
Pozidrive, Phillips e chave de fenda cruzada	Fornece mais facilidade de uso em relação à chave de fenda simples, especialmente a Pozidrive. Aprenda a identificar tamanhos para evitar danos ou que o parafuso escorregue.
Torx®	Similar a uma chave sextavada, como uma Allen, porém com sulcos laterais. Pode fornecer ótimo torque.
Chaves para fins especiais	Existem diversos tipos. Como exemplo, o alicate de pressão, que pode ser utilizado como pinça travando na posição.
Pinças	Podem ser utilizadas para pegar, puxar ou dobrar. Estão disponíveis em diversos tamanhos e tipos de ponta. Existem pinças para trabalhar com anéis, componentes eletrônicos ou elétricos.
Alavancas	Utilizadas para aplicar muita força em uma pequena área. Lembrando disso, você saberá que, se utilizar da forma errada, será fácil danificar um componente.
Martelo/marreta	Qualquer um pode acertar algo com um martelo, mas saber exatamente quanta força aplicar é uma habilidade a ser aprendida!

- Sempre que possível, puxe uma chave inglesa em vez de empurrar.
- Não utilize limas ou similares sem a empunhadura.
- Mantenha todas as ferramentas limpas e armazene-as em caixa ou armário adequado.
- Não utilize uma chave de fenda como alavanca.
- Cuide bem das suas ferramentas e elas cuidarão bem de você!

2.5.3 Equipamentos de testes

Remover, reparar ou ajustar componentes para garantir o funcionamento de um veículo conforme as especificações é um resumo de quase todo o trabalho que você fará. O uso, cuidado, calibração e armazenamento de equipamentos de testes é de suma importância. Assim, "equipamento de teste" significa:

- Equipamento de medição – como um micrômetro
- Equipamento manual – como um dinamômetro
- Medidores de grandezas elétricas – como um multímetro ou um osciloscópio

A operação e cuidados desses equipamentos irá variar conforme os diferentes tipos. Sugiro, então, que você sempre leia o manual de

Figura 2.21 Multímetro digital em uso.

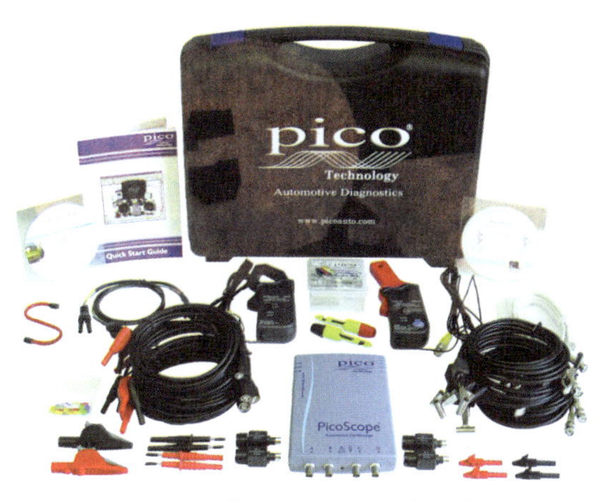

Figura 2.22 PicoScope automotivo (fonte: PicoTech Media).

instruções fornecido pelo fabricante com atenção antes de utilizar ou sempre que tiver dificuldades. Seguem algumas boas orientações gerais:

- Sempre siga as instruções dos manuais do fabricante.
- Maneje com cuidado: não derrube, mantenha os equipamentos em caixas apropriadas.
- Calibre regularmente: verifique a exatidão do equipamento.
- Saiba como interpretar resultados: em caso de dúvida, pergunte!

Um dos meus equipamentos favoritos para testes é o PicoScope. Trata-se um osciloscópio que funciona por meio de um computador. Ele testa todos os sistemas de gerenciamento de um motor, além de outros dispositivos elétricos e eletrônicos. Visite https://www.picoauto.com para saber mais.

Fato importante

Um osciloscópio desenha o gráfico da tensão em função do tempo.

A Figura 2.23 apresenta o sinal de um sensor indutivo medido com o Picoscope.

Para trabalhar com VEs, medidores de grandezas elétricas como voltímetros devem atender a classes mínimas de 600 CAT. III ou CAT. IV.

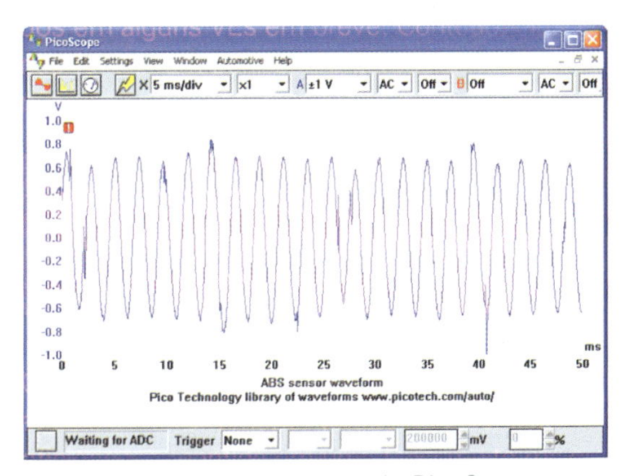

Figura 2.23 Forma de onda do PicoScope.

2.5.4 Equipamentos de oficina

Segurança em primeiro lugar

Para trabalhar com VEs, medidores de grandezas elétricas, como voltímetros, devem atender a classes mínimas de 600 CAT. III ou CAT. IV.

Além de ferramentas manuais e equipamentos de testes, a maioria das oficinas terá uma grande variedade de equipamentos para levantar e sustentar veículos, bem como ferramentas elétricas ou acionadas por ar comprimido. A Tabela 2.5 lista alguns exemplos comuns de equipamentos que podem ser facilmente encontrados em oficinas e seus usos.

Tabela 2.5 Equipamentos de oficina

Equipamento	Uso comum
Rampa ou elevador	Utilizado para elevar o veículo do chão. Podem ser dois postes que elevam o veículo deixando as rodas livres ou podem ser elevadores compactos em que o sistema de elevação fica abaixo do solo da oficina.
Macaco e cavaletes	Utilizado para elevar uma parte do veículo, como a frente, a lateral ou um dos cantos. Sempre posicione o macaco nos pontos recomendados (geralmente identificados no chassi) ou pelo sistema de suspensão. Quando elevado, suporte o veículo em cavaletes adequados para evitar que ele caia em caso de falha do macaco.
Pistola pneumática	Utilizada para remover facilmente parafusos das rodas. Note que é necessário verificar o torque ao substituir elementos de fixação das rodas.
Furadeira elétrica	Apenas um exemplo das várias ferramentas elétricas utilizadas em reparos veiculares. Nunca utilize em condições em que a ferramenta esteja molhada.
Lavador de peças	Várias empresas fabricam máquinas para limpeza de peças. Sempre substitua o fluido em intervalos regulares.
Lavador a vapor	Pode ser utilizado para remover cera protetiva de novos veículos, bem como limpar graxa, óleo e demais sujeiras de veículos em uso. Utiliza eletricidade para funcionar, e alguns modelos podem ser abastecidos com algum combustível.
Solda elétrica	Vários tipos de soldas são utilizados em oficinas. As duas mais comuns são MIG (*metal inert gas*) e MMA (*manual metal arc*).
Solda a gás	Soldas a gás são comuns em oficinas, pois podem ser utilizadas como uma fonte de calor, por exemplo, para dilatar uma peça.
Guincho para motor	Para remover o motor da maioria dos veículos, é necessário o auxílio de um guincho. Geralmente é constituído de duas pernas com rodas que entram embaixo do carro pela frente, e um gancho acionado por uma alavanca hidráulica. Correntes ou cintas são utilizadas para fixar o motor ou são amarradas ao redor dele.
Cavalete para câmbio	Em vários veículos a transmissão é retirada por baixo. O carro é elevado e então o cavalete de câmbio é colocado por baixo para remoção.

2.5.5 Ferramentas de alta-tensão

Vários fabricantes desenvolveram diversas ferramentas para proteger mecânicos de sistemas de alta-tensão presentes nos veículos elétricos. A famosa companhia Facom utilizou sua experiência em fabricação de ferramentas isoladas para 1.000 V e produziu uma série de produtos em conformidade com a EM 60900. Na verdade, as ferramentas são individualmente testadas em 10.000 V por 10 segundos.

Existe uma linha completa de ferramentas isoladas, incluindo catracas, soquetes, chaves de fenda, chave inglesa, pinças e torquímetros. Luvas isolantes de látex, luvas externas protetoras e até mesmo carrinhos de ferramentas estão disponíveis no mercado.

Figura 2.24 Macaco e cavaletes (fonte: Snap-on Tools).

Uma característica importante nas ferramentas isoladas para alta-tensão é a presença de cores diferentes na ferramenta. Se alguma

Figura 2.25 Ferramentas isoladas são fundamentais para reduzir o risco de danos aos técnicos e veículos (fonte: Facom Tools).

parte da proteção externa isolante, geralmente alaranjada, faltar, será exposta a cor abaixo dessa camada, que geralmente é um amarelo brilhante, indicando falha no isolamento e mostrando que a ferramenta não está mais apta para uso.

2.5.6 Diagnóstico a bordo

Diagnóstico a bordo ou *on-board* (on-board diagnostics – OBD) é um termo genérico para um sistema de diagnóstico veicular próprio com informações internas. Sistemas OBD fornecem ao dono do veículo ou a um técnico acesso a informações de diversos sistemas veiculares.

Definição

OBD: on-board diagnostics (diagnóstico a bordo).

A quantidade de informação disponível por meio de OBD variou consideravelmente desde sua introdução no início dos anos 1980. As primeiras versões do OBD simplesmente indicavam, por meio de uma lâmpada, uma falha ou problema que havia sido detectado, mas não fornecia nenhuma informação a respeito do problema. Sistemas OBD modernos utilizam portas de comunicação digital padronizadas e fornecem dados em tempo real, bem como uma série de códigos de diagnósticos tabelados por norma, o que permite a um técnico identificar e corrigir falhas em um veículo. A versão atual é o OBD2, e na Europa é o EOBD2. Os padrões OBD2 e EOBD2 são muito similares.

Figura 2.26 Conector para conexão de dados de diagnóstico (*data link connector* – DLC).

Todos os padrões OBD2 utilizam o mesmo conector, porém pinos diferentes, com exceção do pino 4 (negativo da bateria) e do pino 16 (positivo da bateria).

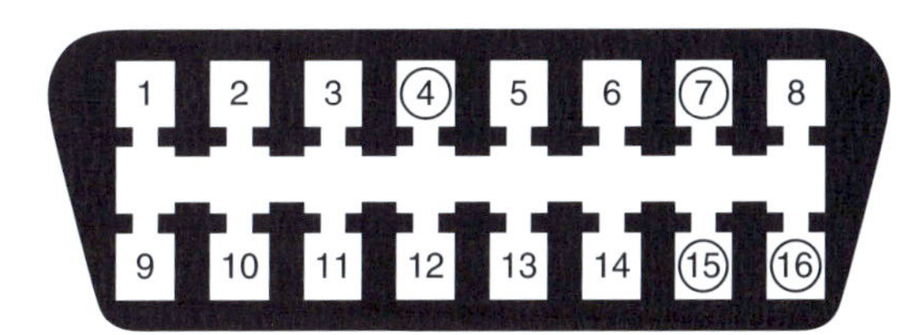

Figura 2.27 Pinagem do conector: 4, terra/negativo da bateria; 7, sinal K; 15, sinal L; 16, positivo da bateria.

Nota do autor: esta seção apresenta o uso e funções do sistema de diagnósticos Bosch KTS 650. Escolhi esta ferramenta em particular como estudo de caso porque ela fornece tudo que um técnico precisa saber para diagnosticar falhas, mas a um preço profissional. O sistema é a junção de um *scanner*, um multímetro, um osciloscópio e um sistema de informações (quando utilizado em conjunto com Esitronic). Para mais informações, visite: http://www.bosch.com.

Veículos modernos embarcam eletrônicos cada vez mais. Isso costuma complicar o reparo e diagnóstico, visto que os sistemas individuais estão interconectados. O trabalho executado em oficinas de serviço e reparo está sendo cada vez mais modificado. Engenheiros automotivos precisam atualizar seu conhecimento continuamente a respeito da eletrônica veicular. Mas apenas isso não é suficiente. O número crescente de componentes elétricos e eletrônicos nos veículos impede a manutenção sem uma tecnologia de diagnóstico moderno, como a última linha de dispositivos para teste de unidades controladoras KTS da Bosch. Cada vez mais, intervenções que antes eram puramente mecânicas nos veículos hoje utilizam unidades de controle eletrônicas, por exemplo, a troca de óleo.

Figura 2.28 Uso do sistema de diagnóstico (fonte: Bosch Media).

Oficinas de veículos trabalham em um cenário muito competitivo, e precisam estar aptas a atender serviços de reparo de forma eficiente, mantendo alto padrão de serviço e preço competitivo para uma ampla linha de marcas e modelos. O equipamento de teste e diagnóstico Bosch KTS, em conjunto com o *software* intuitivo Esitronic, oferece a melhor base possível para diagnósticos eficientes e reparo de componentes elétricos e eletrônicos. Os equipamentos estão disponíveis em diversas versões, capazes de atender a requisitos individuais de oficinas em particular.

O KTS650 portátil possui computador e tela de toque integrada, podendo ser utilizado em qualquer lugar. Possui um disco de armazenamento de 20 GB, uma tela sensível a toque e um *drive* de DVD. Quando utilizado fora da oficina, a alimentação do KTS 650 pode ser feita por meio da bateria do veículo, ou utilizando baterias com duração de 1 a 2 horas de serviço. Para utilizar na oficina, está disponível um resistente carrinho com unidade de carga integrada. Possui também vários adaptadores e cabos eventualmente necessários, e o carrinho pode também ser utilizado para apoiar uma impressora ou teclado externo, que podem ser conectados ao KTS 650 por meio das interfaces de computador comuns.

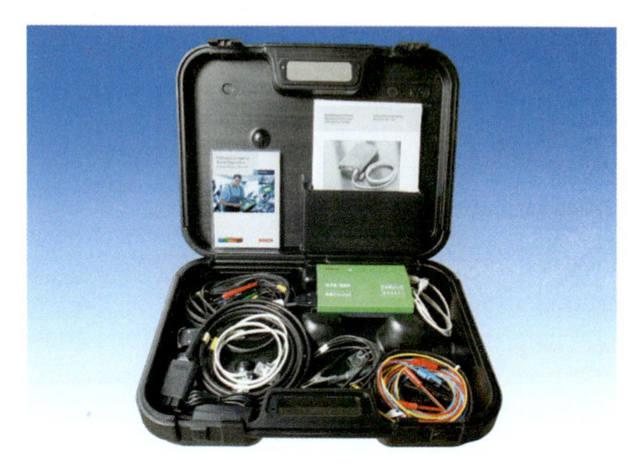

Figura 2.29 Conjunto de cabos e adaptadores (fonte: Bosch Media).

O pacote de *software* Esitronic conta com a capacidade de gerar relatórios detalhados em conjunto com os equipamentos KTS. Com os novos sistemas diesel, por exemplo, é possível medir com funções especiais de análise de comparação e testes de compressão. Isso permite diagnósticos confiáveis de elementos em falha, evitando desmontagem desnecessária e troca ou remoção de peças em perfeito funcionamento.

Equipamentos modernos de diagnóstico também são indispensáveis em oficinas que trabalham com sistemas de freio com controle eletrônico, como ABS, ASR e ESP. Atualmente, o dispositivo de diagnóstico pode ser necessário até mesmo para sangrar um sistema de freio. Procedimentos de desenergização de VEs também podem ser incluídos nos dispositivos de forma semelhante.

Além disso, o KTS e o Esitronic permitem a oficinas independentes reajustar o aviso de intervalo de manutenção, por exemplo, após a troca de óleo ou um serviço de rotina, ou talvez até auxiliar o posicionamento de lâmpadas do farol após a substituição destas.

Os dispositivos KTS operam tanto em normas ISO para veículos europeus como SAE para americanos e japoneses. Soma-se às funções a possibilidade de utilizar normas CAN por meio do sistema CAN Bus de comunicação, que vem sendo cada vez mais utilizado em veículos. O dispositivo é conectado diretamente ao soquete de diagnóstico por meio de uma interface serial de diagnóstico utilizando um cabo adaptador.

O sistema detecta automaticamente as unidades de controle e lê os valores em tempo real, erros contidos na memória e outros dados específicos das controladoras. Graças a um sistema integrado multiplexado, é ainda mais fácil ler informações de diversos sistemas do veículo. O multiplexador determina a conexão presente no terminal de diagnóstico e estabelece a comunicação adequada com a unidade de controle selecionada.

Notas

1 Os termos C.A. e C.C. representam corrente alternada e corrente contínua, respectivamente, na língua portuguesa. Por se tratar de um tema com muitas fontes internacionais, manterei as abreviações em inglês (AC e DC), uma vez que diversos manuais e materiais técnicos disponíveis no Brasil (com exceção da norma ABNT) utilizam estas últimas abreviações. [N.T.]

2 Disponível em: <http://www.hse.gov.uk>. Acesso em: 4 fev. 2018.

Princípios de elétrica e eletrônica

3.1 Princípios básicos de elétrica

3.1.1 Introdução

Para entender bem a eletricidade, precisamos entender o que ela realmente é. Isso significa que devemos pensar bem pequeno. Uma molécula é a menor parte de uma matéria que pode ser identificada como essa matéria em questão. Subdividindo as moléculas, temos os átomos, que são a menor parte da matéria. Um elemento é uma substância constituída apenas de átomos do mesmo tipo.

Um átomo é composto de um núcleo central feito de prótons e nêutrons. Ao redor do núcleo, orbitam os elétrons, de modo semelhante aos planetas ao redor do Sol. O nêutron é uma pequena partícula no núcleo. Possui cargas negativas e positivas iguais, portanto não possui polaridade. O próton é outra pequena parte do núcleo, e é carregado positivamente, significando que o núcleo do átomo é positivamente carregado. O elétron é outra pequena parte do átomo, e é negativamente carregado. Este orbita o núcleo, e sua órbita é mantida pela atração da carga positiva do próton. Todos os elétrons são similares, não importando o tipo de átomo de origem.

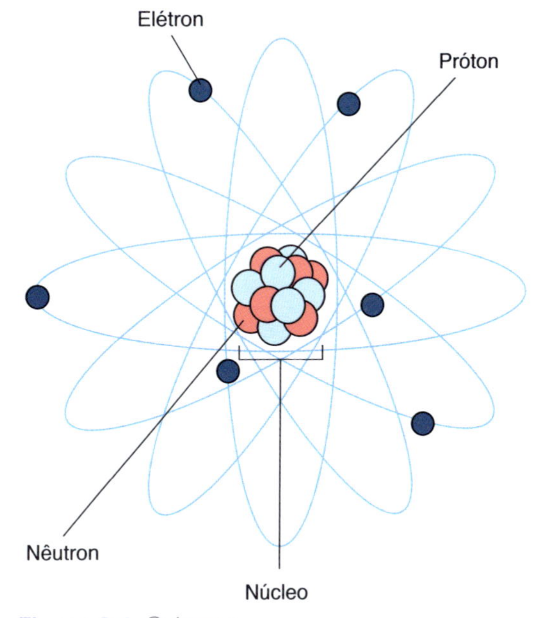

Figura 3.1 O átomo.

Quando os átomos estão em um estado balanceado, o número de elétrons orbitando é igual ao número de prótons no núcleo. Os átomos de alguns materiais possuem elétrons que podem ser facilmente retirados de sua órbita e se unir a um átomo adjacente. Fazendo isso, esses átomos movem um elétron de cada átomo adjacente para outro (assim como ímãs

Figura 3.2 Componentes eletrônicos compõem a tecnologia que permite a existência do Tesla Roadster, que atinge velocidade de mais de 200 km/h (fonte: Tesla Motors).

se repelem por polaridade) e assim por diante através da matéria. Esse é um movimento aleatório de elétrons, e a estes é dado o nome de elétrons livres.

Se um material possuir elétrons que podem se mover facilmente, será chamado de condutor. Em outros materiais é extremamente difícil mover um elétron de seu átomo. Estes então são os materiais isolantes.

Definição

Um material isolante é aquele que possui elétrons difíceis de serem movidos.

Definição

Um material condutor é aquele que possui elétrons fáceis de serem movidos.

3.1.2 O elétron e o sentido convencional de fluxo

Se uma pressão elétrica (força eletromotriz ou tensão) é aplicada em um condutor, um fluxo de movimento direcional de elétrons irá acontecer (por exemplo, ao conectar uma bateria a um cabo). Isso acontece porque os elétrons são atraídos pelo lado positivo e repelidos pelo negativo. As condições necessárias para causar o fluxo de elétrons são:

- Uma fonte, por exemplo, a de uma bateria ou gerador
- Um caminho completo e condutor, pelo qual os elétrons podem se mover (ex.: fios)

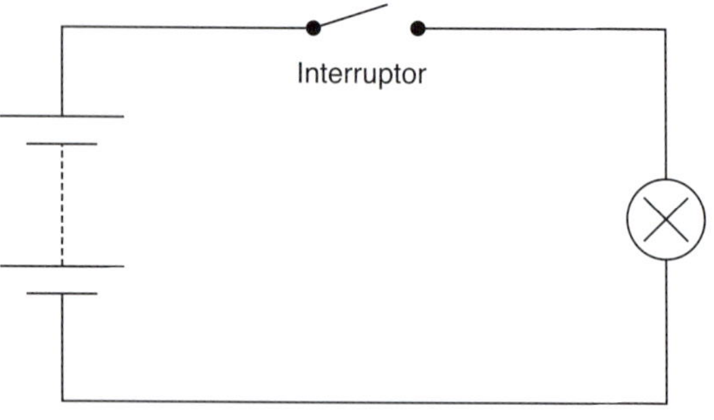

Figura 3.3 Um circuito elétrico simples.

O fluxo de elétrons é chamado de corrente elétrica. A Figura 3.3 apresenta um circuito elétrico simples no qual uma bateria tem seu terminal positivo conectado a um interruptor e uma lâmpada até o terminal negativo. Com o interruptor aberto, a energia química da bateria irá remover elétrons do lado positivo para o negativo, internamente. Isso deixa o terminal positivo com menos elétrons e uma quantidade maior de elétrons no terminal negativo. Uma pressão elétrica existe entre os terminais da bateria.

Definição

Corrente elétrica é o fluxo de elétrons em um condutor.

Com o interruptor fechado, o excesso de elétrons no terminal negativo irá fluir pela lâmpada até o terminal deficiente de elétrons da bateria (o positivo). A lâmpada irá acender e a energia química da bateria irá manter os elétrons se movendo do terminal negativo para o positivo. Esse movimento do lado negativo para o positivo é chamado de fluxo de elétrons, e continuará enquanto existir força capaz de ser feita pela bateria – em outras palavras, enquanto existir carga.

- O fluxo de elétrons ocorre do terminal negativo para o positivo.

Inicialmente se pensava que a corrente fluía do lado positivo para o negativo, e essa convenção foi adotada mesmo após a consolidação do conhecimento, por questões de aplicação prática dos métodos estudados. Portanto, mesmo que o fluxo não seja correto, é importante que nós adotemos a mesma convenção do sentido de corrente.

- Por convenção, o sentido da corrente elétrica ocorre do positivo para o negativo.

Fato importante

Por convenção, o sentido da corrente elétrica ocorre do positivo para o negativo.

3.1.3 Efeitos da corrente elétrica

Quando uma corrente percorre um circuito, podo produzir três efeitos:

- Calor
- Magnetismo
- Químico

O efeito de calor é a base de componentes elétricos como aquecedores e lâmpadas. O efeito magnético é a base do funcionamento de relés, motores e geradores. E o efeito químico é a base para a recarga de bateria e galvanoplastia.

No circuito apresentado na Figura 3.4, a energia química da bateria é convertida em energia elétrica e então em calor na lâmpada incandescente.

Os três efeitos elétricos são reversíveis. Ao aplicar calor a um termopar, uma pequena força eletromotriz será gerada, e uma pequena corrente irá circular. A utilização prática desse fenômeno está em instrumentos de medição. Uma bobina de fio metálico rotacionada em um campo magnético irá pro-

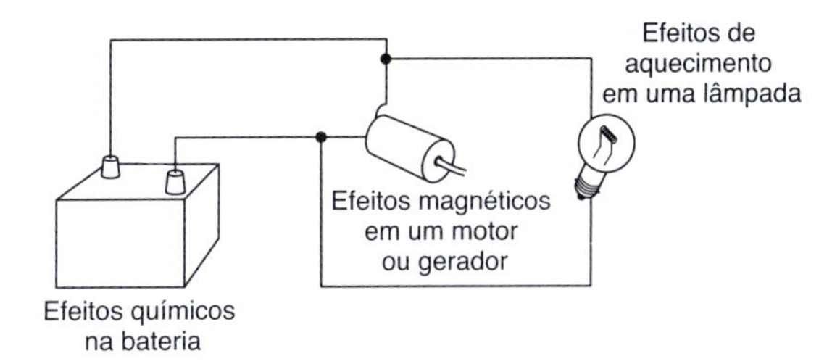

Figura 3.4 Uma lâmpada, um motor e uma bateria – efeitos de aquecimento, magnéticos e químicos.

duzir força eletromotriz, causando o fluxo de corrente. Esse é o princípio de funcionamento de um gerador. Uma reação química, como em uma bateria, produz força eletromotriz, que causa o fluxo de corrente.

Fato importante

Os três efeitos elétricos são reversíveis.

3.1.4 Quantias fundamentais

Na Figura 3.5, o número de elétrons que percorre a lâmpada a cada segundo é descrito como taxa de fluxo. A causa da movimentação dos elétrons é a pressão elétrica no terminal. A lâmpada representa uma oposição à taxa de fluxo fornecida pela pressão elétrica. Potência é a razão da execução de trabalho, ou da mudança da energia de um tipo para outro. Essas quantias, como várias outras, recebem nomes, como mostra, mais adiante, a Tabela 3.1.

Se a pressão de tensão aplicada a um circuito aumentar mas a resistência da lâmpada permanecer a mesma, então acontecerá um aumento na corrente. Se a tensão for mantida constante mas trocarmos a lâmpada por uma com resistência maior, ocorrerá uma diminuição na corrente. A lei de Ohm descreve essas relações.

A lei de Ohm constata que em um circuito fechado "a corrente é proporcional à tensão e inversamente proporcional à resistência". Quando 1 V causa o fluxo de 1 A, a potência (P) será de 1 W.

Utilizando símbolos:

Tensão = Corrente x Resistência

($V = IR$) ou ($R = V/I$) ou ($I = V/R$)

Potência = Tensão x Corrente

($P = VI$) ou ($I = P/V$) ou ($V = P/I$)

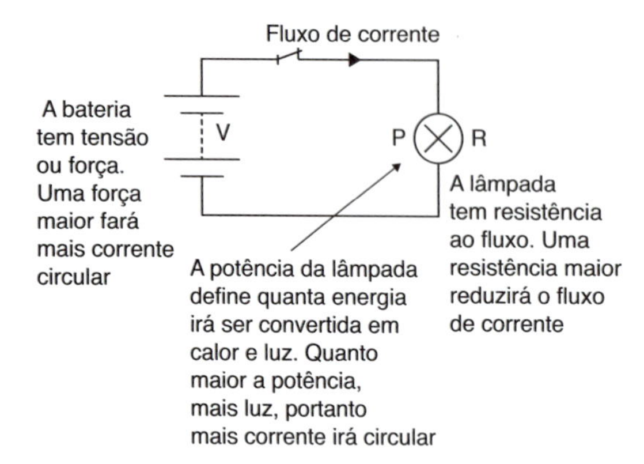

Figura 3.5 Um circuito elétrico apresentando a ligação entre tensão, corrente, resistência e potência.

3.1.5 Descrevendo circuitos elétricos

Três termos são úteis para descrever circuitos elétricos.

- **Circuito aberto**: o caminho está quebrado, ou seja, não há fluxo de corrente.
- **Curto-circuito**: significa que há uma falha causada por um fio em contato com outro condutor, e a corrente utiliza esse caminho de menor resistência para completar o circuito.
- **Alta resistência**: significa que uma parte do circuito possui uma resistência muito grande (como uma conexão suja), fazendo que diminua a quantidade de corrente que pode circular.

3.1.6 Condutores, isolantes e semicondutores

Todos os metais são condutores. Ouro, prata, cobre e alumínio estão entre os melhores e são utilizados com frequência. Líquidos que conduzem corrente elétrica são chamados de eletrólitos. Isolantes geralmente são materiais não metálicos, como borracha, porcelana, vidro, plásticos, algodão, seda, papel-manteiga e alguns líquidos. Alguns materiais podem atuar tanto como isolantes como condutores, dependendo da condição. A estes damos o nome de semicondutores, e são utilizados para fabricar transistores e diodos.

Fato importante

Ouro, prata, cobre e alumínio estão entre os melhores condutores.

3.1.7 Fatores que alteram a resistência de um condutor

Em um isolante, uma grande tensão aplicada irá produzir um pequeno movimento de elétrons. Em um condutor, uma pequena tensão irá produzir um grande fluxo ou corrente. A quantidade de resistência oferecida pelo condutor é determinada por diversos fatores.

- Comprimento – quanto maior o comprimento de um condutor, maior sua resistência.
- Seção transversal (área) – uma área transversal maior oferece menor resistência.
- O material do qual é feito o condutor – a resistência oferecida pelo condutor irá variar conforme seu material de fabricação. Isso é conhecido como resistividade ou resistência específica do material.
- Temperatura – a maioria dos metais aumenta a resistência proporcionalmente à temperatura.

3.1.8 Resistores e malhas de circuitos

Bons condutores são utilizados para conduzir corrente com o mínimo de queda de tensão por causa de sua baixa resistência. Resistores são utilizados para controlar o fluxo de corrente em um circuito ou para ajustar níveis de tensão. Eles são fabricados de materiais que têm alta resistência. Resistores para baixos valores de

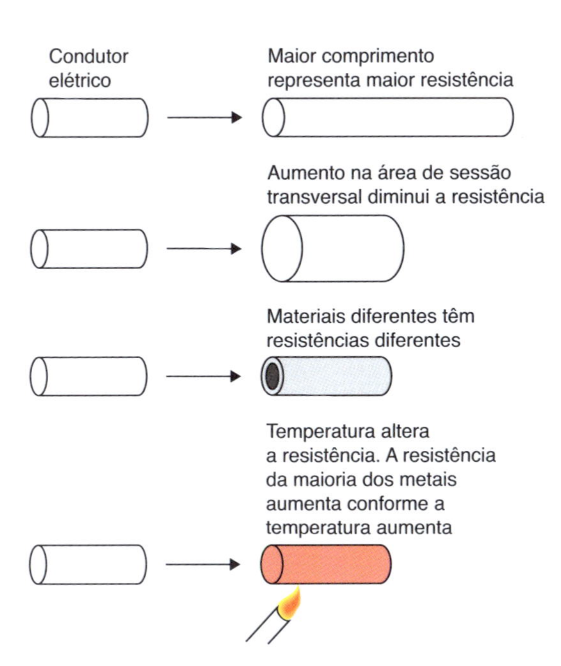

Figura 3.6 Fatores que afetam a resistência elétrica.

corrente geralmente são feitos de carbono. Resistores para altos níveis de corrente geralmente são feitos de enrolamentos de fios.

Fato importante

Resistores são utilizados para controlar o fluxo de corrente em um circuito ou para ajustar níveis de tensão.

Resistores são comumente utilizados como parte de circuitos elétricos para explicar os princípios básicos envolvidos. Os circuitos mostrados a seguir são equivalentes entre si. Em outras palavras, o circuito que apresenta apenas resistores é utilizado para representar o outro.

Quando resistores são conectados em apenas um caminho (Figura 3.8), para que a mesma corrente circule por ambas as lâmpadas, eles estão conectados em série, e as seguintes regras se aplicam:

- A corrente é a mesma para todas as partes do circuito.
- A tensão aplicada é igual à soma das quedas de tensão pelo circuito.
- A resistência total do circuito é igual à soma das resistências individuais ($R_1 + R_2$ etc.).

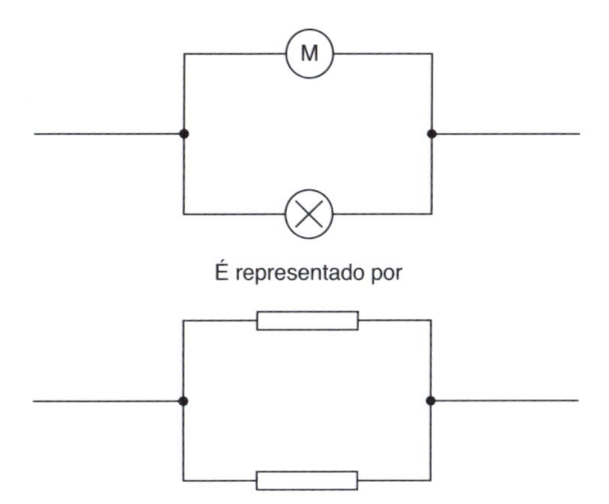

Figura 3.7 Um circuito equivalente.

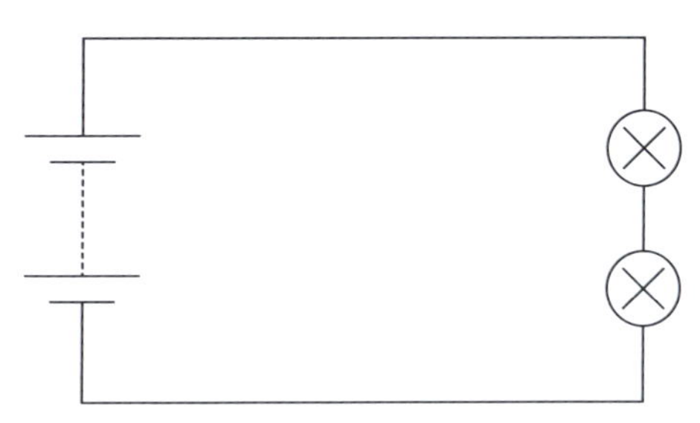

Figura 3.8 Circuito em série.

Quando resistores ou lâmpadas estão conectados de tal forma que exista mais de um caminho (a Figura 3.9 demonstra dois caminhos) para a corrente circular e tem a mesma tensão entre cada componente, eles estão conectados em paralelo e as seguintes regras se aplicam:

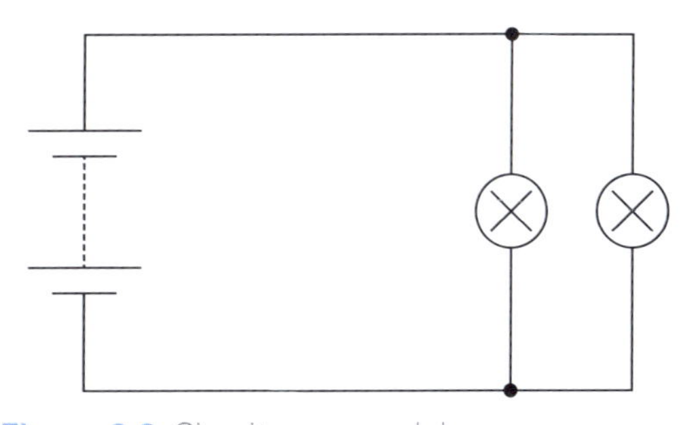

Figura 3.9 Circuito em paralelo.

- A tensão para todos os componentes em paralelo no circuito é a mesma.
- A corrente total é igual à soma das correntes circulando em cada ramo.
- A corrente se divide dependendo da resistência de cada componente.
- A resistência total do circuito pode ser calculada por:

$$1/R_T = 1/R_1 + 1/R_2 \text{ ou}$$
$$R_T = (R_1 \times R_2)/(R_1 + R_4)$$

3.1.9 Magnetismo e eletromagnetismo

O magnetismo pode ser criado por um ímã ou por um eletroímã (lembre que é um dos três efeitos da corrente). O espaço ao redor de um ímã sujeito ao efeito magnético é chamado de campo magnético. O formato do campo magnético em diagramas é representado por linhas de campo ou de força.

Algumas regras referentes ao magnetismo:

- Polos diferentes se atraem. Polos iguais se repelem.
- Linhas de força no mesmo sentido se repelem lateralmente, em sentidos opostos se atraem.
- A corrente que circula por um condutor irá gerar um campo magnético ao redor do condutor. A força do campo magnético é determinada pela corrente circulando.
- IA corrente que circula por um condutor irá geral um campo magnético ao redor do condutor. A força do campo magnético é determinada pela corrente circulando
- Se um condutor estiver enrolado em uma bobina ou solenoide, o magnetismo resultante é o mesmo de uma barra de ímã.

Eletroímãs são utilizados em motores, relés e bicos injetores, apenas para citar algumas das aplicações. Uma força é gerada a partir da corrente em condutor pelo campo magnético quando dois campos magnéticos interagem. Esse é o princípio básico de funcionamento de um motor. A Figura 3.10 mostra a representação desses campos magnéticos.

Fato importante

Uma força é gerada a partir da corrente em condutor pelo campo magnético quando dois campos magnéticos interagem.

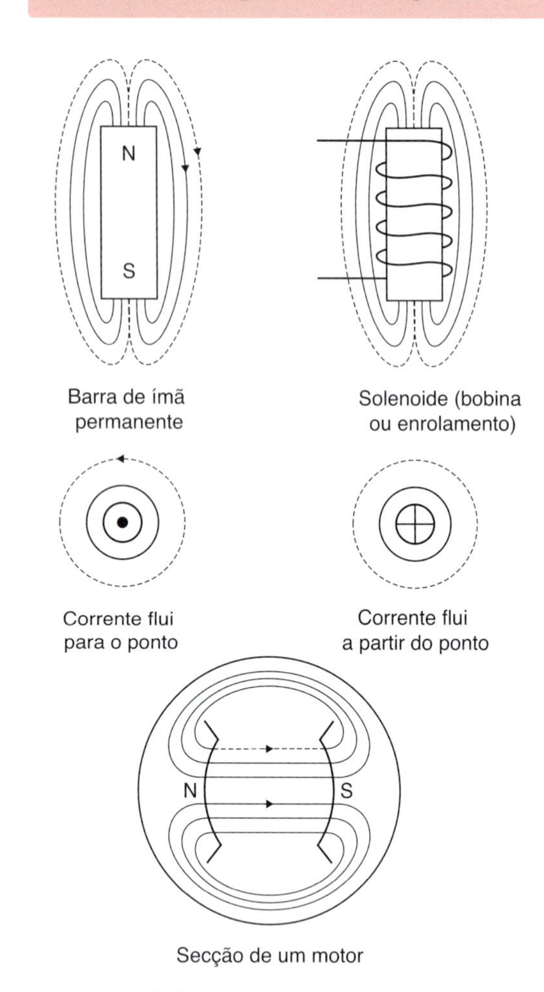

Figura 3.10 Campos magnéticos.

3.1.10 Indução eletromagnética

Leis básicas:

- Quando um condutor atravessa ou é atravessado por magnetismo, uma tensão é induzida no condutor.
- O sentido da tensão induzida depende do sentido do campo magnético e do sentido no qual o campo se move em relação ao condutor.

- O nível de tensão é proporcional à taxa em que o condutor atravessa ou é atravessado pelo magnetismo.

Este efeito de indução, significando que tensão é gerada nos cabos, é o princípio básico do funcionamento de geradores, como o alternador em um carro. Um gerador é uma máquina que converte energia mecânica em energia elétrica. A Figura 3.11 demonstra um fio se movendo em um campo magnético.

Definição

Um gerador é uma máquina que converte energia mecânica em energia elétrica.

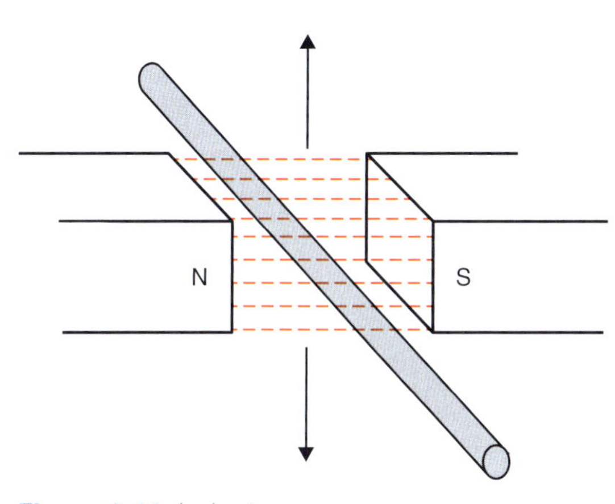

Figura 3.11 Indução.

3.1.11 Indução mútua

Se duas bobinas (conhecidas como primária e secundária) estiverem unidas por um mesmo núcleo de ferro, qualquer alteração no magnetismo de uma irá induzir uma tensão na outra. Isso acontece quando a corrente da bobina primária é ligada e desligada. Se o número de voltas de fio na bobina secundária é maior que na primária, uma tensão maior é produzida. Se o número de voltas de fio na bobina secundária for menor que na primária, obtém-se uma tensão menor. Esse é o princípio de funcionamento de um transformador, e o mesmo é utilizado em bobinas de ignição. A Figura 3.12 apresenta o princípio de indução mútua. O valor da tensão induzida depende:

- Da corrente primária.
- Da razão de voltas entre as bobinas primária e secundária.
- Da velocidade pela qual o magnetismo se altera.

Fato importante

A ação transformadora é o princípio de funcionamento de uma bobina de ignição. Também é utilizada em conversores DC-DC.

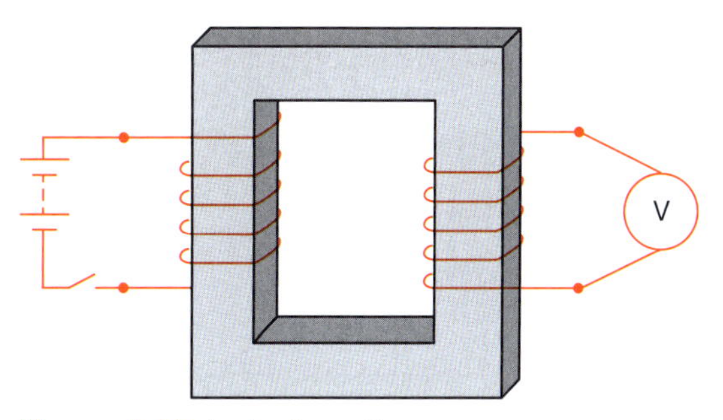

Figura 3.12 Indução mútua.

3.1.12 Definições e leis

Lei de Ohm

- Para a maioria dos condutores, a corrente que circula por eles é diretamente proporcional à tensão aplicada neles.

A razão entre a tensão e a corrente é chamada de resistência. Se a razão permanecer constante para uma grande variação de tensões, o material é dito ôhmico.

Fato importante

A razão entre a tensão e a corrente é chamada de resistência.

$V = I/R$

onde I = corrente em amperes, V = tensão em volts, R = resistência em ohms.

George Simon Ohm foi um físico alemão, muito conhecido por seu trabalho com correntes elétricas.

Lei de Lenz

- A força eletromotriz (f.e.m.), induzida em um circuito elétrico, sempre age em um sentido para que a corrente criada ao redor do circuito se oponha à mudança de fluxo magnético que a causou.

A lei de Lenz fornece o sentido da f.e.m. induzida resultante da indução eletromagnética. A "f.e.m. opositora" é comumente descrita como força oposta.

O nome da lei é dado em homenagem ao físico estoniano Heinrich Lenz.

Leis de Kirchhoff

Primeira lei de Kirchhoff:

- A corrente que circula na entrada do nó de um circuito é a mesma que circula na saída.

Esta lei é um resultado direto da conservação de carga. Nenhuma carga pode ser perdida em um nó, portanto tudo que entra em um nó deve sair.

Segunda lei de Kirchhoff:

- Para qualquer malha fechada em um circuito a soma dos ganhos e quedas de tensão será igual a zero.

Esta afirmação representa o mesmo efeito de que a soma de todas as quedas de tensão em um circuito em série é igual à tensão da fonte.

Gustav Robert Kirchhoff foi um físico alemão; ele também descobriu o césio e o rubídio.

Lei de Faraday

- Qualquer alteração no campo magnético ao redor de uma bobina causará uma f.e.m. (tensão) a ser induzida na bobina.

É importante observar que, não importa a alteração feita, a tensão será gerada. Em outras palavras, a alteração pode ser produzida pela alteração da força do campo magnético, movendo o campo a favor ou contra a bobina, movendo a bobina para dentro ou para fora do campo, rotacionando a bobina relativamente ao campo e assim por diante!

O físico e químico britânico Michael Faraday é muito conhecido por suas descobertas sobre indução eletromagnética e leis de eletrólise.

Regras de Fleming

- Em uma máquina elétrica, o primeiro dedo indicador aponta para as linhas do campo magnético, o dedo médio aponta para a corrente e o polegar aponta para o movimento.

As leis de Fleming se relacionam com a direção e o sentido do campo magnético, do movimento e da corrente em máquinas elétricas. A mão esquerda é utilizada para motores e a direita, para geradores. (Esquerda faz esforço, quem faz esforço é motor!)

John Fleming, que criou essas regras, foi um físico inglês.

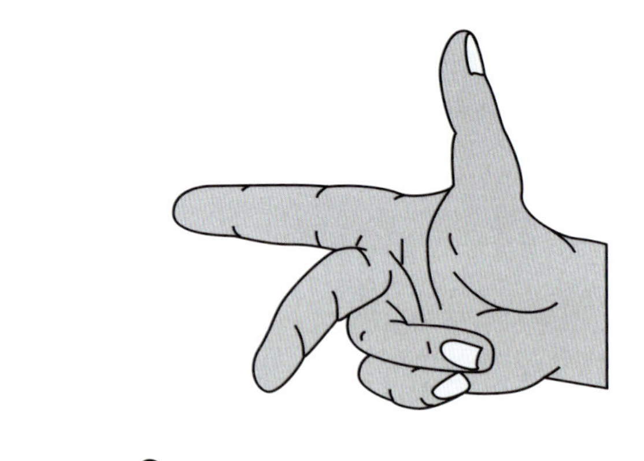

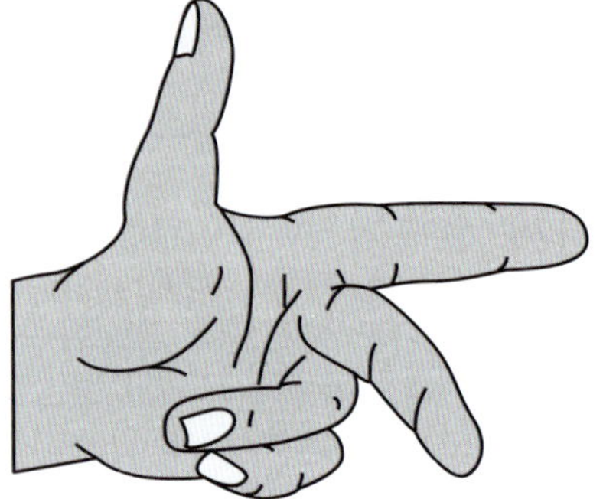

Figura 3.13 Regras de Fleming.

Lei de Ampère

- Para qualquer caminho fechado, a soma dos comprimentos dos elementos x o campo magnético no sentido dos elementos = a permissividade do meio x a corrente elétrica no circuito.

Em outras palavras, o campo magnético ao redor de uma corrente elétrica é proporcional à corrente elétrica gerada e o campo elétrico é proporcional à carga que o criou.

O cientista francês André Marie Ampère é conhecido pelas suas significativas contribuições ao estudo da eletrodinâmica.

Resumo

Foi tentador concluir esta seção incluindo algumas leis de Murphy, por exemplo:

- Se algo pode dar errado, vai dar errado.
- Você sempre acha algo no último lugar em que procura.
- No trânsito, na estrada ou em uma grande rodovia, você sempre estará na fila mais lenta.

Foi tentador e eu não resisti!

Definição

Lei de Murphy: se algo pode dar errado, vai dar errado.

Tabela 3.1 Quantias, símbolos e unidades

Nome	Definição	Símbolo	Fórmula	Nome da unidade	Abreviação
Carga elétrica	Um Coulomb é a quantidade de eletricidade fornecida por um ampere em um segundo.	Q	$Q = It$	Coulomb	C
Fluxo elétrico ou corrente	O número de elétrons que atravessa um ponto fixo em um segundo.	I	$I = V/R$	Ampere	A
Tensão	A força de um volt aplicada em um circuito produzirá corrente de 1 ampere se a resistência for de 1 ohm.	V	$V = IR$	Volt	V
Resistência elétrica	Oposição ao fluxo de corrente em um material ou circuito quando uma tensão é aplicada.	R	$R = V/I$	Ohm	Ω
Condutância elétrica	Característica de um material de conduzir corrente. Um Siemens equivale a 1 ampere por volt. Comumente chamado de mho.	G	$G = 1/R$	Siemens	S
Densidade de corrente	A corrente por unidade de área. É útil para calcular a seção transversal de um condutor.	J	$J = I/A$ (A = área)		$A\ m^{-2}$
Resistividade	Mede a característica de um material resistir ao fluxo de corrente. Seu valor numérico é igual à resistência de uma amostra equivalente a uma unidade de comprimento e seção transversal, e sua unidade é o ohm metro. Um bom condutor possui baixa resistividade. Um isolante possui alta resistividade.	ρ (ro)	$R = \rho L/A$ (L = comprimento; A = área)	Ohm metro	Ω m

(continua)

Tabela 3.1 Quantias, símbolos e unidades *(continuação)*

Nome	Definição	Símbolo	Fórmula	Nome da unidade	Abreviação
Condutividade	A recíproca da resistividade.	σ	$\sigma = 1/\rho$	Ohm^{-1} $metro^{-1}$	$\Omega^{-1}\ m^{-1}$
Potência elétrica	Quando a tensão de 1 V causa a corrente de 1 A, a potência é de 1 W.	P	$P = IV$ $P = I^2R$ $P = V^2/R$	Watt	W
Capacitância	Propriedade do capacitor que determina o quanto de carga pode ser armazenada para uma dada tensão entre seus terminais.	C	$C = Q/V$ $C = \varepsilon A/d$ (A = área da placa, d = distância entre placas, e = permissividade do dielétrico)	Farad	F
Indutância	Quando uma corrente que varia em um circuito cria um campo magnético, que induz uma f.e.m. no mesmo circuito ou em outro circuito.	L	$i = \frac{V}{R}(1-e^{-Rt/L})$ (i = corrente instantânea, R = resistência, L = indutância, t = tempo, e = base logarítmica)	Henry	H
Força ou intensidade de campo magnético	A força do campo magnético é uma das duas formas como a intensidade do campo pode ser expressada. Uma distinção é feita entre força e densidade de fluxo.	H	$H = B/\mu_0$ (μ_0 = permeabilidade magnética do meio)	Amperes por metro	A/m (Uma unidade antiga para a força de campo magnético é o oersted: 1 A/m = 0,01257 oersted)
Fluxo magnético	Medida da força de um campo magnético em uma área.	Φ (phi)	$\Phi = \mu HA$ (μ = permeabilidade magnética do meio, H = intensidade do campo magnético, A = área)	Weber	Wb
Densidade de fluxo magnético	A densidade do fluxo magnético, 1 tesla é igual a 1 weber por metro quadrado. Também medida em newton-metro por ampere.	B	$B = H/A$ $B = H \times \mu$ (μ = permeabilidade magnética da substância, A = área)	Tesla	T

3.2 Componentes eletrônicos

3.2.1 Introdução

Esta seção, que descreve os princípios de aplicação de vários circuitos eletrônicos, não tem o objetivo de detalhar o funcionamento deles. A intenção é descrever brevemente como os circuitos funcionam e, mais importante, como e onde eles podem ser utilizados em aplicações veiculares.

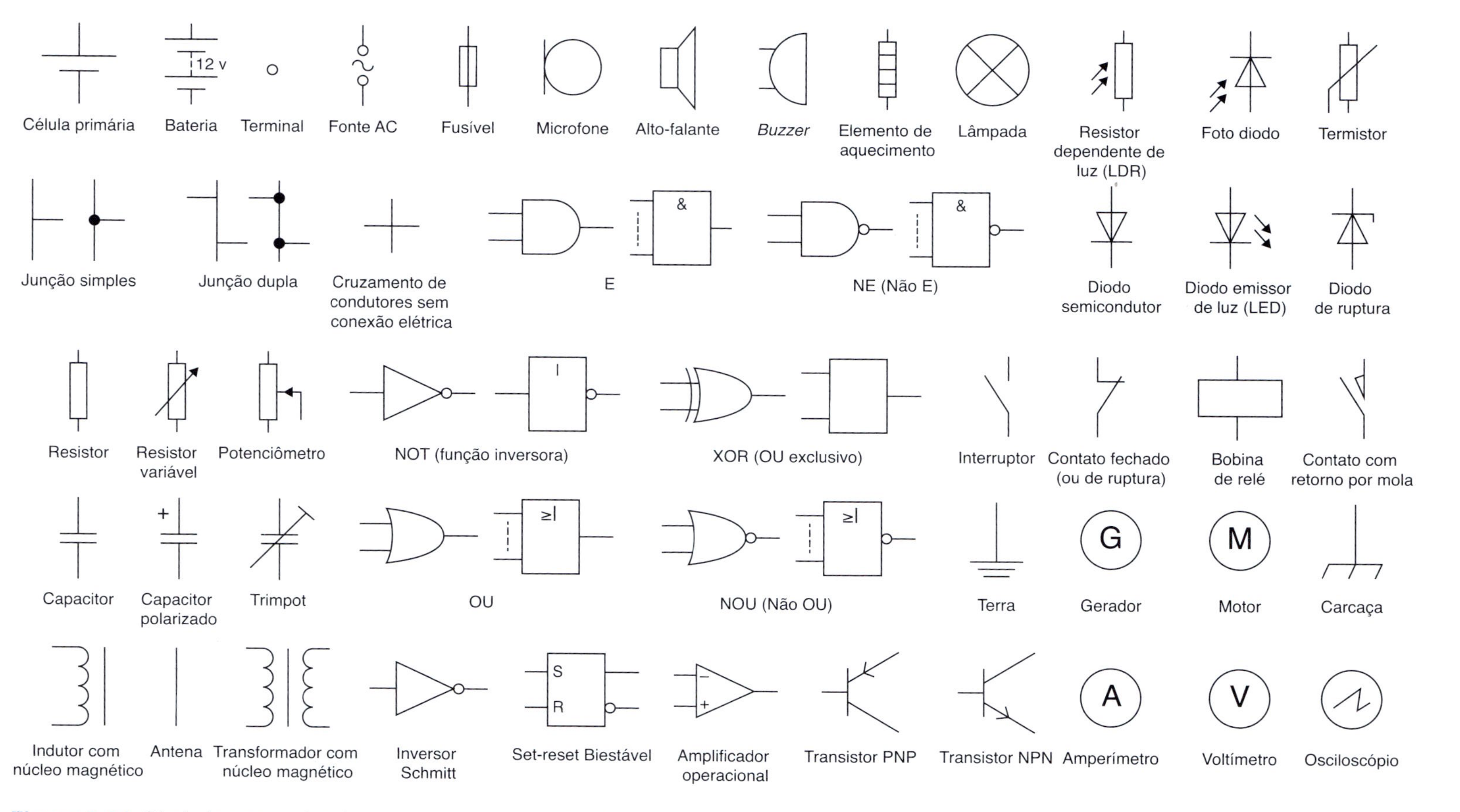

Figura 3.14 Símbolos para circuitos e componentes eletrônicos.

Os circuitos descritos são exemplos daqueles utilizados e muitos livros a respeito estão disponíveis para consultas futuras. No geral, um entendimento básico de princípios de eletrônica nos auxiliará a entender como unidades de controle eletrônico funcionam, desde o simples atraso do funcionamento de uma lâmpada até os sistemas mais complexos de gerenciamento de motor.

3.2.2 Componentes

A maioria dos dispositivos descritos aqui são conhecidos como componentes discretos. A Figura 3.14 mostra os símbolos utilizados para o desenho de circuitos utilizados posteriormente. Segue uma breve e simples descrição de diversos componentes.

Resistores são provavelmente os componentes mais utilizados em circuitos eletrônicos. Dois fatores devem ser considerados ao escolher um resistor adequado: o valor em ohms e a potência do resistor. Resistores são utilizados para limitar o fluxo de corrente e fornecem quedas de tensão fixas. A maioria dos resistores utilizados em circuitos eletrônicos são feitos de carbono, e o tamanho determina a resistência. Resistores de carbono possuem um coeficiente negativo de temperatura (*negative temperature coefficient* – NTC) e isso deve ser considerado conforme a aplicação. Resistores de filamentos finos possuem propriedades de temperatura mais estáveis e são construídos por meio de uma deposição de camada de carbono em um isolante, como o vidro. O valor de resistência pode ser obtido de forma exata por meio de ranhuras espirais no carbono. Para aplicações de alta potência, resistores geralmente são feitos de fios espirais. Entretanto, podem inserir indutância no circuito. Os modelos da maioria dos resistores podem possuir valores lineares ou logarítmicos. A resistência de um circuito é uma oposição ao fluxo de corrente.

Definição

NTC: *negative temperature coefficient* **(coeficiente negativo de temperatura) – quanto mais a temperatura sobe, menor a resistência.**

Um capacitor é um dispositivo para armazenar carga elétrica. Em sua forma mais simplificada, consiste em duas placas metálicas separadas por um material isolante. Uma placa deve ter excesso de elétrons em comparação com a outra. Em veículos, é utilizado principalmente para reduzir a possibilidade de arcos entre contatos e para suprimir a interferência de ondas de rádio em circuitos e unidades de controle eletrônico. Capacitores são descritos como duas placas separadas por um dielétrico. A área dessas placas A, a distância entre elas d e a permissividade (ε) do dielétrico determinam o valor da capacitância. Isso pode ser modelado pela equação:

$$C = \varepsilon A/d$$

Folhas de metal isoladas por um tipo de papel são utilizadas para construir capacitores. As folhas são enroladas juntas dentro de um envoltório de metal. Para obter valores de alta capacitância é necessário reduzir a distância entre as placas a fim de manter o tamanho do componente utilizável. Isso pode ser feito imergindo uma placa em um eletrólito para depositar uma camada de óxido com espessura de 104 mm, garantindo alto valor de capacitância. O problema, contudo, é que isso faz com que o elemento passe a ter polaridade e seja capaz de suportar baixas tensões. Capacitores variáveis existem e têm seu valor alterado mudando uma das variáveis na equação anterior. A unidade de capacitância é o farad (F). Um circuito tem capacitância de 1 farad quando a carga armazenada é de 1 coulomb e a diferença de potencial é igual a 1 V. A Figura 3.15 apresenta um capacitor carregado a partir de uma bateria.

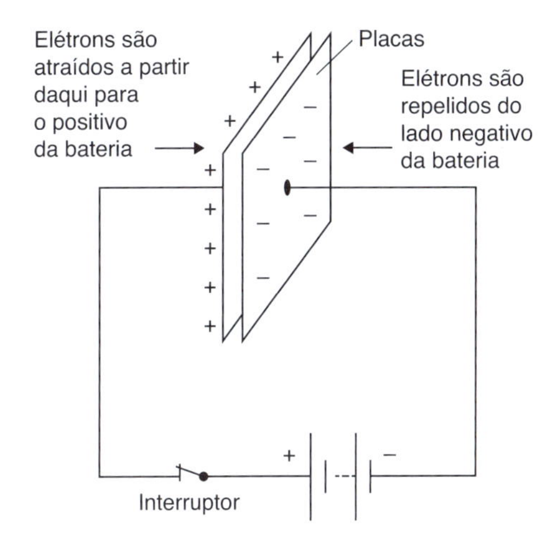

Figura 3.15 Um capacitor carregado.

Diodos podem ser descritos como válvulas de fluxo único, para a maioria das aplicações, e esta é uma descrição válida. Um diodo é uma junção PN, permitindo o fluxo de elétrons do material tipo N (negativamente carregado) para o material tipo P (positivamente carregado). Os materiais são constituídos geralmente por dopagem de silício. Diodos não são dispositivos ideais, e uma tensão de 0,6 V é necessária para "ativar" a condução em polarização direta. Diodos Zener são similares em operação, com a diferença de que são feitos para interromper um circuito e conduzir no sentido contrário ao da tensão de polarização. Eles podem ser pensados como válvulas de alívio de pressão.

Definição

Diodos podem ser descritos como válvulas de fluxo único.

Transistores são os componentes que permitiram todo o desenvolvimento complexo de pequenos sistemas eletrônicos que utilizamos hoje. Eles substituíram sistemas de válvula no início da eletrônica. Os transistores são utilizados tanto como chaves sólidas como em amplificadores. São feitos dos mesmos materiais N e P semicondutores que os diodos, e podem ser fabricados no formato NPN ou PNP. Seus três terminais são conhecidos como base, coletor e emissor. Quando a base é polarizada corretamente, o circuito entre o coletor e o emissor sofrerá condução. O valor de corrente na base está na faixa de duzentas vezes menor que a corrente do emissor. A razão entre a corrente que percorre a base comparada com a corrente pelo emissor (I_e/I_b) é um indicativo do fator de amplificação do dispositivo, e é dada pelo símbolo β (beta).

Outro tipo de transistor é o transistor de efeito de campo (*field effect transistor* – FET). Esse dispositivo possui um valor maior de impedância de entrada que o de junção bipolar descrito anteriormente. Os FETs são fabricados em sua forma básica tanto como canal N ou P. Seus três terminais são conhecidos como porta, fonte e dreno.[1] A tensão na porta controla a condutância do circuito entre o dreno e a fonte.

Um importante avanço na tecnologia de transistores é o transistor bipolar de porta isolada (*insulated gate bipolar transistor* – IGBT). O IGBT é um dispositivo semicondutor de

Figura 3.16 Encapsulamento do IGBT.

potência com três terminais, conhecido por alta eficiência e rápido chaveamento. É utilizado para seccionar potência elétrica em diversas aplicações modernas: carros elétricos, trens, refrigeradores, equipamentos de ar condicionado e até mesmo sistemas de som com amplificadores. Como é projetado para chaveamento rápido, é muito utilizado em amplificadores que utilizam síntese de ondas complexas por modulação de largura de pulso e filtros passa-baixa.

Definição

IGBT: *insulated gate bipolar transistor* (transistor bipolar de porta isolada).

Indutores geralmente são utilizados como parte de um circuito amplificador ou oscilador. Nessas aplicações, é fundamental que o indutor seja compacto e estável. A construção básica de um indutor se dá por uma bobina metálica em um molde. É o efeito magnético pela alteração do fluxo de corrente que dá ao indutor suas propriedades de indutância. Indutância é uma propriedade difícil de controlar; o seu valor aumenta conforme o acoplamento magnético de outros dispositivos. Enclausurar a bobina pode auxiliar a reduzir, mas correntes de parasitas (*eddy currents*) podem ser induzidas na proteção, alterando o valor total da indutância. Núcleos de ferrite são utilizados para aumentar a indutância, visto que alteram a permissividade do núcleo. Contudo, isso permite que o valor de indutância seja ajustado pela posição do núcleo. Essa ação apenas altera a indutância em uma pequena fração, sendo útil para fazer um ajuste fino no circuito. Indutores, principalmente os de maior valor, são utilizados como filtros e podem ser utilizados em circuitos DC para suavizar o valor da tensão. O valor da indutância é medido em henry (H). Um circuito possui a indutância de 1 henry quando a corrente, que é alterada em 1 ampere por segundo, induz 1 f.e.m. em 1 volt.

3.2.3 Circuitos integrados

Circuitos integrados são construídos em um único pedaço de silício, conhecido como substrato. Em um circuito integrado, alguns componentes mencionados anteriormente podem ser combinados para executar diversas tarefas, como chaveamento, amplificação e funções lógicas. Na verdade, os componentes necessários para esses circuitos podem ser feitos diretamente no pedaço de silício. A maior vantagem não é o tamanho de um circuito integrado, mas a velocidade em que eles podem ser fabricados para trabalhar devido à pequena distância entre os componentes. Velocidades de chaveamento acima de 1 MHz são comumente utilizadas.

A construção do circuito integrado é composta de quatro etapas principais. A primeira é a oxidação, deixando o silício exposto ao vapor de oxigênio em alta temperatura. O óxido formado é um excelente isolante. A próxima etapa é a corrosão por luz, removendo o óxido das partes desejadas. O silício é coberto então por uma fotorresina que, quando exposta à luz, é endurecida. Então, é possível gravar no silício, coberto pela fotorresina, um padrão a partir de uma transparência. O silício é inserido em ácido para remover as partes de óxido que não

Figura 3.17 Componentes de um circuito integrado.

forem expostas à luz. O próximo estágio é a difusão, quando o silício é aquecido em uma atmosfera de impurezas como boro ou fósforo, o que faz com que as áreas expostas se tornem o silício tipo N ou P. O estágio final é chamado de epitaxia, cujo nome se deve ao processo de crescimento de cristais. Novas camadas de silício podem ser feitas e dopadas para virar tipo P ou N, conforme o processo anterior. É possível formar resistores de uma forma similar, e até mesmo pequenos valores de capacitância podem ser atingidos. Não é possível criar qualquer indutância útil em um circuito integrado. A Figura 3.18 mostra uma representação das "embalagens" (encapsulamento) que circuitos integrados recebem para serem utilizados em circuitos eletrônicos.

A variedade de tipos de circuitos integrados é imensa, e praticamente existe um para cada aplicação existente. A capacidade de integração de componentes em um circuito atingiu patamares incríveis. Pode-se colocar em um *chip* mais de 100 mil elementos ativos. O desenvolvimento desta área tem evoluído tão rapidamente que a maior preocupação é escolher qual a correta combinação de *chips* para as atividades, e elementos discretos são utilizados apenas para atividades de chaveamento ou de saída de potência.

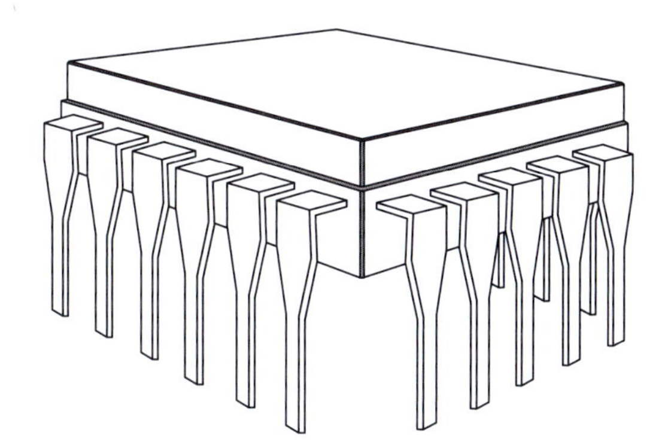

Figura 3.18 Encapsulamento típico de um circuito integrado.

Fato importante

Os microprocessadores atuais possuem vários milhões de portas lógicas e bilhões de transistores individuais, graças à integração de larga escala (*very large scale integration* – VLSI).

Nota

1 É muito comum aqui o uso dos respectivos termos em inglês: *gate*, *source* e *drain*. [N.T.]

CAPÍTULO 4

Tecnologias de veículos elétricos

4.1 Modelos de veículos elétricos

4.1.1 Identificando veículos elétricos

Existem vários tipos de veículos elétricos, mas muitos deles se parecem muito com sua versão convencional, então sempre solicite a apresentação do crachá deles! As Figuras 4.1 a 4.6 apresentam alguns modelos comuns.

Figura 4.2 Carro híbrido *plug-in* – VW Golf GTE (fonte: Volkswagen).

Figura 4.1 Carro híbrido – Toyota Prius (fonte: Toyota Media).

Figura 4.3 Carro elétrico puro – Nissan LEAF (fonte: Nissan).

Figura 4.4 Motocicleta elétrica (Yamaha).

Figura 4.5 Caminhão comercial híbrido.

Figura 4.6 Ônibus de passageiros que utiliza energia elétrica proveniente de uma célula de combustível de hidrogênio.

A Figura 4.7 mostra uma configuração genérica em diagramas de bloco de um veículo elétrico (VE). Note que, pelo fato de as baterias serem de algumas centenas de volts, os sistemas de baixa tensão de 12/24 V ainda são necessários para os sistemas comuns, como o de iluminação.

4.1.2 Motor único

A configuração "clássica" de um veículo puramente elétrico utiliza um único motor de tração, ou nas rodas dianteiras ou nas traseiras. A maioria dos VEs desse tipo não possui caixa de câmbio, pois o motor opera em torque adequado por toda a variação de velocidade do veículo.

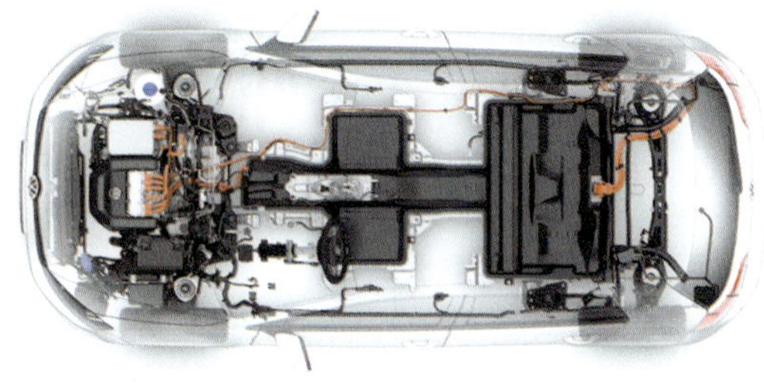

Figura 4.8 *Layout* do VW Golf-e com motor na frente e bateria atrás.

A Figura 4.9 apresenta uma visão em corte do sistema de tração do motor e do conjunto de trem de força, composto de um conjunto de engrenagens de relação fixa, o diferencial e os flanges do eixo de transmissão.

Carros híbridos podem variar em configuração, e isso será detalhado mais a fundo no decorrer do capítulo. Contudo, o projeto básico é similar ao do carro elétrico mencionado.

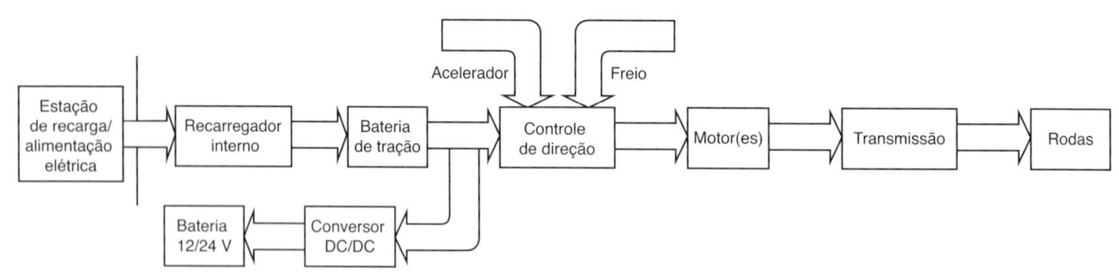

Figura 4.7 Diagrama genérico de um veículo elétrico.

Figura 4.9 Motor de um VE.

Figura 4.10 *Layout* de um VHEP.

A diferença óbvia é termos um motor de combustão acoplado em conjunto.

O motor elétrico do híbrido *plug-in* é apresentado aqui, fazendo parte da montagem do conjunto de transmissão. Motores elétricos usados em veículos híbridos leves são geralmente definidos como motor de assistência

Figura 4.11 Motor, motor elétrico e caixa de câmbio de um VHEP.

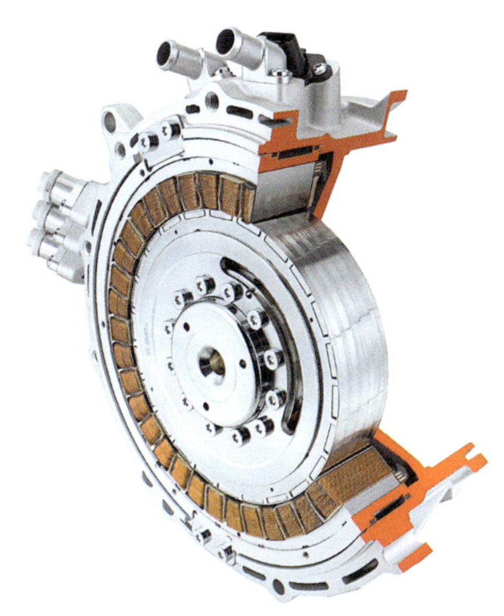

Figura 4.12 Motor elétrico integrado ao motor de combustão (*flywheel*).

integrado, pois fazem parte do conjunto de tração do motor a combustão. Esse tipo de motor é mostrado nas Figuras 4.11 e 4.12.

4.1.3 Motores de rodas

Motores de rodas se integram ao cubo de roda, criando um sistema de estator-rotor que faz com que o torque seja gerado diretamente por meio de bobinas estacionárias. Sistemas mais sofisticados incluem refrigeração líquida, e alguns integram componentes da suspensão. Motores trifásicos de ímã permanente costu-

Figura 4.13 Motor elétrico na roda.

mam ser utilizados para esse fim, com potências de pico de 84 kW por até 20 segundos e continuamente com 54 kW, dependendo da potência da bateria. O projeto inclui o disco de freio por trás da carcaça do motor.

A desvantagem de motores acoplados ao cubo é que eles adicionam peso ao sistema sem amortecimento. Isso afeta a dirigibilidade do veículo. Por exemplo, a GM utilizou motores que adicionaram 15 kg para cada uma das rodas de 18" de um veículo. Contudo, pode-se ajustar esses problemas por meio de alterações no sistema de suspensão, considerando constantes de amortecimento dos componentes em conjunto.

Fato importante

A desvantagem de motores acoplados ao cubo é que eles adicionam peso ao sistema sem amortecimento.

A integração de motores de tração elétrica e diversos outros componentes nas rodas do veículo pode liberar espaço no veículo, fornecendo a possibilidade de novas formas construtivas dos sistemas, visto que o espaço utilizando pelo trem de força estaria livre (fonte: http://www.sae.org/mags/AEI/8458).

4.2 Modelos de veículos híbridos elétricos

4.2.1 Introdução

Veículos híbridos utilizam pelo menos um motor de tração elétrica além do motor de combustão interna (MCI). Existem diversas formas de combinar os dois, e um número diferente de motores elétricos e de combustão.

Existem três objetivos principais no projeto de um veículo híbrido:

1 Redução de consumo de combustível (e CO_2).
2 Redução de emissões.
3 Aumento de torque e potência.

Um veículo híbrido precisa de uma bateria para alimentar o motor elétrico; trata-se de um sistema acumulador de energia. Os tipos mais comuns são níquel-metal hidreto (Ni-MH) e íons de lítio (Li-ion) e geralmente trabalham em tensões entre 200 V e 400 V.

Os motores elétricos são geralmente síncronos de ímã permanente e trabalham em conjunto com um inversor (que converte DC em AC, como veremos mais adiante). O benefício principal de um sistema de tração elétrica é o alto torque em baixas velocidades, ideal para auxiliar um motor de combustão, em que o torque

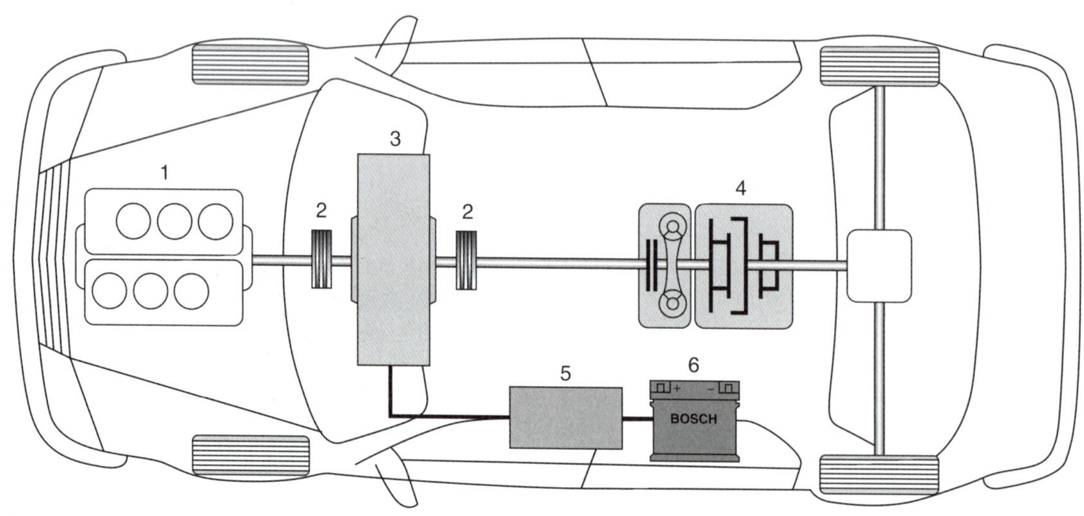

Figura 4.14 *Layout* híbrido (paralelo): 1) MCI; 2) acoplamento; 3) motor elétrico; 4) transmissão; 5) inversor; 6) bateria.

é produzido em altas velocidades. A combinação então oferece uma boa performance para todas as velocidades. O gráfico a seguir apresenta os resultados obtidos nesse conjunto – note que a capacidade do motor a combustão é reduzida em um híbrido, mas o resultado final ainda é melhor em desempenho.

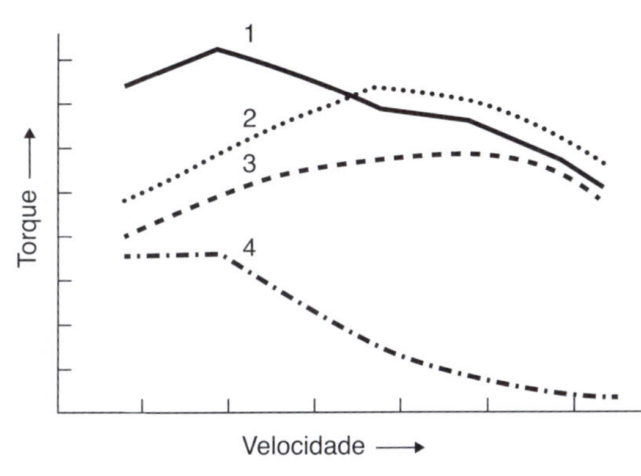

Figura 4.15 Comparação de curvas de torque: 1) híbrido; 2) motor de combustão padrão (1.600 cc); 3) motor de combustão reduzido (1.200 cc); 4) motor elétrico (15 kW).

O resultado da hibridização dos motores é que eles sempre podem trabalhar (por meio de um controle eletrônico adequado) em velocidades ótimas para reduzir consumo e emissões, e ainda mantendo torque adequado. Um motor de combustão menor (*downsized engine*) pode ser utilizado em conjunto com um sistema de câmbio para que o motor trabalhe em baixas velocidades mas com a performance mantida.

Durante a frenagem, o motor elétrico opera como um gerador, e a energia que seria desperdiçada em calor nos sistemas de frenagem passa a ser convertida em energia elétrica, podendo ser armazenada na bateria. Veremos essas aplicações mais adiante, além de como um veículo elétrico pode ser utilizado em modo de zero emissões. Veículos híbridos *plug-in* utilizam ainda mais essa opção.

Fato importante

Em todos os tipos de VE, durante a frenagem, o motor elétrico opera como um gerador, e a energia que seria desperdiçada em calor nos sistemas de frenagem passa a ser convertida em energia elétrica, podendo ser armazenada na bateria – frenagem regenerativa.

4.2.2 Classificações

Híbridos podem ser classificados de diferentes maneiras. Existem muitas variações nesta lista, porém aceita-se a classificação desses veículos nestas quatro categorias:

- Sistema *start-stop*
- Híbrido médio
- Híbrido completo
- Híbrido *plug-in*

As funcionalidades dos distintos tipos são resumidas na Tabela 4.1.

Um sistema *start-stop* possui as funções de partida e desligamento do motor bem como algum nível de regeneração. O controle do alternador é alterado para atingir esse objetivo. Durante o funcionamento normal, o alternador opera com saída baixa. Em velocidade excedente, a saída do alternador é aumentada, permitindo o aumento do efeito de frenagem deste, gerando maior potência de geração.

Tabela 4.1 Funções dos veículos híbridos

Classificação	*Start-stop*	Regeneração	Assistência elétrica	Modo somente elétrico	Recarga de energia na rede elétrica
Sistema *start-stop*	√	√			
Híbrido médio	√	√	√		
Híbrido completo	√	√	√	√	
Híbrido *plug-in*	√	√	√	√	√

Figura 4.16 BMW Série 3 híbrido *plug-in*.

Desligando o motor durante paradas economiza-se combustível e reduzem-se emissões. Um motor de partida melhor é necessário para trabalhar com o aumento de partidas do motor assim que o motorista aciona o acelerador.

- A economia em combustível pode atingir até 5%, conforme a New European Driving Cycle (NEDC).

O híbrido médio funciona também conforme mencionado, porém fornece algum nível de assistência durante a aceleração, especialmente em baixas velocidades. A operação em modo puramente elétrico não é possível; o motor elétrico pode até propulsionar o veículo, mas o motor a combustão sempre estará ligado.

- A economia em combustível pode atingir até 15%, conforme a NEDC.

Um híbrido completo implementa todas as funções citadas e, em curtas distâncias, o motor a combustão pode ser desligado, permitindo operação apenas com o motor elétrico.

- A economia em combustível pode atingir até 30%, conforme a NEDC.[2]

Um híbrido *plug-in* funciona como um completo, mas com uma bateria de alta-tensão maior, que pode ser carregada por uma fonte de energia elétrica adequada.

- A economia em combustível pode atingir até 70%, conforme a NEDC.[3]

4.2.3 Operação

Além da função *start-stop* e modo de operação elétrico, existem cinco modos principais de operação que um veículo híbrido utiliza:

- Partida
- Aceleração
- Cruzeiro
- Desaceleração
- Parada

Esses modos principais são apresentados na Figura 4.17.

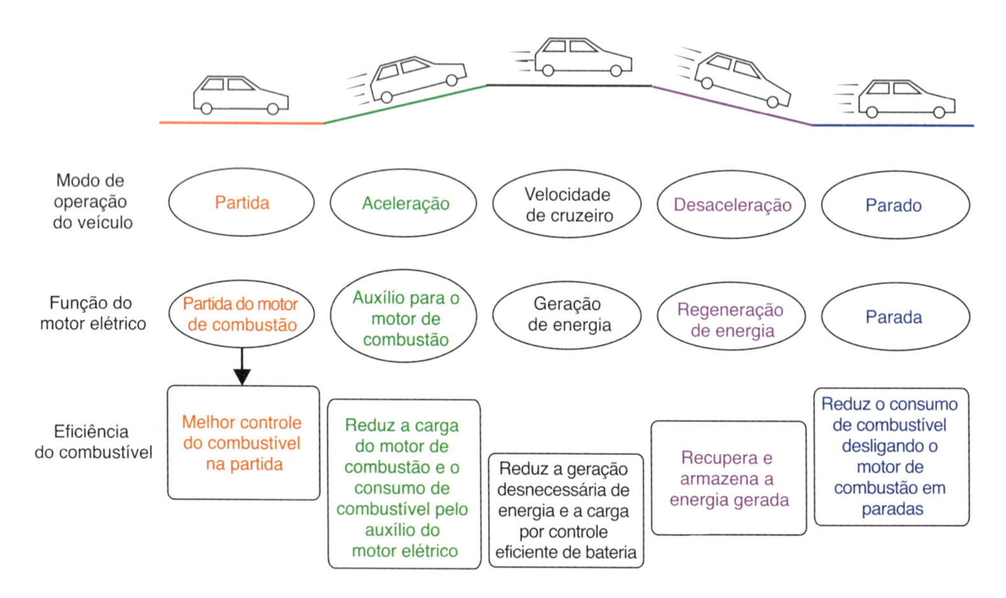

Figura 4.17 Principais modos de operação de veículos híbridos.

Um maior detalhamento sobre o que acontece em cada um dos modos de operação pode ser visto na Figura 4.18.

Os modos de operação estão ainda mais detalhados na Tabela 4.2.

Essas descrições geralmente estão relacionadas a um híbrido leve, definido algumas vezes como motor de assistência integrado. Essa configuração paralela será discutida mais profundamente na próxima seção.

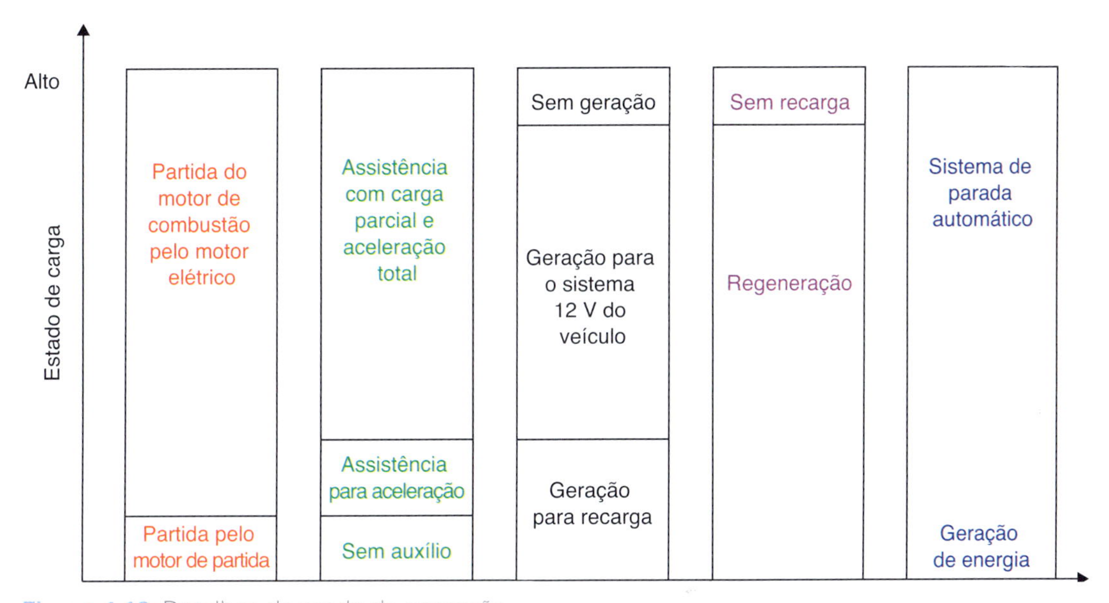

Figura 4.18 Detalhes do modo de operação.

Tabela 4.2 Detalhamento dos modos de operação

Modo de operação	Detalhamento
Partida	Em condições normais, o motor elétrico imediatamente liga o motor de combustão à velocidade de 1.000 rpm. Quando o nível de bateria (*state of charge* – SOC) de alta-tensão for muito baixo, quando a temperatura for muito baixa ou se existir alguma falha no sistema elétrico de potência, o motor de combustão será acionado pelo motor de partida de 12 V.
Aceleração	Durante a aceleração, a corrente do módulo de bateria é convertida para AC pelo inversor e fornecida para o motor elétrico. A saída do motor elétrico é utilizada para auxiliar a saída do motor de combustão, de tal forma que a potência disponível para aceleração seja a máxima. A corrente do módulo de bateria também é convertida para 12 V DC para alimentar o sistema elétrico do veículo. Assim a força que seria utilizada pelo alternador é reduzida, melhorando a aceleração. Quando a carga restante na bateria for muito baixa, mas não estiver no nível mínimo, a assistência só ocorrerá em grande necessidade de aceleração (*wide open throttle* – WOT). Quando a bateria atingir o nível mínimo, nenhuma assistência será fornecida.
Cruzeiro	Quando um veículo estiver em velocidade de cruzeiro e a bateria necessitar de carga, o motor a combustão movimenta o motor elétrico, que, funcionando como um gerador, recarrega a bateria e fornece alimentação para o sistema elétrico do veículo. Quando em velocidade de cruzeiro e com a bateria carregada, a corrente gerada pelo motor elétrico alimenta o sistema 12 V e é utilizada apenas no sistema elétrico do veículo.
Desaceleração	Durante a desaceleração, o motor elétrico é rotacionado pelas rodas, funcionando como gerador, e a frenagem é feita pelo torque do motor elétrico. A saída gerada é utilizada para recarregar a bateria de alta-tensão. Alguns veículos desligam totalmente o motor de combustão nesta etapa.

(continua)

Tabela 4.2 Detalhamento dos modos de operação *(continuação)*

Modo de operação	Detalhamento
	Ao acionar o freio, muita energia de regeneração estará disponível. Isso aumenta a força de desaceleração de tal forma que o motorista ajusta automaticamente a força exercida no pedal de freio. Dessa forma, mais energia pode ser transmitida ao módulo de bateria. Se o sistema ABS estiver controlando o travamento das rodas, um sinal de "ABS-ocupado" será enviado ao módulo de controle do motor elétrico. Isso fará que cesse imediatamente a geração, para evitar interferência com o sistema ABS.
Parada	Enquanto o carro estiver parado, o fluxo de energia é similar à situação de cruzeiro. Se a carga da bateria estiver baixa, o sistema de controle do motor elétrico solicitará que o sistema de controle do motor de combustão acelere a uma velocidade de 1.100 rpm. Em um híbrido completo, o motor de combustão raramente fica ligado em paradas, visto que o motor elétrico será utilizado para movimentar o veículo e dar partida no motor de combustão caso necessário. Outras funções como ar-condicionado podem funcionar por meio da bateria de alta-tensão se energia suficiente estiver disponível.

A técnica utilizada pela maioria dos carros híbridos pode ser pensada como um sistema de recuperação de energia cinética (*kinetic energy recovery system* – Kers). Isso porque, em vez de perder calor nos freios com o veículo reduzindo a velocidade, uma grande parcela é convertida em energia elétrica e armazenada na bateria como energia química. Então essa energia pode ser utilizada para tracionar as rodas, reduzindo o uso de energia química do combustível.

Figura 4.19 Veículos híbridos ainda precisam de um sistema de exaustão adequado!

4.2.4 Configurações

O trem de força de um automóvel híbrido pode ser feito em série, em paralelo ou como *power-split*. Em um sistema em série, o motor de combustão atua sobre um gerador, que fornece energia ao sistema de tração elétrica. O motor elétrico traciona o veículo. Em um sistema em paralelo, ambos os motores (elétrico e de combustão) podem ser utilizados para propulsionar o veículo. A maioria dos híbridos utiliza o sistema em paralelo. O modo *power-split* possui algumas vantagens adicionais, porém é um pouco mais complexo.

Fato importante

O trem de força de um automóvel híbrido pode ser feito em série, em paralelo ou como *power-split*.

Fabricantes desenvolveram inúmeras ideias de configurações para sistemas diferentes de tração. Contudo, é geralmente aceito que um VHE estará em uma das seguintes definições:

- Híbrido em paralelo com um acoplamento
- Híbrido em paralelo com dois acoplamentos
- Híbrido em paralelo com transmissão de duplo acoplamento
- Híbrido em paralelo com eixos separados
- Híbrido em série
- Híbrido em série-paralelo
- Híbrido *power-split*

A configuração "híbrido em paralelo com um acoplamento" é apresentada na figura seguinte. Esse *layout* é de um híbrido médio em que os

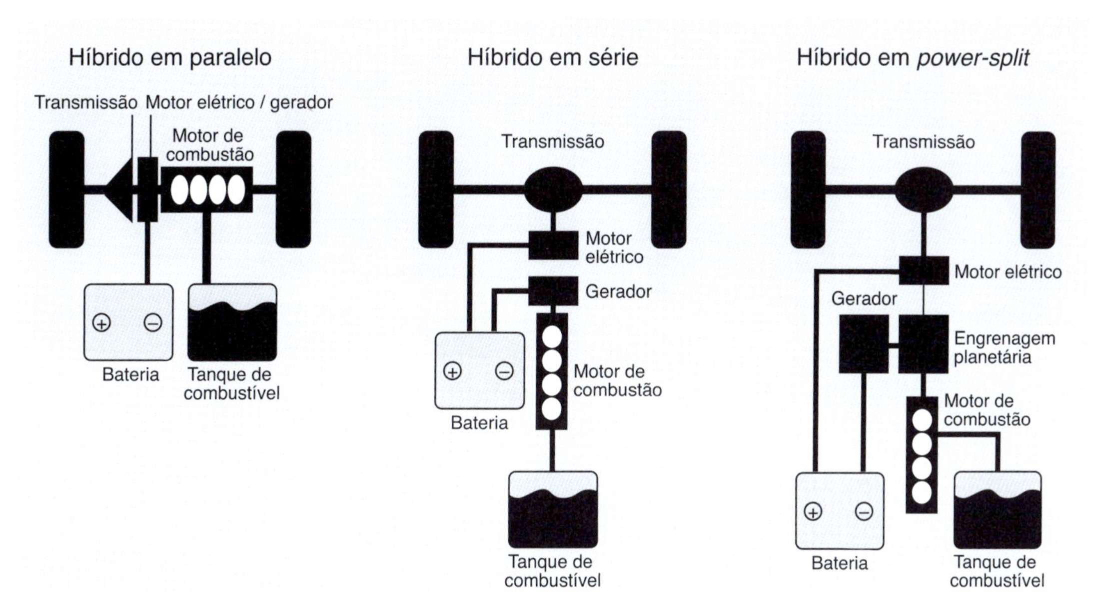

Figura 4.20 Três tipos de veículos híbridos (paralelo, série, *power-split*).

motores podem ser utilizados independentemente um do outro, mas o fluxo de potência em paralelo é somado no trem de força completo. O motor de combustão estará ligado sempre que o veículo estiver em movimento, na mesma velocidade do motor elétrico.

A principal vantagem dessa configuração é manter o eixo de transmissão convencional.

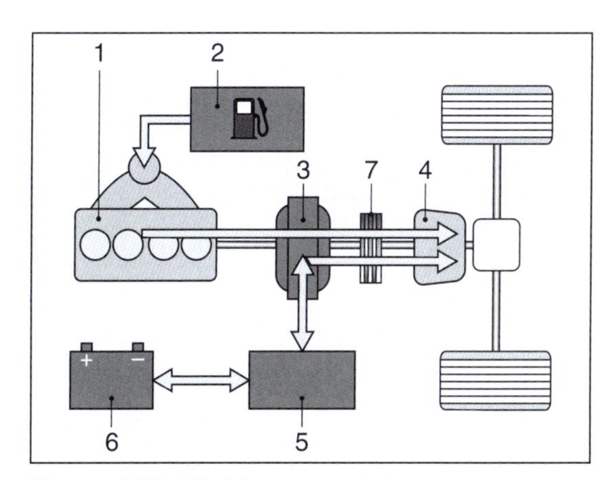

Figura 4.21 Híbrido em paralelo com um acoplamento (P1-VHE): 1) motor de combustão; 2) tanque de combustível; 3) motor elétrico (motor-gerador integrado); 4) transmissão; 5) inversor; 6) bateria; 7) acoplamento.

Em muitos casos apenas um motor elétrico é utilizado e poucas adaptações são necessárias quando convertido de um sistema convencional. Contudo, como o motor de combustão pode ser desacoplado, ele produzirá força contrária e reduzirá a capacidade de regeneração. Não é possível tracionar apenas pelo motor elétrico.

Um híbrido em paralelo com dois acoplamentos é um híbrido completo, sendo uma extensão do híbrido médio detalhado anteriormente, com a exceção de que o segundo acoplamento permite total desligamento do motor de combustão do eixo de tração, significando que a operação apenas com o motor elétrico é possível.

Sistemas de controle eletrônico são utilizados para determinar quando os acoplamentos são acionados, por exemplo, o motor de combustão pode ser desacoplado durante a desaceleração, permitindo aumento no efeito de frenagem regenerativa. Permite inclusive que o carro esteja "na banguela", ou desengrenado, parando apenas por meio de força de arraste e atrito.

Se o acoplamento do motor de combustão estiver acionado de tal forma que mantenha o torque, ele pode ser desligado e ligado utili-

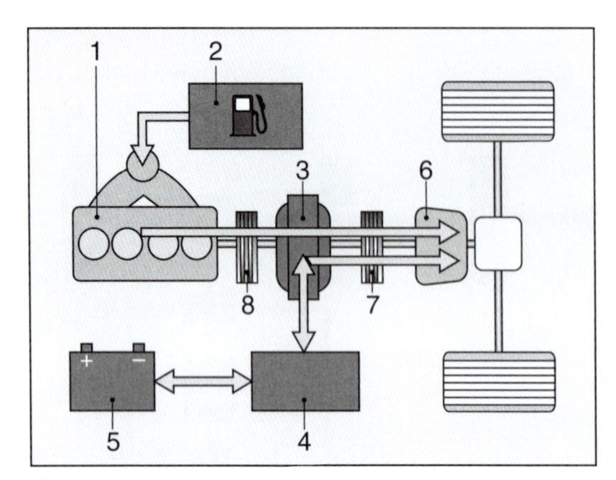

Figura 4.22 Híbrido em paralelo com dois acoplamentos (P2-VHE): 1) motor de combustão; 2) tanque de combustível; 3) motor elétrico (motor-gerador integrado); 4) inversor; 5) bateria; 6) transmissão; 7) acoplamento um; 8) acoplamento dois.

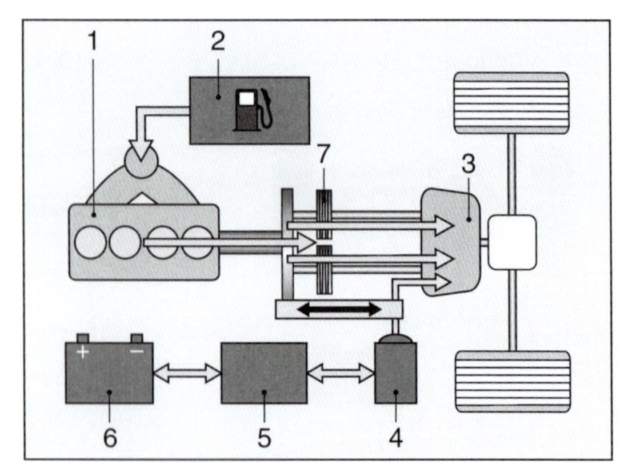

Figura 4.23 Híbrido em paralelo com caixa de transmissão com duplo acoplamento: 1) motor de combustão; 2) tanque de combustível; 3) transmissão; 4) motor elétrico; 5) inversor; 6) bateria; 7) acoplamentos.

zando o acoplamento. Sensores em conjunto com um controle inteligente são necessários para atingir esse nível de sofisticação. Em alguns casos um motor de partida auxiliar pode ser utilizado.

A adição de um acoplamento extra ao sistema anterior aumenta o tamanho da transmissão e isso pode ser um problema, especialmente em carros tracionados pelas rodas dianteiras. Se um sistema de transmissão de duplo acoplamento for usado como mostrado na Figura 4.23, esse problema pode estar solucionado. O motor elétrico é conectado a uma unidade de transmissão em vez de ao eixo de tração ou *flywheel*. Essas transmissões são descritas como uma caixa de câmbio com mudança de marcha direta (*direct shift gearbox* – DSG).[4] É possível então operar em modo puramente elétrico abrindo o acoplamento apropriado da transmissão, ou ambos os motores podem operar em paralelo. A relação de engrenagens entre os motores pode ser controlada nesse sistema, fornecendo aos projetistas ainda mais liberdade. É necessário, contudo, um sofisticado controle eletrônico, bem como sensores e atuadores específicos para as tarefas.

Definição

DSG: *direct shift gearbox* (câmbio com mudança de marcha direta).

O híbrido em paralelo com eixos separados também é um formato paralelo mesmo que os motores estejam totalmente separados. Como o nome sugere, cada motor atua sobre um único eixo. Uma transmissão semiautomá-

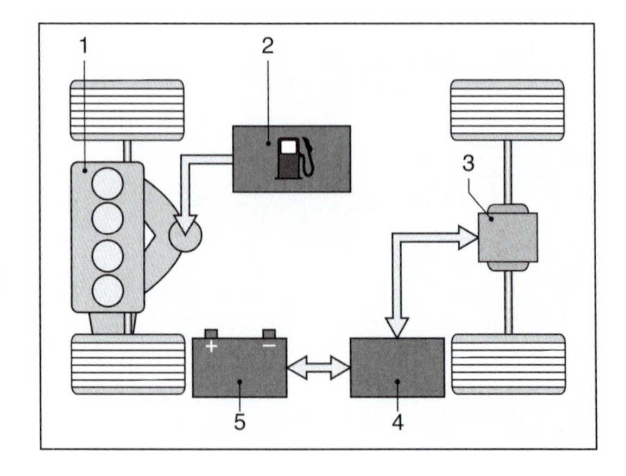

Figura 4.24 Híbrido em paralelo com eixos de tração separados: 1) motor de combustão; 2) tanque de combustível; 3) motor elétrico; 4) inversor; 5) bateria.

tica em conjunto com um sistema *start-stop* é necessária para esse modelo. Como o motor de combustão pode ficar totalmente desacoplado, essa configuração é adequada para operação de híbrido completo. Pode-se exercer tração nas quatro rodas quando a bateria estiver carregada e em alguns casos garantir que um gerador adicional seja acoplado ao motor para recarregar o sistema de alta-tensão mesmo quando o veículo está parado.

Uma configuração em série é um modelo em que o motor de combustão interna atua sobre um gerador (alternador) que carrega a bateria, que por sua vez alimenta o sistema de tração elétrica. A configuração em série é sempre caracterizada como uma híbrida completa, visto que as funcionalidades anteriores são possíveis (Tabela 4.1). Uma transmissão não é necessária, então sobra espaço extra para os sistemas do veículo – uma bateria maior, por exemplo. O motor de combustão pode ser otimizado para operar apenas na faixa necessária de rpm. Partir e parar o motor de combustão não afeta a tração do veículo, portanto os controles podem ser menos complexos. A principal desvantagem é que a energia precisa ser convertida duas vezes (mecânica para elétrica e elétrica para mecânica de movimento) e, se considerar a energia da bateria, três conversões são necessárias. O resultado é uma diminuição da eficiência, mas isso pode ser melhorado com o motor de combustão trabalhando em sua eficiência ótima. Como não existe ligação mecânica entre o motor de combustão e as rodas, tem-se uma vantagem de livre posicionamento de partes.

Definição

Uma configuração em série é um modelo em que o motor de combustão interna atua sobre um gerador (alternador) que carrega a bateria, que por sua vez alimenta o sistema de tração elétrica.

Essa configuração tende a ser utilizada em veículos maiores do que carros, como ônibus e trens. Contudo, esse é o modelo de trem de força utilizado nos veículos elétricos de autonomia estendida (VEAEs ou REVs). Neste caso o carro tem tração somente elétrica, mas um motor pequeno é utilizado para recarregar a bateria e "aumentar a autonomia" ou reduzir a ansiedade da autonomia limitada.

Sistemas híbridos em série-paralelo são extensões dos híbridos em série, pois trazem

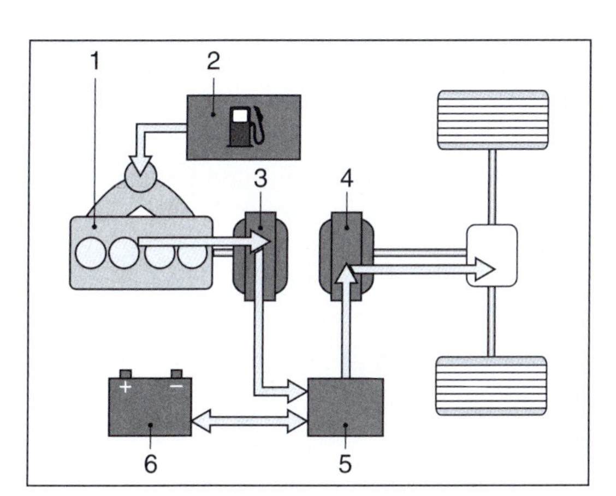

Figura 4.25 Híbrido em série: 1) motor de combustão; 2) tanque de combustível; 3) alternador/gerador; 4) motor elétrico; 5) inversor; 6) bateria.

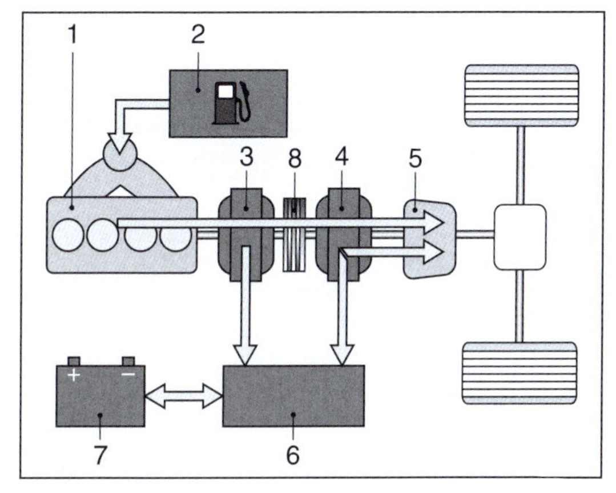

Figura 4.26 Híbrido em série-paralelo: 1) motor de combustão; 2) tanque de combustível; 3) alternador/gerador; 4) motor elétrico; 5) transmissão; 6) inversor; 7) bateria; 8) acoplamento.

um acoplamento adicional, que permite que os motores sejam ligados mecanicamente. Isso reduz a dupla conversão de energia em algumas velocidades. Contudo, perde-se a vantagem de ter espaço sobrando, devido ao acoplamento mecânico. Além disso, precisa-se de duas unidades elétricas, em comparação com o híbrido em paralelo, que tem apenas uma.

O híbrido *power-split* combina as vantagens dos modelos em paralelo e em série, mas com um custo adicional devido à complexidade mecânica. Uma porção da potência do motor de combustão é convertida em potência elétrica pelo alternador, e o restante, em conjunto com o motor elétrico, traciona as rodas. Trata-se de um híbrido completo, pois atende a todas as especificações de funcionalidade.

Um modelo simplificado na Figura 4.27 utiliza uma engrenagem planetária (um sistema duplo pode ser utilizado para aumentar a eficiência, porém aumentando a complexidade mecânica). O conjunto de engrenagens é conectado aos motores e ao alternador. Por causa do acoplamento epicíclico, a velocidade do motor de combustão pode ser ajustada independentemente da velocidade do veículo (pense em algo como um acionamento pelas rodas traseiras com ação diferencial, em que dois eixos de propulsão funcionam em velocidades diferentes quando o carro faz a curva).

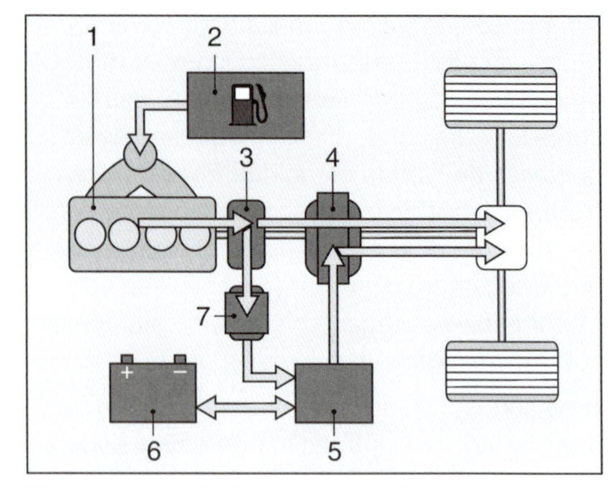

Figura 4.27 Híbrido *power-split*: 1) motor de combustão; 2) tanque de combustível; 3) conjunto de engrenagens satélite e planetária; 4) motor elétrico; 5) inversor; 6) bateria; 7) gerador.

Figura 4.28 Híbrido *power-split* (fonte: Toyota).

O sistema é, na prática, uma transmissão elétrica continuamente variável (eCVT). As potências elétrica e mecânica combinadas podem ser transmitidas às rodas. O sistema elétrico pode ser utilizado quando uma baixa potência for requerida, e o mecânico, quando uma potência maior for solicitada.

> **Definição**
>
> eCVT: *electric constantly variable transmission* (transmissão elétrica continuamente variável).

Assim, o sistema permite boas economias em baixa e média velocidades, mas nenhuma em alta velocidade, quando o motor a combustão trabalha na maioria das vezes pelo sistema mecânico.

4.2.5 Híbrido com sistema de 48 V

A Bosch desenvolveu um trem de força híbrido que faz mais sentido econômico mesmo em veículos menores. O sistema custa muito menos que sistemas híbridos normais, mas pode reduzir o consumo em até 15%. O trem de força elétrico fornece ao motor de combustão 150 Nm de torque adicionais durante a aceleração. Isso corresponde à potência do motor de um carro esportivo compacto.

Figura 4.29 A Bosch estima que mais de 4 milhões de veículos novos ao redor do mundo serão equipados com sistema de tração híbrida de baixa tensão em 2020 (fonte: Bosch Media).

Ao contrário dos sistemas de alta-tensão convencionais, o sistema é baseado em baixa tensão de 48 V e pode utilizar componentes menos caros. Em vez de ter um grande motor elétrico, o gerador foi otimizado para fornecer quatro vezes mais potência. O motor-gerador utiliza uma correia para se acoplar ao motor de combustão, fornecendo até 10 kW. A eletrônica de potência faz o *link* entre a bateria de baixa tensão e o motor-gerador. Um conversor DC/DC fornece energia ao sistema de 12 V veicular por meio da bateria de 48 V do veículo. A bateria de íons de lítio recentemente desenvolvida é também bastante menor.

4.2.6 Sistemas de controle híbridos

A eficiência que pode ser atingida com o sistema híbrido depende da configuração do trem de força e do controle de alto nível. A Figura 4.30 utiliza como exemplo um trem de força híbrido em paralelo. Mostra-se a interconexão dos diversos sistemas e componentes de controle do trem de força. O alto nível de controle de sistema híbrido atua sobre todos os demais sistemas, que, por sua vez, controlam suas próprias funções. Estas incluem:

- Gerenciamento de bateria
- Gerenciamento de motor de combustão
- Gerenciamento do sistema elétrico
- Gerenciamento de transmissão
- Gerenciamento do sistema de frenagem

Em adição ao controle dos subsistemas, o controle híbrido também inclui estratégias de operação que otimizam a forma como o trem de força é acionado. A estratégia de operação afeta diretamente o consumo e as emissões de um veículo híbrido. Isso acontece nas etapas de *start-stop*, operação do motor de combustão, frenagem regenerativa e funcionamento híbrido ou apenas elétrico.

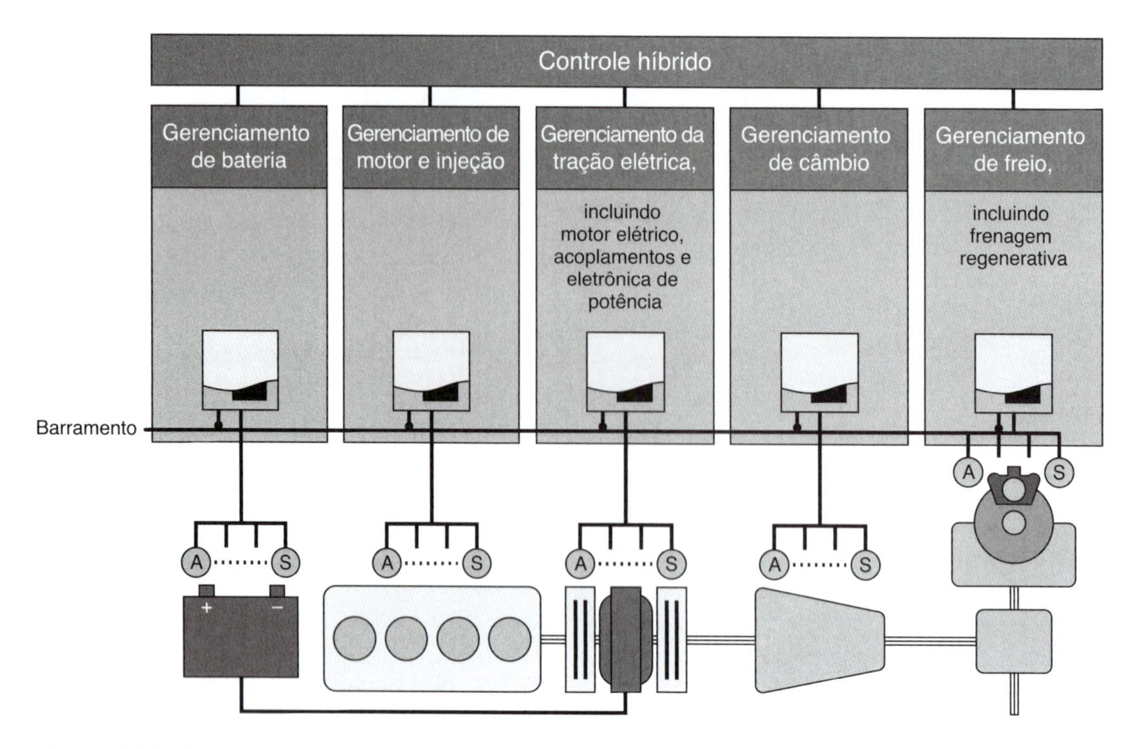

Figura 4.30 Sistema de controle de um híbrido em paralelo. A) atuador; S) sensor.

4.3 Cabos e componentes

4.3.1 Cabos de alta-tensão

Qualquer cabo utilizado em um veículo deve ser isolado para evitar contato e curtos-circuitos. A maioria dos cabos é feita de vários fios de cobre, oferecendo baixa resistência e mantendo a flexibilidade. O isolamento geralmente é feito de PVC.

Cabos de alta-tensão requerem isolamento maior para evitar fuga de tensão, mas também pelo risco de dano caso ocorra um contato indesejado ser maior. Adesivos com vários símbolos são utilizados como aviso, em conjunto com a coloração laranja brilhante.

Segurança em primeiro lugar

Adesivos com vários símbolos são utilizados como aviso, em conjunto com a coloração laranja brilhante.

Figura 4.31 VW Golf-e apresentando alguns dos cabos cor de laranja.

Para entregar alta potência, eles precisam ser capazes de fornecer alta corrente, mesmo em altas-tensões! Lembre-se de que a potência é igual ao produto da tensão pela corrente. Assim, a corrente é igual à potência dividida pela tensão. Vamos admitir uma tensão de 250 V para simplificar os cálculos! Se um cabo deve entregar, digamos, 20 kW, então

Figura 4.32 Cabos cor de laranja e adesivos de aviso em um Golf GTE.

Figura 4.33 Visão abaixo do capô de um Toyota Prius.

20.000/250 = 80 A. Em alta aceleração, essa necessidade pode ser ainda maior: 80 kW, por exemplo, precisariam de 320 A. Por essa razão os cabos são bem grossos e muito bem isolados.

Definição

Potência é igual ao produto da tensão pela corrente (P = V x I).

Figura 4.34 Componentes de alta-tensão apresentados em vermelho, componentes de frenagem em azul, baixa tensão em amarelo e dados de sensor mostrados em verde.

4.3.2 Componentes

É importante saber identificar os componentes de um VE. Em muitos casos as informações do fabricante serão necessárias para auxiliar nessa tarefa. Alguns nomes diferentes podem ser utilizados por fabricantes distintos, mas em geral os componentes principais são:

- Bateria
- Motor elétrico
- Relés (componentes de comutação)
- Unidades de controle (eletrônica de potência)
- Carregador (a bordo)
- Pontos de recarga
- Isoladores (dispositivos de segurança)
- Inversores (conversor DC para DC)
- Controlador de gerenciamento de bateria
- Chave de controle de partida
- Painel/interface de controle do motorista

Alguns desses componentes serão vistos em outras partes deste livro. Adições possíveis a essa lista são sistemas como os de freios e de dirigibilidade, ou até mesmo ar-condicionado, visto que operam de forma diferente em um veículo puramente elétrico.

Os componentes principais serão descritos com mais detalhes a seguir.

Bateria: a tecnologia mais comum para baterias atualmente é a de íons de lítio. Um módulo completo de bateria consiste em um número de células (cada bateria é composta de duzentas a trezentas células), um sistema de arrefecimento, isolamento, caixa de junção, gerenciamento de bateria e uma proteção ou enclausuramento adequado. Essas características combinadas garantem que o módulo suporte impactos e uma grande diversidade temperaturas.

> **Fato importante**
>
> **A tecnologia de baterias mais comum atualmente é a de íons de lítio.**

A bateria é geralmente instalada na parte inferior do carro. Em um VE puro, pode pesar até 300 kg, enquanto em um VHEP está na faixa dos 120 kg. Tensões podem variar, atingindo até 650 V; contudo, tipicamente utiliza-se 300 V. A capacidade da bateria é descrita em quilowatt-hora e estará na faixa de 20-25 kWh.

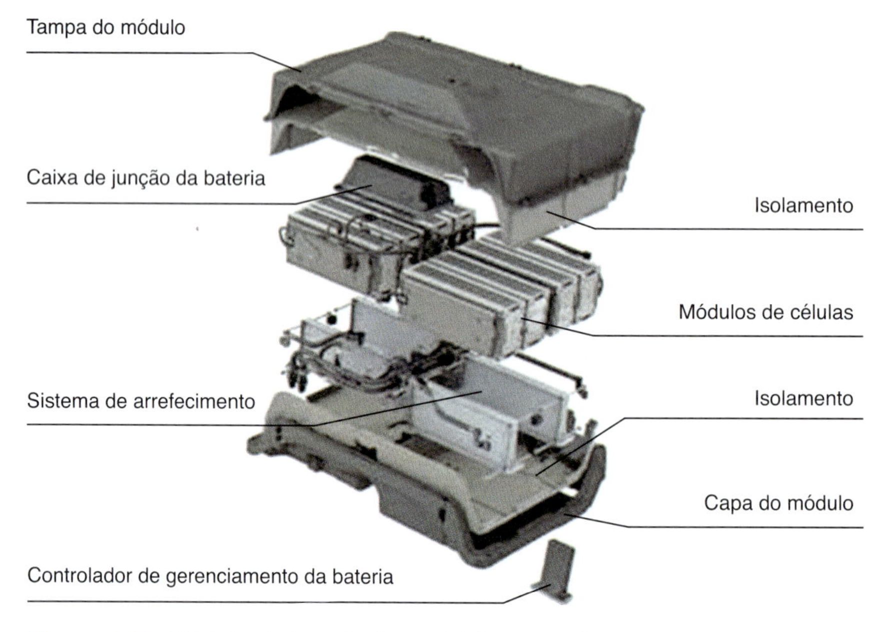

Figura 4.35 Módulo de bateria (fonte: Volkswagen).

Fato importante

O quilowatt-hora (kWh) é uma unidade de energia igual a 1.000 Wh ou 3,6 MJ. É utilizado para descrever a energia das baterias e como unidade de faturamento de energia elétrica fornecida pelas concessionárias. Se ligar um dispositivo de 1 kW e mantiver ele ligado por uma hora, você consumirá 1 kWh de energia.

Controlador de gerenciamento de bateria: este dispositivo monitora e controla a bateria, determinando, entre outras coisas, o estado de carga das células; regula a temperatura e protege as células contra sobrecarga e descarga excessiva. Chaves ativadas eletronicamente estão inclusas no pacote e desconectam o sistema de bateria em momentos em que o carro está parado ou em uma situação crítica, como um acidente ou incêndio. Este dispositivo geralmente é parte do módulo de bateria – mas não sempre, portanto, verifique as informações do fabricante.

Motor: este componente converte energia elétrica em energia cinética ou de movimento – em outras palavras, é o que move o veículo. A maior parte dos utilizados em VEs, VHEs e VHEPs são do tipo AC síncronos, alimentados por pulsos DC. A potência nominal deles é de 85 kW em VEs.

Inversor: o inversor é um dispositivo ou circuito eletrônico que converte corrente contínua (DC) da bateria em corrente alternada (AC) para alimentar o motor. Também faz o contrário em recarga regenerativa. Geralmente é descrito como eletrônica de potência, ou similar. Algumas vezes o mesmo inversor, ou outro à parte, é utilizado para fornecer energia para o sistema 12 V veicular.

Unidade de controle: também chamado de unidade de controle de potência, ou unidade de controle do motor elétrico, este dispositivo eletrônico controla o inversor. Responde aos sinais do motorista (freio, acelerador etc.) e comanda a eletrônica de potência conforme a necessidade. O controle faz o motor elétrico tracionar o carro ou atuar como um gerador recarregando a bateria. Pode ser responsável pelo controle de ar-condicionado e freios também.

Unidade de recarga: este dispositivo é utilizado em veículos elétricos e híbridos *plug-in*, geralmente localizado próximo ao ponto de conexão do plugue de recarga. Converte e controla a tensão da energia elétrica externa (tipicamente 127 V AC ou 220 V AC) a um nível de tensão adequado para recarga das células da bateria (tipicamente 300 V DC).

Interfaces do motorista: fornecem informações ao motorista, e diversas formas são utilizadas. Os modos mais comuns atualmente são telas de toque, onde a informação fica disponível, permitindo que o motorista altere configurações como a taxa de regeneração, por exemplo.

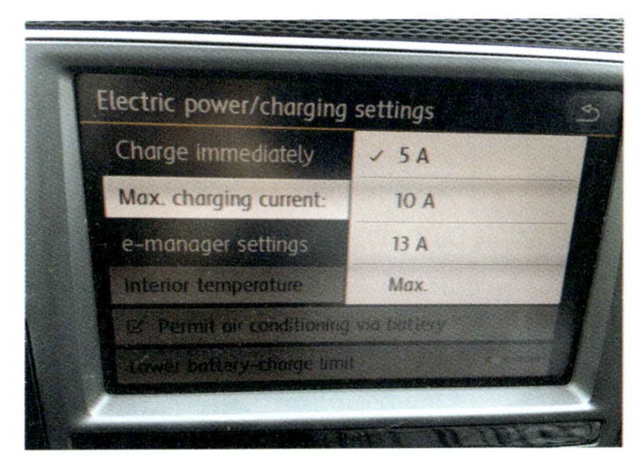

Figura 4.36 Configurando para a corrente máxima.

4.3.3 ECE-R100

O padrão ECE-R100 foi desenvolvido pela Comissão Econômica das Nações Unidas para a Europa, com o objetivo de conciliar os sistemas de VEs.[5] É um padrão aplicável a VEs, veículos de categoria M e N, capazes de desenvolver velocidade máxima acima de 25 km/h. Nesta seção eu aponto alguns aspectos fundamentais dessa regulamentação. Trata da segurança em sistemas de alta-tensão em um VE.

Definição

O ECE-R100 é um padrão desenvolvido pela Organização das Nações Unidas para conciliar os sistemas de VEs.

Fato importante

Categoria M: veículos motorizados com pelo menos quatro rodas projetados e fabricados para transporte de passageiros.

Categoria N: veículos motorizados com pelo menos quatro rodas projetados e fabricados para transporte de carga e bens de consumo.

Um aspecto fundamental do padrão é a proteção contra choques elétricos:

- Não pode haver circuitos de alimentação de alta-tensão, tanto na cabine de passageiros como no compartimento de bagagens, que permitam contato, mesmo que por uma ponta de prova padronizada.
- Todos os enclausuramentos e proteções de circuitos de alta-tensão alimentados devem ser marcados com o símbolo oficial (Figura 4.37), e o acesso ao circuito de alta--tensão deve ser feito apenas por meio de uma ferramenta, e de forma intencional.
- A alimentação da bateria e do trem de força deve ser protegida por fusíveis e/ou disjuntores adequados.

Figura 4.37 Este símbolo de advertência deve ser utilizado com ou sem texto.

- O trem de força de alta-tensão deve ser isolado do resto do VE.

Recarga:

- Um VE não pode se movimentar durante a recarga.
- Todas as peças utilizadas para a recarga devem ser protegidas contra contato direto.
- Ligar o veículo na estação de recarga deve desabilitar o sistema, impedindo a possibilidade de direção.

Notas gerais de segurança e direção:

- A partida de um VE só deve ser habilitada por uma chave ou um sistema adequado.
- Remover a chave deve impedir a direção do veículo.
- Deve ser claramente visível que um VE está pronto para direção (acionando o acelerador).
- Se a bateria estiver descarregada, o motorista deve receber um aviso anterior para poder sair da estrada com segurança.
- Ao sair de um VE, o motorista deve receber um sinal, visível ou audível, caso o VE ainda esteja em modo de direção.
- Alterar o sentido do veículo para operação de ré deve ser possível apenas pela combinação de dois comandos ou por uma chave elétrica que só opera em velocidades inferiores a 5 km/h.
- Se ocorrer algum tipo de evento, como sobreaquecimento, o motorista deve ser avisado por um sinal ativo.

Procure no site http://www.unece.org por "ECE-R100" para uma cópia completa da norma atualizada.

4.4 Outros sistemas

4.4.1 Aquecimento e ar-condicionado

A maioria dos VEs permite a operação de sistemas de aquecimento e refrigeração quando o veículo está em recarga. Alguns permitem essa função apenas pela bateria. O aspecto mais importante é que isso permite que a cabine do veículo seja "pré-condicionada" com o carro ligado na rede elétrica convencional, portanto economizando a carga da bateria e aumentando a autonomia. Os sistemas mais comuns permitem:

- Refrigeração com um compressor acionado eletricamente.
- Aquecimento por uma resistência de coeficiente positivo de temperatura de alta-tensão.

Essas funções de refrigeração e aquecimento utilizando componentes de alta-tensão geralmente são ativadas por temporizador ou um aplicativo remoto.

Fato importante

A maioria dos VEs permite a operação de sistemas de aquecimento e refrigeração quando o veículo está em recarga.

Sistemas de carros híbridos combinam o circuito de aquecimento em paralelo com o circuito de refrigeração. Este consiste em um trocador de calor, uma unidade de aquecimento e uma bomba.

Sistemas de refrigeração operam de forma semelhante aos convencionais, com a diferença de que o compressor é acionado eletricamente. Pode ser acionado por sistemas de alta ou de baixa tensão, como os de 42 V (mas normalmente 12 V).

Quando necessário, a unidade de controle de bateria pode solicitar que a bateria seja refrigerada durante a carga; por essa razão o circuito de arrefecimento da bateria e, em alguns casos, o do motor elétrico são combinados com o sistema de arrefecimento do motor de combustão nos veículos híbridos. A bomba elétrica faz com que o fluido refrigerante circule.

4.4.2 Freios

Os freios normalmente são operados hidraulicamente, mas com algum tipo de assistência. Isso pode ser feito por uma bomba hidráulica, mas na maioria dos carros com motor de combustão a baixa pressão da entrada do canal de distribuição é usada como vácuo para operar o sistema. Em um VE ou híbrido operando apenas em modo elétrico outro método deve ser utilizado.

Fato importante

Os freios normalmente são operados hidraulicamente, mas com algum tipo de assistência.

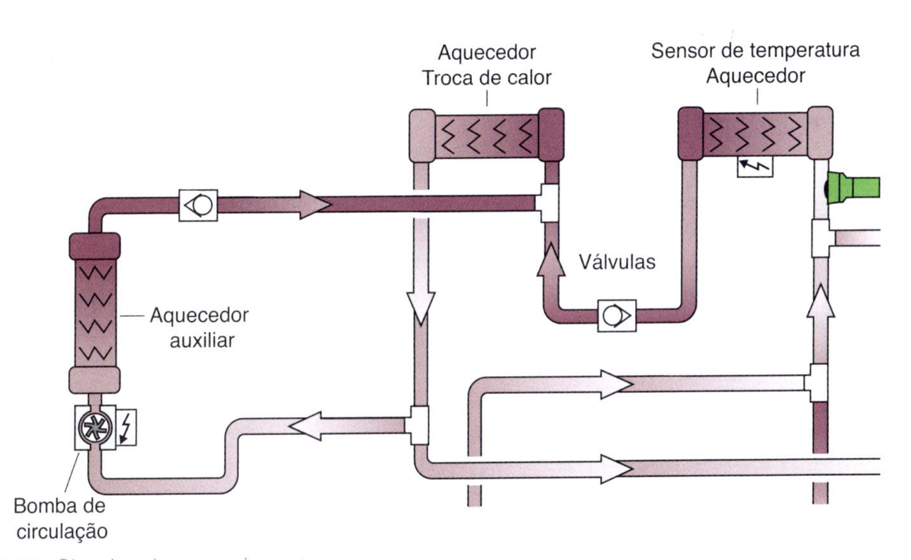

Figura 4.38 Circuito de aquecimento.

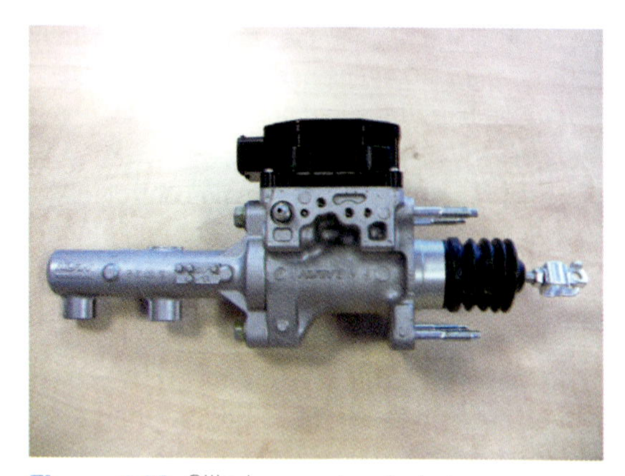

Figura 4.39 Cilindro mestre de freio controlado eletronicamente.

Na maioria dos casos, um cilindro mestre de assistência elétrica é utilizado, sendo inclusive capaz de detectar a pressão no pedal feita pelo motorista. Isso é feito porque uma boa parte da frenagem pode ser executada por meio da regeneração, sendo o método mais eficiente. Os sinais dos sensores do cilindro mestre são enviados a um sistema de controle eletrônico, colocando o motor em modo de regeneração, recarregando as baterias e causando frenagem regenerativa. Se for necessária uma frenagem adicional, determinada pela pressão no pedal do motorista, o freio hidráulico tradicional é acionado, com assistência elétrica se necessário.

Alguns sistemas de freio possuem um sinal de retorno para o cilindro mestre para fornecer ao motorista a sensação correta de pressão no pedal de freio, relacionando com o total de frenagem efetiva (freios e regeneração).

Não disponível ainda, mas em breve... Um sistema de atuação hidráulica está sendo desenvolvido pela Bosch para o uso em veículos híbridos e elétricos. O sistema é adequado para todos os modos de frenagem e direção. Alia uma unidade de controle de freio e controle de atuação hidráulica com um modulador ESP hidráulico suplementar. O pedal do freio e os freios na roda são mecanicamente desacoplados. A unidade de atuação de frenagem comanda o freio, e um simulador do percurso do pedal garante a sensação de pressão para o motorista. O sistema de modulação de pressão de freio implementa o comando de frenagem utilizando o motor elétrico e os freios nas rodas. O objetivo é atingir o máximo de recuperação de energia enquanto se mantém a estabilidade completa do veículo. Dependendo do veículo e estado do sistema, desacelerações de até 0,3 g podem ser geradas utilizando apenas o motor elétrico. Se isso não for suficiente, o sistema de modulação utiliza a bomba e um acumulador de alta pressão.

Figura 4.40 Sistema de frenagem independente de vácuo projetado especificamente para VHE e VE. É composto da unidade operacional (esquerda) e do módulo de controle de atuação (direita), os quais suplementam o modulador hidráulico do controlador ESP.

4.4.3 Direção elétrica assistida

Quando rodando em modo elétrico, ou se não há um motor de combustão para acionar uma bomba de direção hidráulica, alguma alternativa deve ser utilizada. Contudo, a maioria dos carros com motor de combustão modernos utilizam duas principais formas de assistência de direção elétrica (*electric power-assisted steering* – ePAS); o segundo destes é o mais utilizado atualmente:

1. Um motor elétrico aciona uma bomba hidráulica, que atua em um cilindro hidráulico.
2. Um motor elétrico, que auxilia diretamente na direção.

Com a atuação direta, o motor atua diretamente no conjunto de engrenagens do diferencial. Isso substitui completamente o sistema de cilindro servo e a bomba hidráulica.

Fato importante

Com um ePAS, um motor elétrico atua diretamente na direção por um conjunto de engrenagens do diferencial.

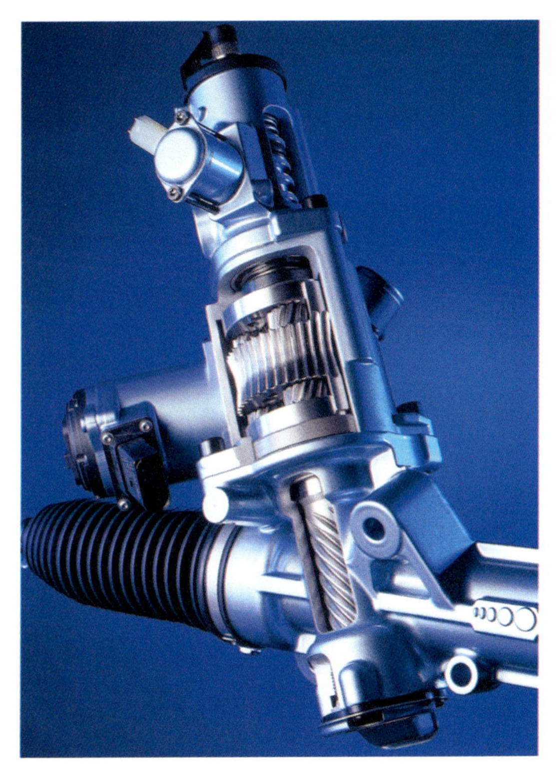

Figura 4.41 Sistema de auxílio e direção elétrica (ePAS).

Em vários sistemas, um sensor de torque ótico é utilizado para medir o esforço do motorista ao virar o volante (todos os sistemas utilizam pelo menos algum tipo de sensor). O sensor trabalha medindo a luz de um LED, que brilha por meio de furos. Esses furos são discos alinhados tanto na barra de torção como na coluna de direção. Um sensor ótico detecta o giro dos dois discos em relação a si, cada disco possuindo informações de posição. Da informação desse sensor, o sistema de controle eletrônico calcula o torque, bem como o valor absoluto do ângulo do volante.

Fato importante

O ePAS ocupa um pequeno espaço para atuar, geralmente é composto de um motor de 400 W e exige em média 2 A, mesmo em condições de tráfego urbano.

Notas

1 O termo em inglês para este conjunto é *flywheel* – em tradução livre, "volante", não se referindo ao volante de manobra do veículo. [N.T.]
2 Híbridos completos são mais econômicos na NEDC, então a economia de combustível não é refletida no uso normal.
3 Híbridos *plug-in* também utilizam, obviamente, energia elétrica, mas é um combustível muito mais barato, e resulta em menos emissões.
4 Este modelo de câmbio também é conhecido como câmbio de dupla engrenagem. [N.T.]
5 No momento da escrita desta obra, o padrão estava em sua terceira revisão.

CAPÍTULO 5

Baterias

5.1 Visão geral

5.1.1 Autonomia da bateria

O principal fator que afeta a autonomia de um veículo elétrico é o seu pé direito! Dirigir suavemente, com leve aceleração e poucas frenagens, tem o maior impacto na autonomia – assim como em qualquer veículo.

Contudo, a autonomia também é afetada por tempo frio bem como pelo uso de ar-condicionado (aquecimento ou refrigeração) e outros itens (como iluminação). Isso porque esses sistemas utilizam energia da bateria. Fabricantes de veículos estão utilizando soluções como luzes de LED externas para reduzir o consumo. Sistemas de controle podem minimizar o uso de energia por itens adicionais. Preaquecimento (ou refrigeração) com o veículo conectado à rede de energia elétrica é comum, permitindo que o motorista inicie o trajeto com o interior em uma temperatura confortável sem drenar a bateria. Um ponto a favor dos VEs é que eles não precisam de um período de aquecimento no inverno, ao contrário de muitos veículos com MCI.

Fato importante

A autonomia de um VE é afetada pelo tempo frio e pelo uso de luzes e ar-condicionado.

Figura 5.1 Conjunto de baterias para o Chevrolet Spark (fonte: General Motors).

5.1.2 Vida da bateria e reciclagem

Fabricantes geralmente consideram o fim de vida de uma bateria o momento em que sua capacidade de armazenamento cai abaixo de 80% de sua capacidade nominal. Isso significa que, se a bateria original possui autonomia de 100 km carregada totalmente, após 8-10 anos de uso a autonomia pode estar reduzida a 80 km. Contudo, baterias podem fornecer energia útil abaixo de 80% de capacidade de carga. Vários fabricantes de veículos projetam a bateria para durar por toda a vida útil do carro.

Fato importante

Fabricantes geralmente consideram o fim de vida de uma bateria o momento em que sua capacidade de armazenamento cai abaixo de 80% de sua capacidade nominal.

As principais fontes de lítio para baterias de VE são salinas e lagos de sal, que produzem cloreto de sal de lítio solúvel. Os principais produtores de lítio são América do Sul (Chile, Argentina e Bolívia), Austrália, Canadá e China. Ele também pode ser extraído da água do mar. Espera-se que a reciclagem possa ser uma imensa fonte de lítio. Suas reservas mundiais são estimadas em 30 milhões de toneladas. Para armazenar 1 kWh, cerca de 0,3 kg de lítio é necessário. Existem muitas opiniões a respeito, mas muitos concordam que as reservas irão durar milhares de anos!

A quantidade de lítio reciclado, no momento da escrita deste livro, ainda é relativamente pequena, mas está em crescimento. Células de íons de lítio não são consideradas perigosas e contêm elementos úteis que podem ser reciclados. Lítio, metais (cobre, alumínio, aço), plástico, cobalto e sais de lítio podem ser recuperados.

Segurança em primeiro lugar

Células de íons de lítio não são consideradas perigosas e contêm elementos úteis que podem ser reciclados.

Baterias de íons de lítio têm um impacto menor no meio ambiente que outras tecnologias de baterias, incluindo chumbo ácido, níquel-cádmio e níquel-metal hidreto. Isso porque as células são compostas de outros materiais ambientalmente adequados. Elas não contêm metais pesados (como cádmio) ou compostos considerados tóxicos, como chumbo ou níquel. Ferro-fosfato de lítio é essencialmente um fertilizante. Quanto mais se utilizar materiais reciclados, menor será o impacto ambiental em geral.

Todas os fornecedores de bateria devem estar em conformidade com as Regulamentações de Sucata de Baterias e Acumuladores de 2009. Esse é um requisito mandatório, significando que fabricantes devem recolher as baterias dos consumidores para reúso, reciclagem ou descarte de uma forma adequada.

5.2 Tipos de baterias

5.2.1 Baterias de chumbo-ácido (Pb-PbO_2)

Mesmo após 150 anos de seu desenvolvimento e muitas pesquisas promissoras em outras técnicas de armazenamento, a bateria de chumbo-ácido ainda é a melhor escolha para uso de baixa tensão em veículos. Particularmente quando o custo e a densidade de energia são considerados.

Fato importante

Gaston Planté foi o físico francês que inventou a bateria de chumbo-ácido em 1859.

Mudanças incrementais ao longo dos anos criaram a bateria selada e livre de manutenção, muito comum atualmente, confiável e de longa duração. Isso pode não parecer o caso para muitos usuários finais, mas note que a qualidade geralmente está associada ao preço que o cliente paga. Muitas baterias baratas de segunda linha, com garantia de 12 meses, irão durar no máximo 13 meses!

A construção básica de uma bateria de 12 V nominal de chumbo-ácido consiste em seis células conectadas em série. Cada célula produz em torno de 2 V, enclausurada em compartimento individual feita de polipropileno ou similar. A Figura 5.3 mostra uma bateria em corte mostrando os principais componentes. O material ativo é mantido em grades ou cestos, de tal maneira que forme placas positiva e negativa. Separadores feitos de plástico microporoso isolam essas placas uma da outra.

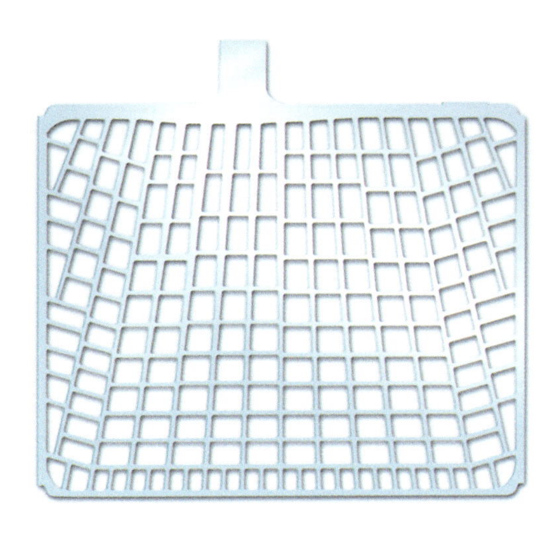

Figura 5.2 Grade da bateria antes de se adicionarem os materiais ativos.

Contudo, mesmo as baterias modernas denominadas seladas ainda possuem um pequeno orifício para evitar que a pressão suba por geração interna de gases. Um requerimento adicional de baterias seladas é o controle exato de carga de tensão.

Em uso, uma bateria precisa de poucos cuidados, a não ser os seguintes, quando necessários:

- Limpar corrosão dos terminais utilizando água quente.
- Os terminais devem ser lubrificados com vaselina, não com graxa comum.
- A parte superior da bateria deve ser mantida limpa e seca.
- Se não for selada, as células devem ser cobertas com água destilada 3 mm acima das placas.

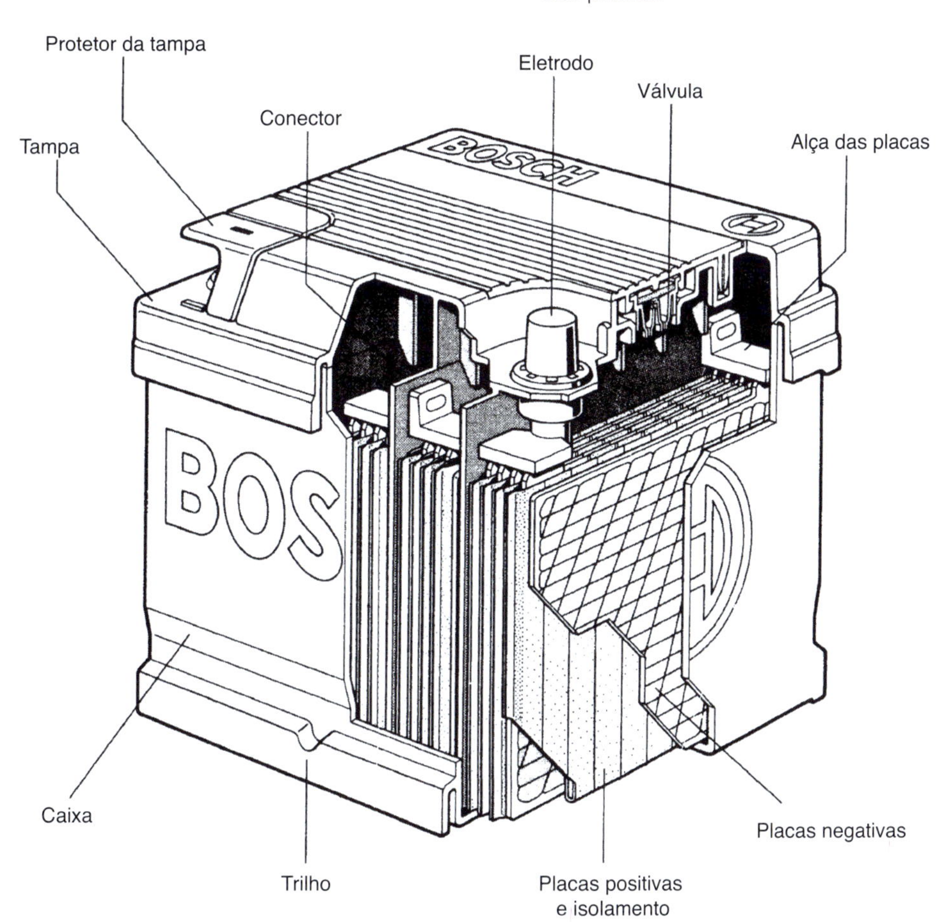

Figura 5.3 Bateria de chumbo-ácido.

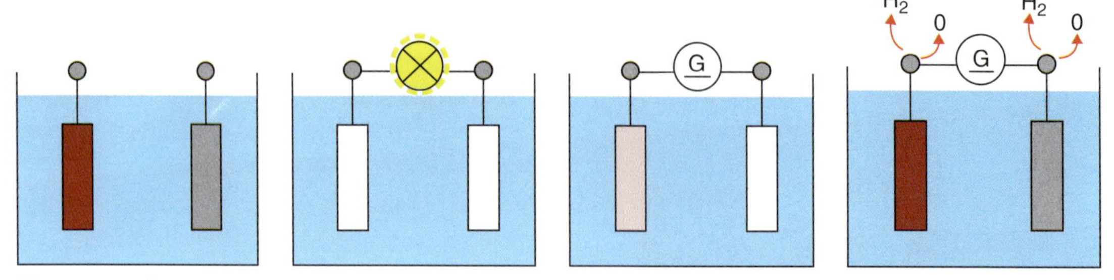

Figura 5.4 Descarga da bateria e processo de recarga (da esquerda para a direita): completamente carregada; descarregando; recarregando; recarregando com liberação de gás.

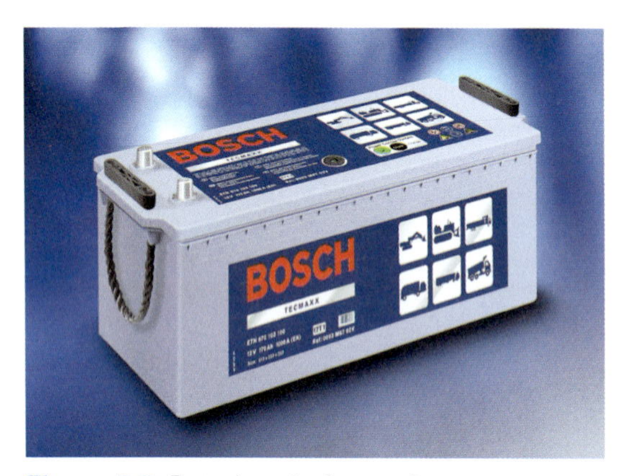

Figura 5.5 Bateria veicular moderna.

- A bateria deve ser mantida fixa na posição adequada.

5.2.2 Alcalina (Ni-Cad, Ni-FE e Ni-MH)

Os principais componentes das células de níquel-cádmio (Ni-Cad ou NiCad) utilizadas em veículos são os seguintes:

- Placa positiva – Hidróxido de níquel III (NiOOH)
- Placa negativa – Cádmio (Cd)
- Eletrólito – Hidróxido de potássio (KOH) e água (H_2O)

O processo de recarga envolve a transferência de oxigênio da placa negativa para a positiva, e o oposto acontece na descarga. Quando recarregada por completo, a placa negativa contém apenas cádmio, e a placa positiva é composta de hidróxido de níquel III. A equação química que representa essa reação é apresentada a seguir, mas note que esta é apenas uma simplificação da complexa reação.

$$2NiOOH + Cd + 2H_2O + KOH = 2Ni(OH)_2 + CdO_2 + KOH$$

A água é utilizada como fonte de hidrogênio e oxigênio, pois o surgimento de gases acontece durante todo o tempo de recarga. É devido ao uso de água pelas células que há o indicativo de operação, conforme observado na equação. O eletrólito não se altera durante a reação. Isso significa que a verificação de densidade não significa o estado de carga da bateria.

Fato importante

Baterias de NiCad não sofrem sobrecarga, pois, uma vez que o óxido de cádmio se transforma em cádmio, a reação cessa.

Baterias de níquel-metal hidreto (Ni-MH ou NiMH) provaram ser muito efetivas pela aplicação em alguns modelos de veículos elétricos. Desenvolvidas em particular pela Toyota, seus componentes incluem um cátodo de hidróxido de níquel, um ânodo de ligas que absorvem hidrogênio e um eletrólito de hidróxido de potássio. A densidade de energia de uma bateria de NiMH é mais que o dobro de uma de chumbo-ácido, porém menor que de baterias de íons de lítio.

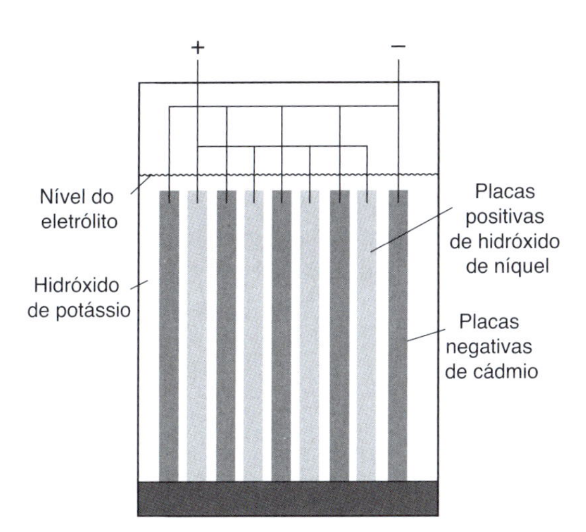

Figura 5.6 Representação simplificada de uma célula de bateria alcalina NiCad.

Fato importante

Alguns veículos elétricos utilizam baterias de NiMH, que provaram ser muito efetivas.

A Toyota desenvolveu uma bateria NiMH cilíndrica em 1997 para fornecer energia ao Rav4EV bem como a outros veículos elétricos. Desde então vem desenvolvendo melhorias em suas baterias NiMH com o objetivo de reduzir tamanho, melhorar a densidade de energia, diminuir peso, melhorar a proteção da bateria e diminuir custos. A bateria NiMH atual, que alimenta a terceira geração do Prius, custa 25% menos que as utilizadas na primeira geração.

Baterias de níquel-metal são ideais para produção em massa de veículos híbridos devido a seus custos, confiabilidade e alta durabilidade. Existem baterias da primeira geração do Prius que ainda estão rodando com mais de 320 mil km. Por isso a bateria de NiMH ainda é a escolha da Toyota para sua linha de híbridos convencionais.

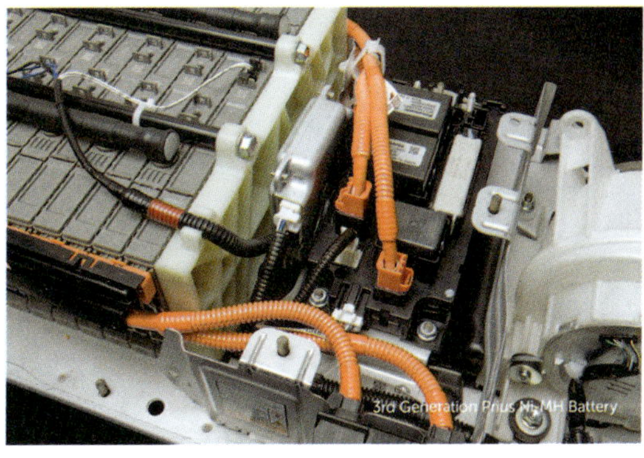

Figura 5.7 Bateria de NiMH da Toyota e seus componentes de gerenciamento.

Figura 5.8 Bateria de NiMH de terceira geração (fonte: Toyota).

5.2.3 Cloreto de sódio-níquel ($Na\text{-}NiCl_2$)

Baterias de sal fundido (incluindo baterias de metal líquido) são aquelas que utilizam sais fundidos como eletrólitos, oferecendo boas densidades de energia e potência. As tradicionais baterias térmicas de "uso único" podem ser armazenadas em estado sólido por longos períodos antes de serem ativadas por calor. Baterias recarregáveis de metal líquido são utilizadas em veículos elétricos e para armazenar energia para a rede elétrica, podendo balancear a ausência de energia fornecida por fontes intermitentes renováveis, como painéis solares e turbinas eólicas.

Baterias térmicas utilizam um eletrólito que é sólido e inerte em temperatura ambiente. Podem ser armazenadas por muito tempo (mais que 50 anos) e fornecem potência total no instante em que for necessário. Uma vez ativadas, fornecem altíssima potência por um curto período (alguns décimos de segundo) a uma hora ou mais, com variação de saída de alguns watts a vários quilowatts. A capacidade de alta potência está relacionada à alta condutividade iônica do sal fundido, que é três vezes maior em magnitude (ou até mais) que o ácido sulfúrico em uma bateria veicular de chumbo-ácido.

Fato importante

Baterias térmicas utilizam um eletrólito que é sólido e inerte em temperatura ambiente.

Desenvolvimentos significativos têm sido feitos em baterias recarregáveis utilizando sódio (Na) para os eletrodos negativos. O sódio é escolhido por causa do seu alto potencial de 2,71 V, pouca massa, natureza não tóxica, abundância e disponibilidade, além de seu baixo custo. Para construir baterias utilizáveis, o sódio deve ser usado em sua forma líquida. O ponto de fusão do sódio é 98 °C (208 °F). Isso significa que baterias de sódio devem operar em temperaturas altas, entre 400 °C e 700 °C, e novos projetos de baterias operam em temperaturas de 245 °C a 350 °C.

Segurança em primeiro lugar

Baterias de sódio devem operar em temperaturas altas, entre 400 °C e 700 °C, e novos projetos de baterias operam em temperaturas de 245 °C a 350 °C.

5.2.4 Sódio-enxofre (Na-S)

As baterias de sódio-enxofre ou Na-S consistem em um cátodo de sódio líquido no qual é inserido um coletor de corrente. Este é um eletrodo sólido de alumina (um tipo de óxido de alumínio). Um recipiente de metal em contato com o ânodo (um eletrodo de enxofre) circunda toda a estrutura. O maior problema com esse sistema é que para funcionar deve-se atingir temperaturas entre 300 °C e 350 °C. Um aquecedor de algumas centenas de watts faz parte do circuito de recarga. Isso mantém a temperatura da bateria quando utilizada, permitindo que a corrente percorra a resistência dessa bateria (também descrita como potência interna I^2R).

Cada célula da bateria é muito pequena, utilizando apenas 15 g de sódio. Isso é feito por questões de segurança, pois, se a célula for danificada, o enxofre ao redor pode reagir com o sódio convertendo-o em polissulfitos, reduzindo o risco do sódio fundido. Pequenas células podem ser distribuídas em diversos pontos do carro, o que é uma vantagem no requisito de espaço. A capacidade dessas células é de 10 Ah. Em circuito aberto, essas células falham, e isso deve ser considerado, visto que todo o conjunto de células usado para obter a tensão necessária ficaria inoperante. A saída de tensão de cada célula é de 2 V em média.

5.2.5 Íons de lítio (Li-ion)

As baterias do momento são as com tecnologia de íons de lítio, mas elas ainda têm muito potencial de melhoria. As baterias de hoje possuem densidade de energia ao redor de 140 Wh/kg, ou mais em alguns casos, mas o potencial pode subir a valores de 280 Wh/kg. Muita pesquisa em otimização de células está sendo feita para criar uma bateria com alta densidade de energia e autonomia maior. A tecnologia de íons de lítio tem sido considerada a mais segura.

Fato importante

As baterias de hoje possuem densidade de energia ao redor de 140 Wh/kg, ou mais em alguns casos, mas o potencial pode subir a valores de 280 Wh/kg.

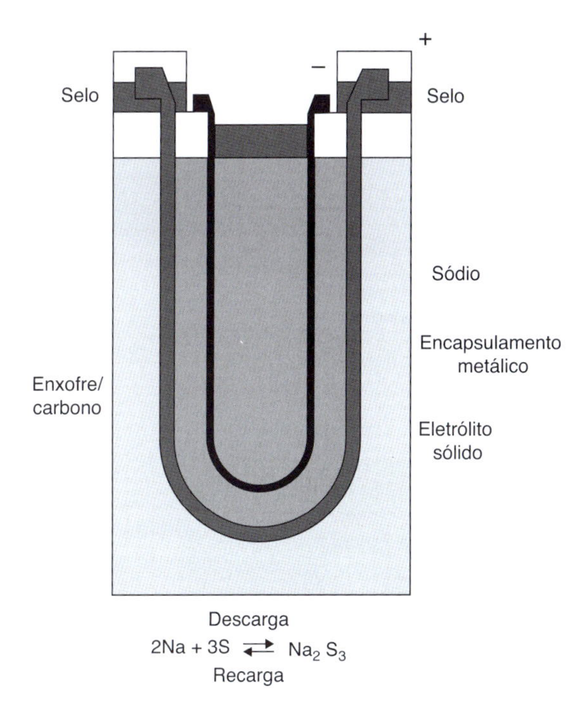

Figura 5.9 Bateria de sódio-enxofre.

Segue uma descrição do funcionamento das baterias de Li-ion. Um polo negativo (ânodo) e um polo positivo (cátodo) fazem parte de uma célula individual de uma bateria de íons de lítio em conjunto com o eletrólito e um separador. O ânodo é uma estrutura de grafite, enquanto o cátodo é feito de camadas de óxido metálico. Íons de lítio são depositados entre essas camadas. Quando a bateria está recarregando, os íons de lítio vão do ânodo para o cátodo e absorvem elétrons. Portanto, o número de íons determina a densidade de energia. Ao descarregar, os íons liberam elétrons para o ânodo e voltam para o cátodo.

Quando os elétrons fluem por um circuito externo, a potência é dissipada. As seguintes equações mostram um exemplo da química, em unidades molares, sendo possível alterar o coeficiente X.

A meia reação do cátodo (marcado como +) é:

$$Li_{1-x}CoO_2 + xLi^+ + xe^- \rightleftarrows LiCoO_2$$

A meia reação do ânodo (marcado como –) é:

$$xLiC_6 \rightleftarrows xLi^+ + xe^- + xC_6$$

Um problema desse tipo de bateria é que os íons de lítio se movimentam lentamente em condições de temperatura baixa durante o processo de recarga. Isso faz com que eles peguem os elétrons da superfície do ânodo ao invés do interior. Além disso, utilizar corrente de recarga muito alta cria o elemento lítio. Este pode se depositar na superfície do ânodo, cobrindo-a e fechando a passagens de elétrons. Isso é conhecido como revestimento de lítio. Pesquisas vêm sendo feitas e uma possível solução seria aquecer a bateria antes de recarregá-la.

Fato importante

Os íons de lítio se movimentam lentamente durante a recarga se a bateria estiver fria.

A Bosch está trabalhando em uma bateria sucessora dos íons de lítio, feita com lítio-enxofre, que promete maior densidade de energia e capacidade de carga. A empresa estima que as primeiras baterias de lítio-enxofre devem estar prontas para produção em série em meados dos anos 2020.

Existem diversas formas de melhorar o desempenho de baterias. Por exemplo, o material utilizado como ânodo e cátodo tem papel fundamental na química de uma célula. A maioria dos cátodos atuais são feitos de níquel-cobalto-manganês (NCM) e níquel-carboxianidridos (NCA), e os ânodos, de grafite, carbono duro ou macio ou silício-carbono.

Eletrólitos de alta-tensão podem melhorar muito o desempenho da bateria, aumentando a tensão das células de 4,5 para 5 volts. O desafio técnico está em garantir a segurança e a longevidade da célula enquanto se melhora a performance. Um gerenciamento sofisticado da bateria pode melhorar a autonomia de um carro em até 10%, sem alterar a química da célula.

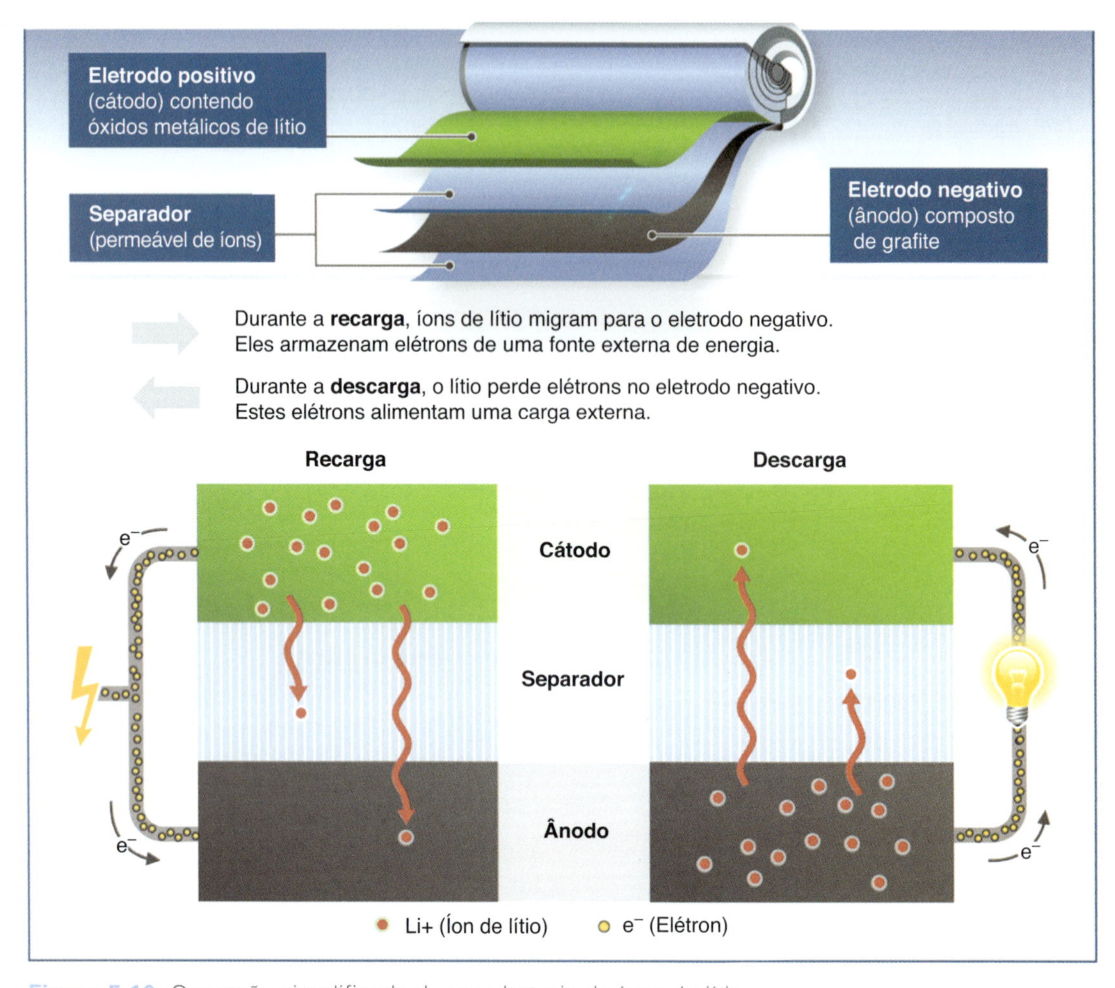

Figura 5.10 Operação simplificada de uma bateria de íons de lítio.

Fato importante

Um gerenciamento sofisticado da bateria pode melhorar a autonomia de um carro em até 10%, sem alterar a química da célula.

Figura 5.11 O desenvolvimento das baterias continua (fonte: Bosch Media).

5.2.6 Células de combustível

A energia de oxidação de combustíveis comuns, geralmente manifestada em formato de calor, pode ser convertida diretamente em eletricidade em uma célula de combustível. Todas as oxidações envolvem transferência de elétrons entre um combustível e um oxidante (comburente), e esse fenômeno é utilizado em uma célula de combustível para converter a energia diretamente em eletricidade. Todas as células de bateria envolvem algum tipo de oxirredução no polo positivo e oxidação no negativo durante alguma parte do seu processo químico. Para obter a separação dessas reações em uma célula de combustível, um ânodo, um cátodo e um eletrólito são necessários. O eletrólito é alimentado diretamente pelo combustível.

Fato importante

A energia de oxidação de combustíveis comuns pode ser convertida diretamente em eletricidade em uma célula de combustível.

Foi descoberto então que um combustível de hidrogênio, quando combinado com oxigênio, demonstra ser um modelo muito eficiente. Células de combustível são muito confiáveis e silenciosas, mas muito caras de serem fabricadas.

A operação de uma célula de combustível emprega a passagem de hidrogênio por um eletrodo (o ânodo), que é coberto com um catalisador, e o hidrogênio é quebrado no eletrólito. Isso faz com que elétrons sejam retirados dos átomos de hidrogênio. Esses elétrons passam para o circuito externo. Ânions de hidrogênio negativamente carregados (OH) são formados no eletrodo conforme passa o oxigênio difundido na solução. Esses ânions se movem pelo eletrólito até o ânodo. Água então é formada como produto da reação envolvendo

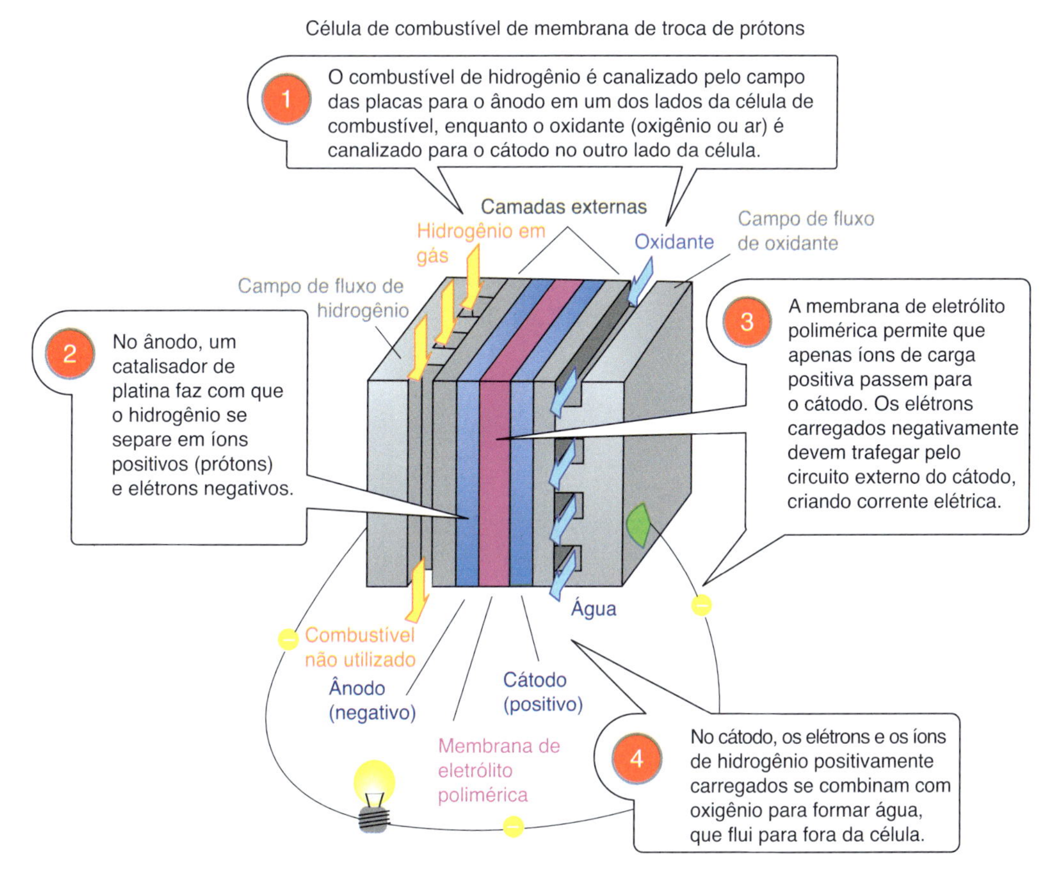

Figura 5.12 Funcionamento da célula de combustível com membrana de troca de prótons.

os íons de hidrogênio, elétrons e átomos de oxigênio. Se o calor gerado pela célula de combustível for utilizado, é possível atingir 80% de eficiência no processo, em conjunto com um cenário de muito boa densidade de energia. Um conjunto de diversas células de combustível individuais é chamado de pilha (ou *stack*).

Fato importante

Um conjunto de diversas células de combustível individuais é chamado de pilha (ou *stack*).

A temperatura de trabalho dessas células varia, mas tipicamente fica ao redor de 200 °C. Também é utilizada alta pressão, ao redor de 30 bar. O maior problema a ser solucionado para que essa tecnologia possa atingir o mercado é a pressão de armazenamento de hidrogênio.

Segurança em primeiro lugar

A temperatura de trabalho de células de combustível varia, mas tipicamente fica ao redor de 200 °C. Também é utilizada alta pressão, ao redor de 30 bar.

Muitas combinações entre combustível e oxidante podem ser feitas para células de combustível. Embora hidrogênio e oxigênio forneçam uma solução conceitualmente simples, utilizar hidrogênio traz algumas dificuldades práticas, incluindo o fato de que é um gás em condições normais de temperatura e pressão, e não existe uma infraestrutura disponível de distribuição para usuários comuns. Mais utilizável, pelo menos a curto prazo, seria uma célula de combustível alimentada por um combustível mais fácil de manusear. Para finalizar, células de combustível que utilizam metanol foram desenvolvidas.

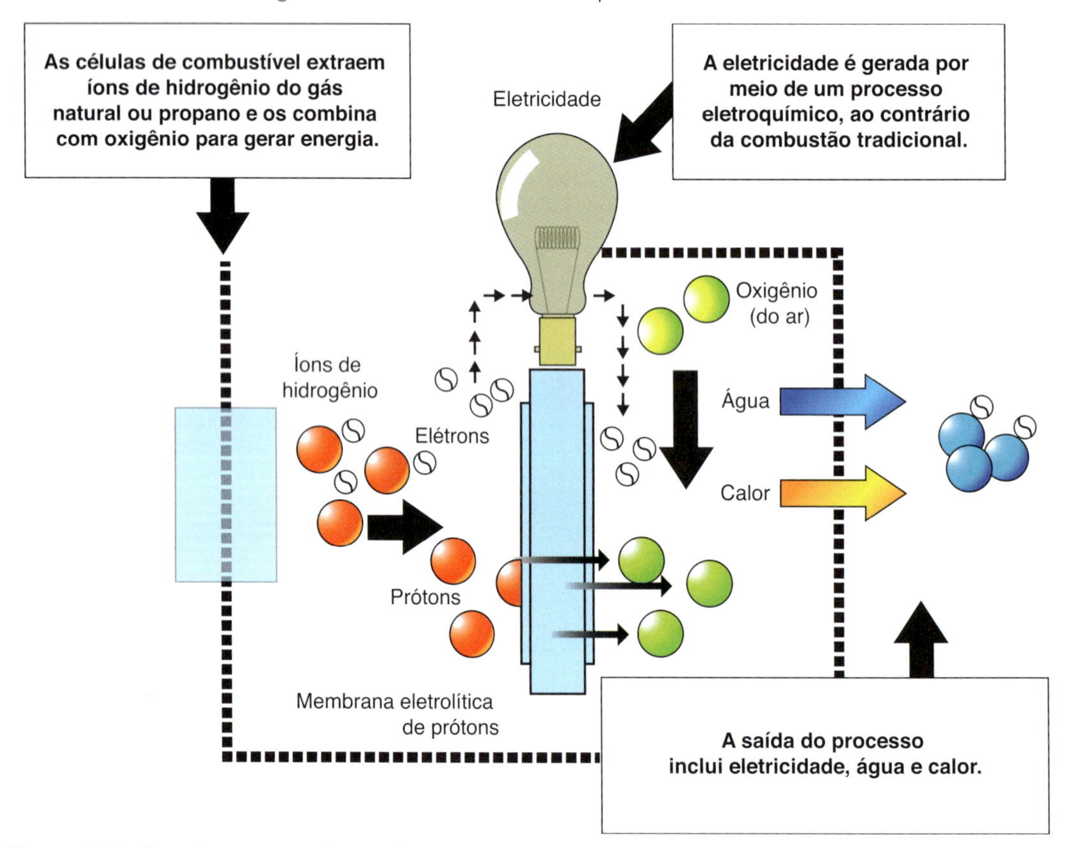

Figura 5.13 Funcionamento da célula de combustível.

Existem dois tipos de células que funcionam com metanol:

- Célula de combustível de metanol reformado (*reformed methanol fuel cell* – RMFC)
- Célula de combustível de metanol direto (*direct methanol fuel cell* – DMFC)

Em uma RMFC, a reação é utilizada para remover hidrogênio do metanol, e então a célula de combustível funciona com hidrogênio. O metanol é utilizado apenas para carregar o hidrogênio. A DMFC utiliza o metanol diretamente. As RMFCs podem ser mais eficientes em termos de uso do combustível que as DMFCs, mas também são mais complexas.

As DMFCs são um tipo de célula de combustível com membrana de troca de próton (*proton exchange membrane fuel cell* – PEMFC). A membrana na PEMFC cumpre o papel do eletrólito, e os prótons (íons de hidrogênio positivamente carregados) levam a carga elétrica entre os eletrodos.

Como o combustível em uma DMFC é o metanol, e não o hidrogênio, outras reações acontecem no ânodo. O metanol é um combustível hidrocarboneto (HC), o que significa que suas moléculas contêm hidrogênio e carbono (bem como oxigênio, no caso do metanol). Quando um hidrocarboneto queima, o hidrogênio reage com o oxigênio criando dióxido de carbono. O mesmo processo ocorre em uma DMFC, mas no processo o hidrogênio atravessa a membrana como um íon, da mesma forma que em uma PEMFC alimentada por hidrogênio.

O real benefício do metanol é que pode facilmente ser empregado na infraestrutura de postos existente e não precisa de nenhum equipamento especializado ou treinamento além dos atuais para operação. É fácil de armazenar no veículo, ao contrário do hidrogênio, que precisa de tanques pesados e caros.

Fato importante

Um benefício do metanol é que pode facilmente ser empregado na infraestrutura de postos existente.

5.2.7 Supercapacitores

Super ou ultracapacitores são capacitores pequenos (relativamente) com muita capacidade de carga. Essas duas características são atingidas por meio da utilização de vários materiais de eletrodo preparados por meio de processos especiais. Alguns capacitores estado da arte são baseados em uma grande superfície de dióxido de rutênio (RuO_2) e eletrodos de carbono. O rutênio é extremamente caro e disponível apenas em quantidades limitadas.

Definição

Super ou ultracapacitores são capacitores pequenos (relativamente) com muita capacidade de carga.

Capacitores eletromecânicos são utilizados para aplicações de alta potência, como eletrônica de potência, condicionamento de linha de alta-tensão, *lasers* industriais, equipamentos médicos e veículos híbridos e elétricos. Em veículos comuns, ultracapacitores podem ser utilizados para reduzir a necessidade de grandes alternadores, suprindo a necessidade de altos picos de potência em processos relacionados a direção e frenagem. Ultracapacitores armazenam energia de frenagem dissipada em calor e podem ser utilizados para reduzir perdas em assistência de direção elétrica.

Um desses sistemas já é utilizado em um ônibus híbrido, onde trinta ultracapacitores armazenam 1.600 kJ de energia elétrica (20 farads em 400 V). O banco de capacitores pesa 950 kg. O uso dessa tecnologia permite recuperar energia da frenagem, que seria perdida visto que capacitores podem ser carregados em curtíssimo período. A energia de capacitores pode então ser utilizada rapidamente em acelerações.

Fato importante

Capacitores podem ser carregados em curtíssimo período (em comparação com baterias).

5.2.8 *Flywheels*[1]

Como discutido anteriormente, a recuperação de energia que seria perdida conforme o veículo freia é uma forma extremamente eficiente de melhorar a economia de combustível e reduzir emissões. Contudo, existem algumas preocupações relacionadas ao impacto ambiental de descarte de baterias de vários fabricantes no fim de vida da bateria. A tecnologia *flywheel* pode ser uma possível solução. Uma companhia chamada Flybrid produz um sistema compacto (em termos mecânicos) para recuperação de energia cinética (*Kers*).

A tecnologia em si não é nova. O sistema de armazenamento de energia *flywheel* tem sido utilizado em veículos híbridos como ônibus, caminhões e protótipos de carros, mas a instalação se mostrava pesada e as forças de giro eram significativas. O novo sistema supera essas limitações, com uma *flywheel* compacta e fabricada de materiais leves como aço e carbono.

Figura 5.14 *Flywheel* de fibra de carbono (fonte: Flybrid).

O Kers captura e armazena a energia que seria perdida na desaceleração do veículo. Conforme o veículo diminui a velocidade, a energia cinética é recuperada por uma transmissão CVT, ou comum, acoplada ao Kers, por meio de uma *flywheel* em aceleração. Conforme o veículo ganha velocidade, a energia é liberada pela *flywheel*, por meio da CVT ou CFT (*clutched transmission*), de volta ao trem de força. Utilizar essa energia armazenada para acelerar novamente o veículo em vez de energia do motor de combustão reduz o consumo de combustível e as emissões de CO_2.

Figura 5.15 O sistema híbrido da Flybrid (fonte: http://www.flybridsystems.com).

Sistemas *flywheel* oferecem uma alternativa interessante a baterias e supercapacitores. Em uma comparação direta, eles são menos complexos, mais compactos e mais leves. Contudo, os desafios tecnológicos envolvidos em uma *flywheel* que pode rotacionar em velocidades de até 64 mil rpm, retirando energia e mantendo-se segura, não devem ser subestimados.

Fato importante

Sistemas *flywheel* oferecem uma alternativa interessante a baterias e supercapacitores.

5.2.9 Resumo

Como resumo desta seção, a Tabela 5.1 compara as diversas tecnologias de baterias. Wh/kg significa watt-hora por quilograma. Essa é a medida de potência fornecida, e por quanto tempo, por quilograma.[2]

Tabela 5.1 Tensões e densidades de energia de baterias e dispositivos de armazenamento de energia (fonte principal: Larminie e Lowry, 2012)

Tipo de bateria	Energia específica (Wh/kg)	Densidade de energia (Wh/l)	Potência específica (W/kg)	Tensão nominal da célula (V)	Eficiência ampere-hora	Resistência interna (ohms)	Temperatura de operação (°C)	Descarga automática (%)	Ciclos de recarga até 80%	Tempo de recarga (h)	Custo relativo (2015)
Chumbo-ácido	20–35	54–95	250	2,1	80%	0,022	Ambiente	2%	800	8 (1 hora a 80%)	0,5
Níquel-cádmio (Ni-Cad)	40–55	70–90	125	1,35	Boa	0,06	−40 a +80	0,5%	1.200	1 (20 min a 60%)	1,5
Níquel-metal hidreto (Ni-MH)	65	150	200	1,2	Bem boa	0,06	Ambiente	5%	1.000	1 (20 min a 60%)	2,0
Cloreto de sódio-níquel (ZEBRA)	100	150	150	2,5	Muito alta	Muito baixa (aumenta em níveis de carga baixos)	300–350	10%/dia	>1.000	8	2,0
Íons de lítio (Li-ion)	140	250–620	300–1.500	3,5	Muito boa	Muito baixa	Ambiente	10%/mês	>1.000	2–3 (1 hora a 80%)	3,0
Zinco-ar	230	270	105	1,2	n/a	Média	Ambiente	Alta	>2.000	10 min	
Alumínio-ar	225	195	10	1,4	n/a	Alta devido à baixa energia	Ambiente	>10%/dia, mas muito baixa se ar for removido	1.000	10 min	
Sódio-enxofre	100	150	200	2	Muito boa	0,06	300–350	Relativamente baixa se mantida quente	1.000	8	
Célula de combustível de hidrogênio	400		650	0,3–0,9 (1,23 circuito aberto)							
DMFC	1.400		100–500	0,3–0,9 (1,23 circuito aberto)							
Super capacitor	1–10		1.000–10.000								
Flywheel	1–10		1.000–10.000								

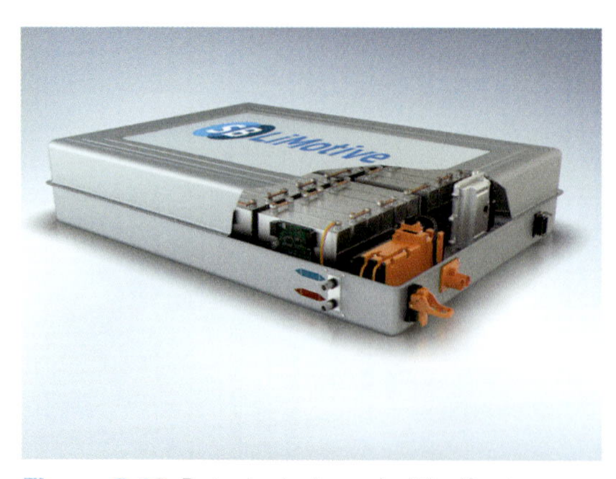

Figura 5.16 Bateria de íons de lítio (fonte: Bosch Media).

Notas

1 O termo *flywheel* é de uso comum no Brasil. Em tradução significaria volante, não de direção, mas "capaz de voar". Seu significado está relacionado à capacidade de algo girante (uma roda, por exemplo) rodar livremente (voar). [N.T.]

2 Note que as unidades variam, então utilize esta tabela apenas como orientação genérica.

CAPÍTULO 6

Motores elétricos e sistemas de controle

6.1 Introdução

6.1.1 Tipos de motor elétrico

Existem diversas escolhas para o tipo de motor elétrico, primeiramente entre um motor AC ou DC. O motor AC oferece algumas vantagens relacionadas ao controle, porém necessita que a energia DC, fornecida pelas baterias, seja convertida por meio de um inversor. Para veículos pequenos, uma escolha comum eram os motores DC de bobinas em paralelo (*shunt wound motor*), com potência nominal de 50 kW, mas agora os motores AC são mais populares. Na realidade, existe uma "sombra" em relação à melhor escolha. Os motores de tração elétrica podem ser classificados como AC ou DC, mas é difícil descrever as diferenças entre motores AC e motores DC sem escovas.

Fato importante

O motor AC oferece algumas vantagens relacionadas ao controle, porém necessita que a energia DC, fornecida pelas baterias, seja convertida por meio de um inversor.

6.1.2 Tendências

Motores trifásicos AC com ímãs permanentes são atualmente a principal escolha de vários fabricantes. Isso por causa de sua eficiência, tamanho e facilidade de controle, bem como características de torque. É alimentado por "pulsos" DC. Esse tipo de motor é descrito como motor eletronicamente comutável (*electronically commutated motor* – ECM).

6.2 Função e construção de motores elétricos

6.2.1 Motores AC: princípio básico

Em geral, todos os motores AC funcionam da mesma forma. Um enrolamento de três fases é distribuído ao redor de um estator laminado, gerando um campo magnético girante que o rotor "segue". O nome genérico é motor AC de indução. A velocidade de giro do campo girante e, por consequência, do rotor é calculada por:

$$n = 60\frac{f}{p}$$

onde n é a velocidade em rpm, f é a frequência da alimentação e p, o número de pares de polos.

6.2.2 Motor assíncrono

O motor assíncrono geralmente utiliza um rotor chamado de gaiola de esquilo, feito de números pares de polos. O estator é geralmente trifásico, e pode ter seu enrolamento fechado em estrela ou triângulo. O campo magnético girante do estator induz uma f.e.m. no rotor que, por causa do seu circuito fechado, causa fluxo de corrente. Isso cria magnetismo, que reage com o campo original causado pelo estator, e por consequência o rotor gira. O escorregamento (diferença entre as velocidades do rotor e do estator) fica em torno de 5% quando o motor está em sua melhor eficiência.

Fato importante

O motor assíncrono geralmente utiliza um rotor chamado de gaiola de esquilo.

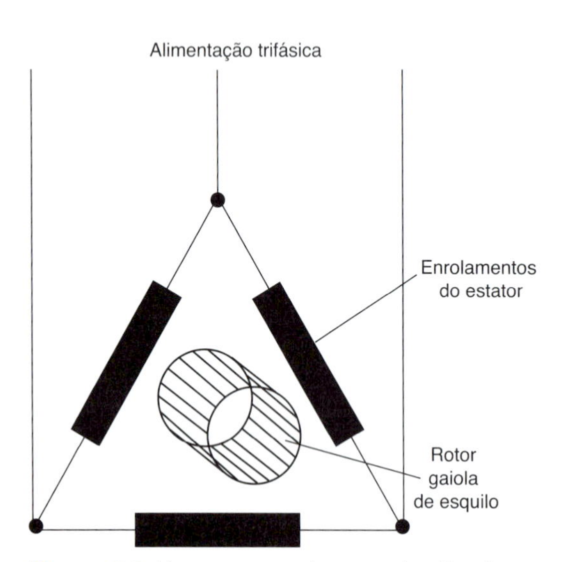

Figura 6.1 Um motor assíncrono é utilizado com um rotor de gaiola de esquilo feito de um número par de polos.

6.2.3 Motor síncrono: excitação permanente

Este motor possui um rotor com bobinas, conhecido como indutor. Esse enrolamento é magnetizado por uma fonte DC por meio de dois anéis. O magnetismo "trava" o rotor no campo magnético girante e produz torque constante. Se a velocidade é menor que *n* (veja anteriormente), flutuação de torque ocorre e alta corrente pode circular. Este motor precisa de cuidados especiais para iniciar a rotação. Uma vantagem, contudo, é que pode ser empregado como um gerador. O alternador comum de um veículo é bem similar a este motor.

Fato importante

Um motor síncrono possui um rotor com bobinas, conhecido como indutor.

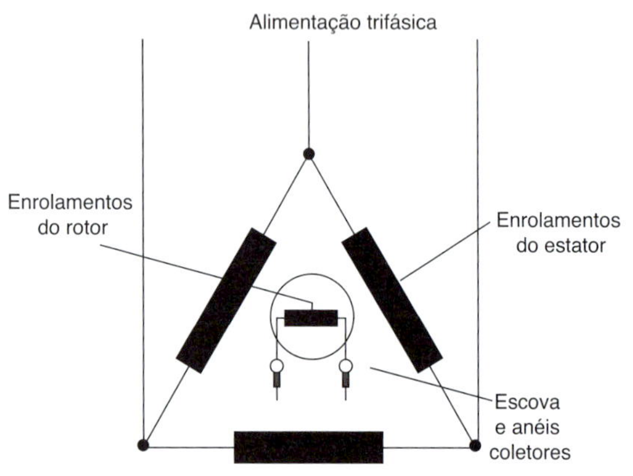

Figura 6.2 Representação de um motor síncrono.

6.2.4 Motor DC: enrolamentos em série

O motor DC é um dispositivo muito aceito na indústria, e provou ser útil por muitos anos em veículos elétricos como empilhadeiras e carros leves. Sua principal desvantagem é que a alta corrente deve circular por meio de escovas e um comutador.

O motor DC com enrolamento em série é conhecido pelas suas propriedades de alto torque em baixas velocidades. A Figura 6.3 apresenta como um motor com enrolamento em série pode ser controlado utilizando um tiristor, inclusive fornecendo frenagem regenerativa.

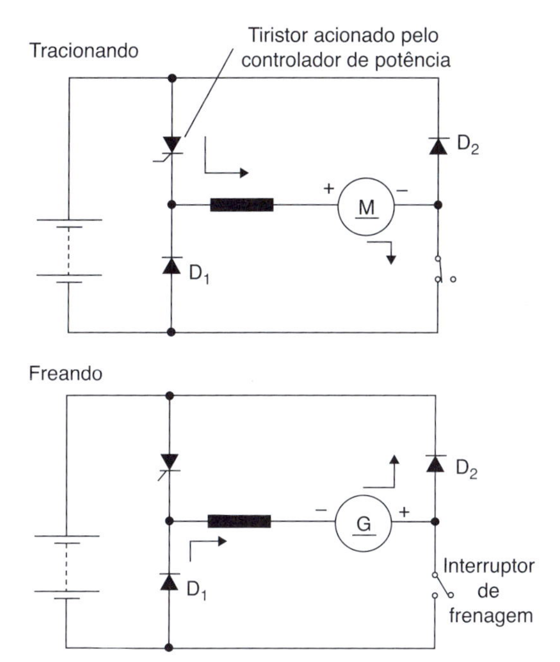

Figura 6.3 Um motor com enrolamento em série pode ser controlado utilizando um tiristor e pode fornecer frenagem regenerativa simples.

Fato importante

O motor DC com enrolamento em série é conhecido pelas suas propriedades de alto torque em baixas velocidades, sendo ideal como um motor de arranque.

6.2.5 Motores DC de derivação

Os campos deste motor podem ser controlados tanto adicionando uma resistência como por um controlador *chopper*[1], então variando sua velocidade. O torque de partida pode ser um problema, porém o uso de um controlador adequado pode atender à necessidade. O motor também pode ser utilizado como coletor de energia em frenagem regenerativa, aumentando a força do campo no momento apropriado. Alguns sistemas de tração de VE apenas alteram a potência do campo para direção normal, e isso pode ser um problema em baixas velocidades devido à alta corrente.

6.2.6 Características de potência e torque de motores

As características de torque e potência de quatro tipos de motores de tração são representadas na Figura 6.4. Os quatro gráficos apresentam torque e potência em função da velocidade angular.

6.2.7 Motor eletronicamente comutado

O motor eletronicamente comutado é, de certa forma, uma mistura entre motor AC e DC. A Figura 6.5 mostra uma representação desse sistema. Seu princípio de funcionamento é muito semelhante ao do motor síncrono, com a exceção de que o rotor contém ímãs permanentes e não utiliza anéis comutadores. De certa forma, são conhecidos como motores sem escovas (*brushless motors*). O rotor atua sobre um sensor, que fornece retorno de sinal ao sistema de controle e eletrônica de potência. O sistema de controle cria um campo girante, em uma frequência que determina a velocidade do motor. Quando utilizado como motor de tração, é necessária uma caixa de câmbio para garantir que a velocidade do motor seja mantida, devido a suas características particulares de torque. Alguns estudos sugerem que, se o motor for alimentado com pulsos de onda quadrada, ele é do tipo DC e, se receber pulsos de onda senoidal, ele é AC.

Definição

ECM: *electronically commuted motor* (motor eletronicamente comutado).

Estes motores são descritos como motores DC sem escovas (BLDC) e são praticamente motores AC, pois a corrente que circula pode ser alternada. Contudo, pelo fato de a frequência de alimentação ser variável, ela precisa ser fornecida por uma fonte DC, e suas características de velocidade e torque são similares aos motores DC com escovas, o que os caracteriza como motores DC.

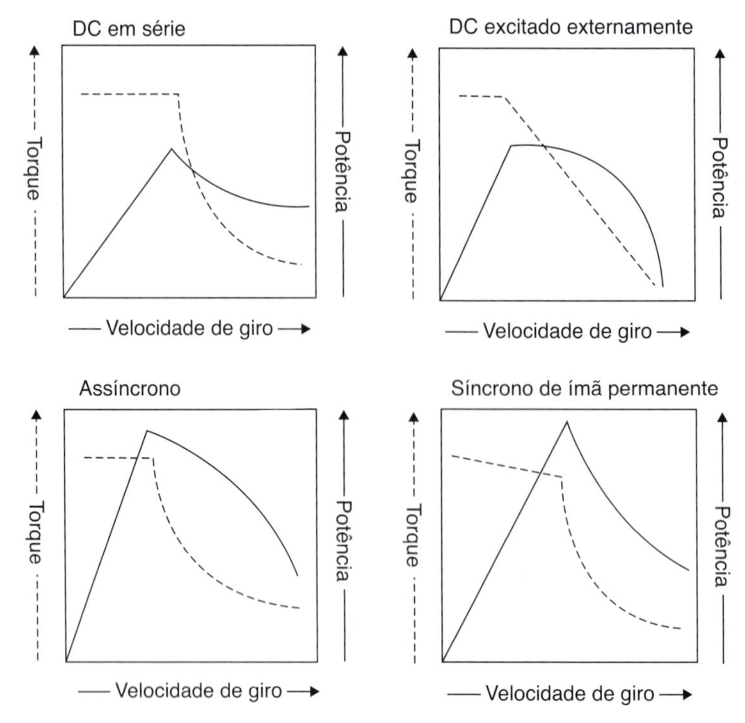

Figura 6.4 Características de torque e potência do motor.

> **Definição**
>
> BLDC: *brushless DC motor* (motor DC sem escovas).

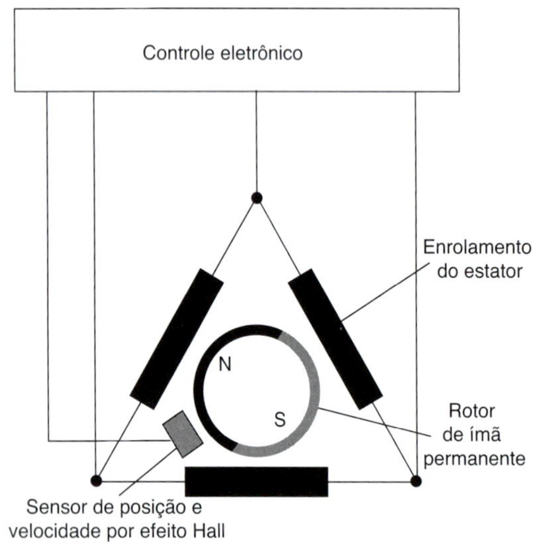

Figura 6.5 O motor comutado eletronicamente é um motor AC.

Também podem ser chamados de motores AC síncronos de ímãs permanentes, motor síncrono de frequência variável ou eletronicamente comutável – eu espero honestamente que isso possa auxiliar o entendimento e evitar confusões futuras! Contudo, este é o motor mais utilizado atualmente pela maioria dos VEs..

O princípio de operação é mostrado com mais detalhes na Figura 6.6. O rotor é um ímã permanente, e a corrente circula pela bobina determinando a polaridade do estator. Se alternada em sequência e conforme o tempo adequado, o momento do rotor será mantido conforme a polaridade do estator se altera. Alterar a frequência de comutação também pode fazer que o rotor altere seu sentido de giro. De uma forma geral, um bom controle desse motor pode ser atingido.

> **Fato importante**
>
> O motor eletronicamente comutável possui rotor de ímã permanente.

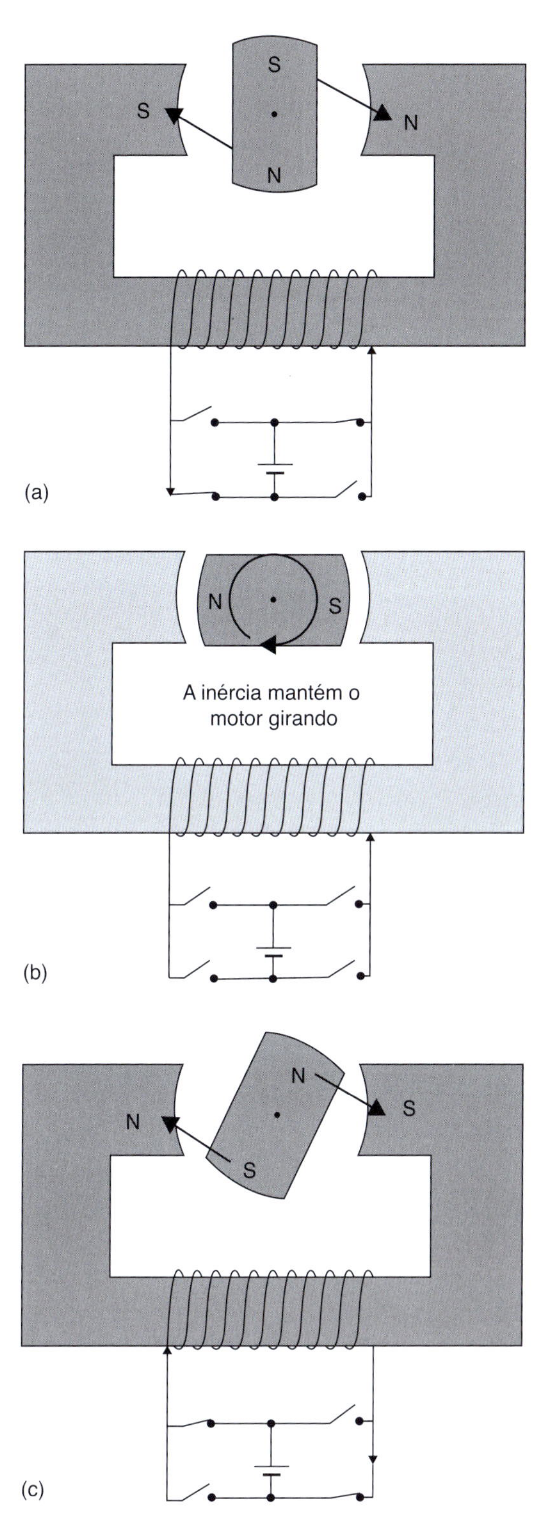

Figura 6.6 Princípio de funcionamento do motor DC sem escovas.

A comutação deve ser sincronizada com a posição do rotor, o que é feito por meio de sensores, de efeito Hall em muitos casos, para determinar a posição e velocidade do rotor. Se três bobinas ou fases forem utilizadas, conforme mostrado a seguir, então um controle mais fino é possível de ser atingido, bem como velocidades maiores, operação mais suave e aumento de torque. O torque reduz à medida que a velocidade aumenta por causa da força eletromotriz inversa. A velocidade máxima é limitada no ponto em que a força inversa se iguala à tensão de alimentação.

Fato importante

Em qualquer tipo de motor eletronicamente comutável, o chaveamento da fonte deve ser sincronizado com a posição do rotor, o que é feito utilizando sensores de posição.

Definição

Efeito Hall: a geração de tensão por um condutor elétrico, transversalmente à corrente elétrica no circuito e no campo magnético perpendicular à corrente. Este efeito foi descoberto por Edwin Hall em 1879 e é utilizado para determinar velocidade e posição de rotação.

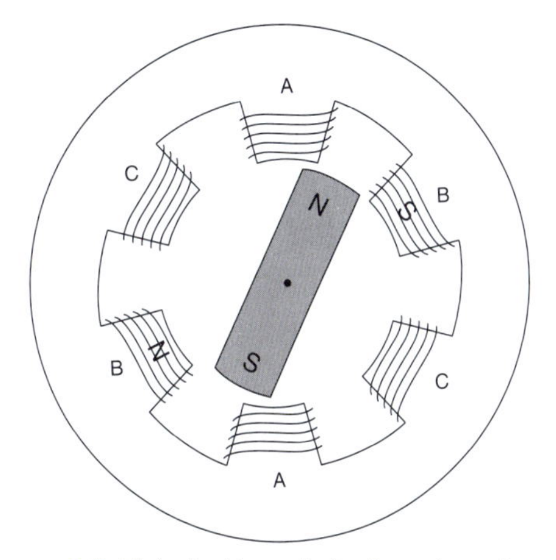

Figura 6.7 Três bobinas (três fases) melhoram o princípio básico. Mais bobinas são utilizadas em máquinas reais.

Dois motores são apresentados aqui: um é integrado à *flywheel* de um motor de combustão, e o outro, em uma unidade separada. Ambos são motores sem escovas DC e refrigerados a água.

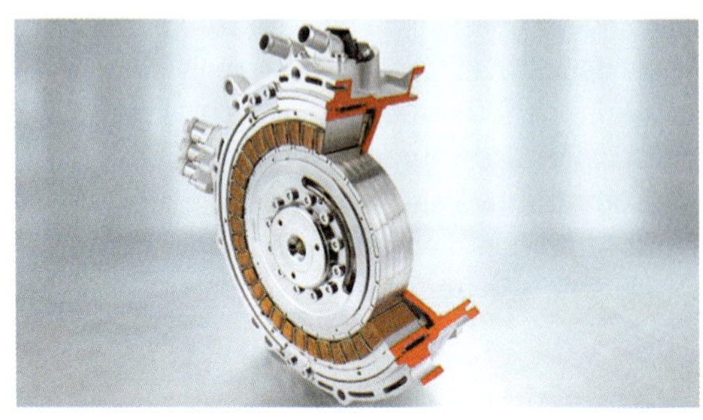

Figura 6.8 Motor gerador integrado da Bosch, também chamado de motor de assistência integrado.

Figura 6.9 Unidade de motor elétrico separada mostrando as conexões de refrigeração na lateral e as três conexões elétricas no topo.

6.2.8 Motor de relutância comutada

O motor de relutância comutada (*switched reluctance motor* – SRM) é similar ao motor DC sem escovas descrito anteriormente. Contudo, a maior diferença está no fato de não utilizar ímãs permanentes. O rotor é feito de ferro e atraído pelo estator magnetizado. O princípio básico de funcionamento é apresentado na Figura 6.10 e em uma versão melhorada na Figura 6.11.

Definição:

SRM: *switched reluctance motor* (motor de relutância comutada).

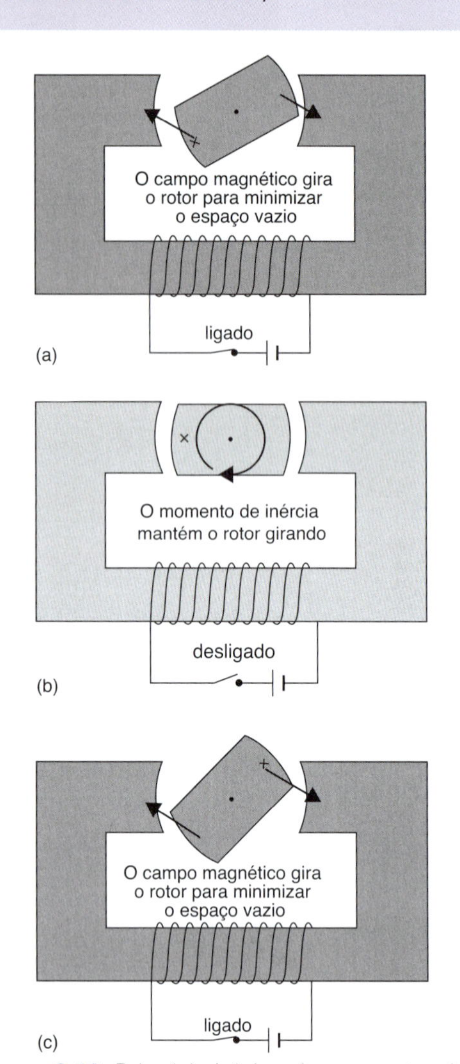

Figura 6.10 Princípio básico de um motor de relutância.

O tempo de comutação do estator é muito importante, mas a vantagem está no fato de não utilizar ímãs permanentes de terras-raras. Os materiais de terras-raras são assunto de grandes discussões governamentais, visto que a China é o principal fornecedor. Em geral a máquina é muito simples e, portanto, mais barata. Os primeiros SRMs produziam muito

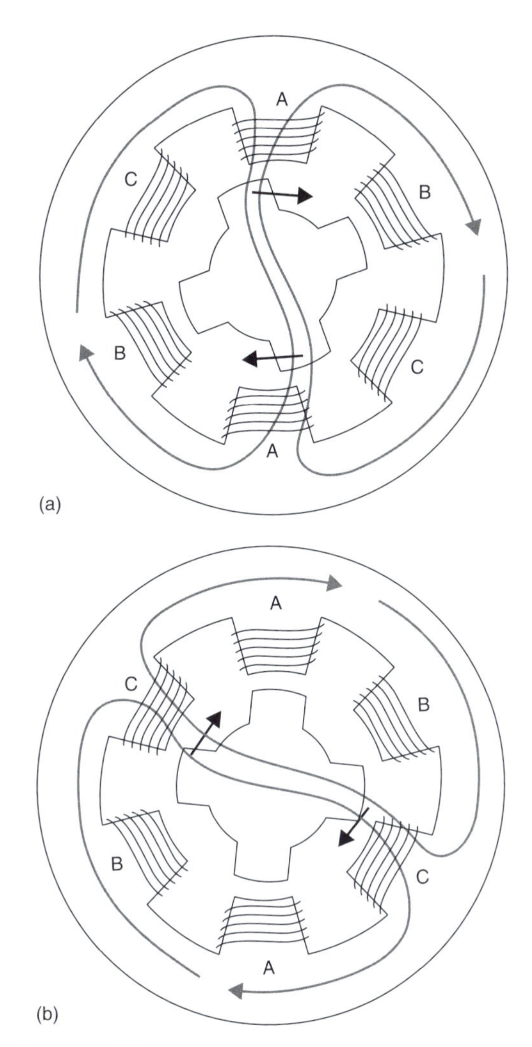

Figura 6.11 Motor de relutância com polos adicionais (o rotor possui dois a menos que o estator).

ruído, mas isso já foi solucionado por meio de controles de comutação melhorados.

Uma empresa conhecida como HEVT desenvolveu uma importante alternativa para motores de indução e ímãs permanentes. Esses motores possuem custo muito menor devido ao não uso de materiais de terras-raras.

Os motores SRMs patenteados pela empresa fornecem alternativas de alta performance em comparação com motores e geradores de indução e ímãs permanentes. Um produto atualmente em venda fornece auxílio de tração

Figura 6.12 Estator do motor de relutância (esquerda) e rotor sem bobinas no estator (fonte: HEVT).

para bicicletas elétricas, mas a tecnologia do motor permite potências de 150 W até 1 MW, e esses motores devem começar a ser utilizados em alguns VEs em breve. Contudo, eles não funcionam bem como geradores, visto que não possuem rotor magnético.

Fato importante

SRMs não são bons geradores, pois não possuem rotor magnético.

O controle do SRM é similar aos BLDCs; apesar de terem menor torque de pico, sua eficiência é mantida em uma faixa muito maior de torque e velocidade. O SRM é um poderoso e efetivo motor de passos.

6.2.9 Eficiência do motor

A eficiência de motores elétricos varia conforme o tipo, o tamanho, o número de polos, o arrefecimento e o peso. Projetistas estão sempre lutando para obter mais desempenho em motores menores e mais leves. Em média, a eficiência de um BLDC fica na faixa de 80% para uma potência de 1 kW e 95% para 90 kW.

Fato importante

Em média, a eficiência de um BLDC fica na faixa de 80% para uma potência de 1 kW e 95% para 90 kW.

Eficiência é a razão entre a potência de saída no eixo e a potência elétrica na entrada. A potência de saída é medida em watts (W), então a eficiência é calculada por:

$$P_{saída}/P_{entrada}$$

onde $P_{saída}$ = potência de saída no eixo (W) e $P_{entrada}$ = potência elétrica de entrada no motor (W).

A potência elétrica perdida nos enrolamentos do primário e secundário devido à resistência elétrica é chamada de perda no cobre. As perdas no cobre variam conforme a carga em proporção ao quadro da corrente e podem ser calculadas por:

$$R\,I^2$$

onde R = resistência (ohms) e I = corrente (A).

Definição

Eficiência de um motor elétrico é a razão entre a potência de saída no eixo e a potência elétrica na entrada.

Outras perdas incluem:

- Perda no entreferro: o resultado da energia magnética dissipada quando o campo magnético do motor é aplicado no núcleo do estator.
- Perdas suplementares: as perdas que sobram após as perdas no primário e no secundário, perdas no entreferro e perdas mecânicas. A maior contribuição para perdas suplementares são as energias harmônicas geradas quando o motor opera sob carga. Essas energias são dissipadas como correntes no enrolamento de cobre, em componentes harmônicas nas partes de ferro ou como fuga no núcleo laminado.
- Perdas mecânicas: o atrito nos rolamentos do motor, nos sistemas de arrefecimento, tanto a água como a óleo.

6.3 Sistemas de controle

6.3.1 Introdução

A Figura 6.13 apresenta um diagrama de blocos genérico para um VHEP. Remova a alimentação AC na rede de energia e terá um VHE, remova o motor de combustão (MCI) e terá um VE.

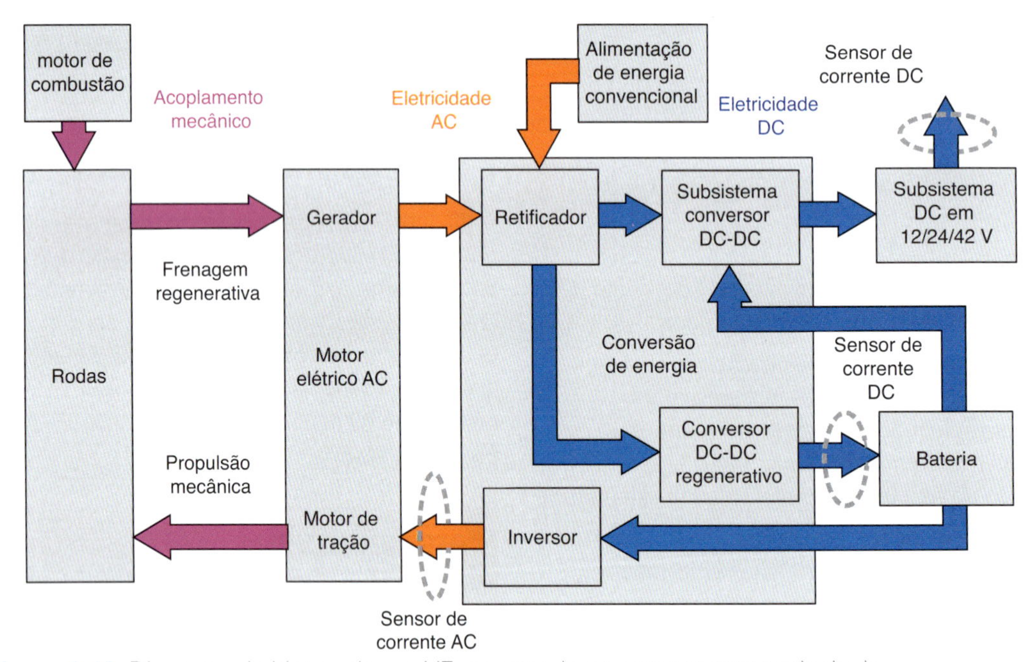

Figura 6.13 Diagrama de blocos de um VE mostrando os componentes principais.

Os componentes de controle serão apresentados na seção seguinte. Estes são unidades de controle microprocessadas que são programadas para reagir a sinais de entrada por meio de sensores e ação do motorista.

6.3.2 Controle de potência

Controle de motor/gerador: o sistema de controle do motor/gerador executa principalmente o controle de motor para fornecer tração e regeneração quando o motor funcionar como gerador. A principal unidade de controle microprocessada (*microprocessor control unit* – MCU) controla o inversor por meio de um circuito de interface. A sequência e taxa de acionamento dos IGBTs no inversor determinam o torque e a velocidade do motor elétrico.

Fato importante

A principal unidade de controle microprocessada (MCU) controla o inversor.

O transistor bipolar de porta isolada (IGBT) é um dispositivo semicondutor de potência com três terminais utilizado principalmente como uma chave eletrônica de alta eficiência e rápido chaveamento. É utilizado para chavear a potência elétrica e várias soluções modernas, bem como em veículos elétricos.

Inversor: o circuito eletrônico utilizado para acionar o motor é comumente chamado de inversor, pois converte efetivamente corrente DC para AC. Um aspecto importante desse tipo de motor e seu controle associado está em trabalhar efetivamente como gerador para frenagem regenerativa. É controlado pela MCU

Componente	Propósito
Motor/gerador	Fornece tração às rodas e gera energia quando o veículo está freando ou diminuindo a velocidade
Inversor	Um dispositivo que converte DC para AC
Retificador	Um dispositivo que converte AC para DC (o inversor e o retificador geralmente são o mesmo componente)
Conversor DC/DC: regeneração	Converte AC do motor durante frenagem após ser retificada para DC. A conversão é necessária para garantir níveis de tensão adequados para recarga
Conversor DC/DC: subsistema	Um dispositivo que converta alta-tensão DC em baixa tensão DC para alimentar demais circuitos elétricos do veículo
Subsistemas DC	Os subsistemas 12 V (ou 24/42 V) do veículo, como faróis e limpadores de para-brisa – este pode incluir uma pequena bateria de 12 V
Bateria (alta-tensão)	Geralmente de células íons de lítio ou níquel-metal hidreto que armazenam energia para acionar o motor de tração
Controle de bateria	Um sistema que monitora e controla a recarga e a descarga de baterias para protegê-las e aumentar a eficiência
Controle de motor elétrico	O controlador mais importante, este dispositivo responde aos sinais dos sensores e atuação do motorista para controlar o motor/gerador durante as etapas de operação (aceleração, cruzeiro, frenagem etc.)
Motor de combustão interna	Motor de combustão interna utilizado apenas em VHE e VHEP – sendo híbrido com o motor elétrico. Em um VEAE o motor de combustão apenas aciona o gerador para recarregar a bateria de alta-tensão.

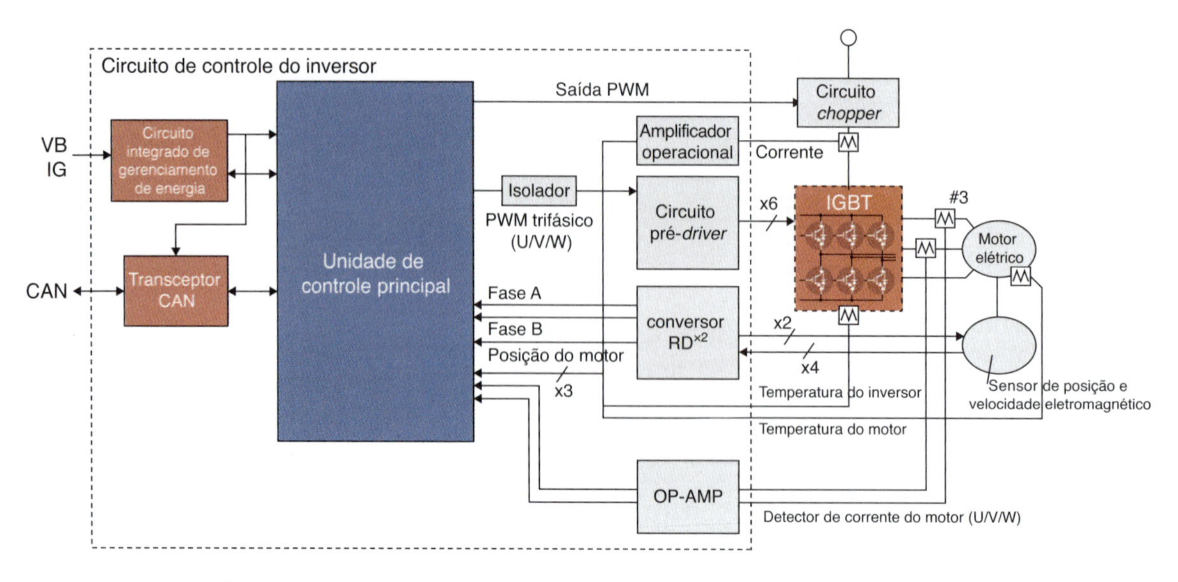

Figura 6.14 Sistema de controle do motor.

Figura 6.15 IGBTs.

principal do controlador do motor. As chaves mostradas na Figura 6.16 serão, na verdade, IGBTs. Os IGBTs são controlados por um circuito de pré-acionamento que produz o sinal que irá chavear o inversor na sequência adequada.

Fato importante

Um inversor converte DC para AC.

O sinal de saída do inversor ao acionar o motor é apresentado, de forma simplificada, na Figura 6.17.

(Fonte principal desta seção: Larminie e Lowry, 2012.)

6.3.3 Sensores

Para acionar o chaveamento correto do motor/gerador, a eletrônica de potência/controle precisa saber a condição exata relacionada a posição e velocidades do motor. A informação de velocidade e posição é fornecida por um ou mais sensores acoplados à estrutura do motor em conjunto com o anel de relutância.

Fato importante

A eletrônica de potência/controle precisa saber a condição exata relacionada a posição e velocidades do motor.

O sistema mostrado na Figura 6.18 utiliza trinta sensores de bobina e anel de relutância de oito lóbulos. O sinal de saída se altera conforme o lóbulo se aproxima das bobinas e isso é reconhecido pela unidade de controle.

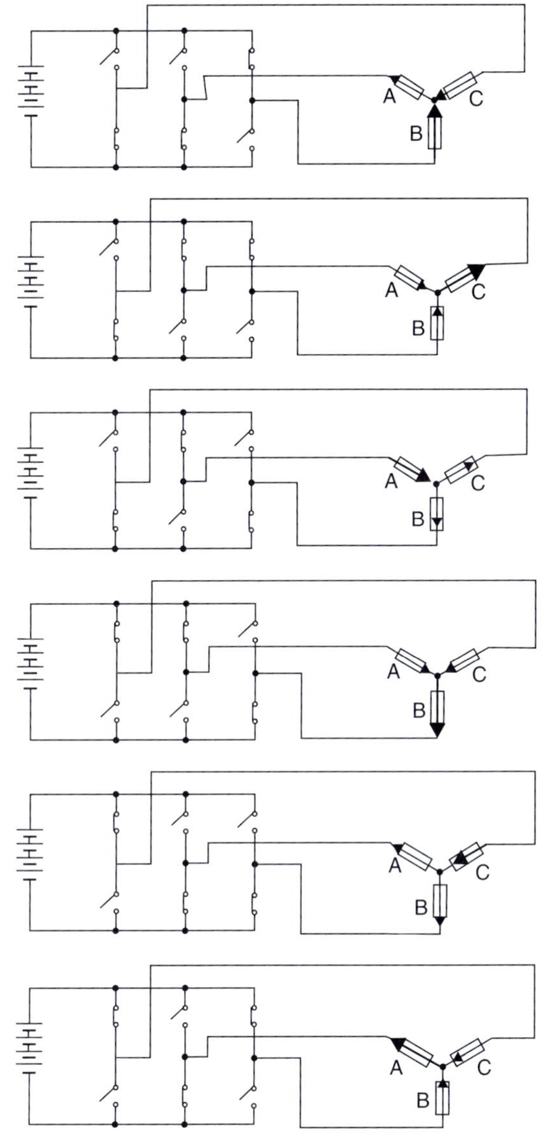

Figura 6.16 Padrão de chaveamento do inversor utilizado para gerar AC trifásica a partir de uma fonte DC.

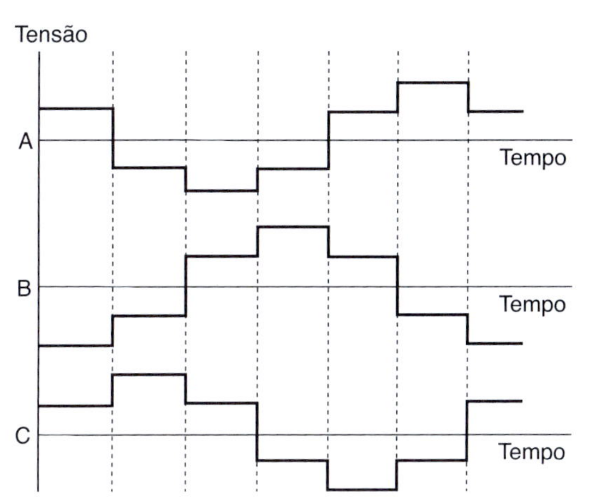

Figura 6.17 Gráfico em relação de tempo/tensão mostrando um ciclo completo para cada uma das três fases.

As bobinas são conectadas em série e consistem em um enrolamento primário e dois secundários ao redor de um núcleo de ferro. Os enrolamentos separados produzem sinais diferentes (Figura 6.19), pois, conforme o anel se move, causa amplificação no sinal de cada enrolamento secundário. A posição do rotor pode então ser determinada com alta exatidão utilizando a amplitude dos sinais. A frequência dos sinais fornece a velocidade angular. Alguns sistemas utilizam um sensor mais simples; veja o estudo de caso da Honda, no Capítulo 9.

Um sensor de temperatura do motor de tração é geralmente utilizado e envia sinal para a unidade de controle do motor. Tipicamente, a potência do motor de tração é restringida a uma temperatura acima de 150 °C, e, em alguns casos, acima de 180 °C o acionamento é interrompido para proteção contra sobreaquecimento. O sensor geralmente é um termistor do tipo NTC (coeficiente de temperatura negativo).

6.3.4 Bateria

Recarregador de bateria: um carregador e um sistema de elevação DC-DC controlam a entrada de tensão AC de um fornecimento doméstico, aumentando a tensão, utilizando conversor DC-DC para qualquer tensão necessária pela bateria. A MCU faz a correção do fator de potência e controla o circuito DC-DC elevador (Figura 6.20).

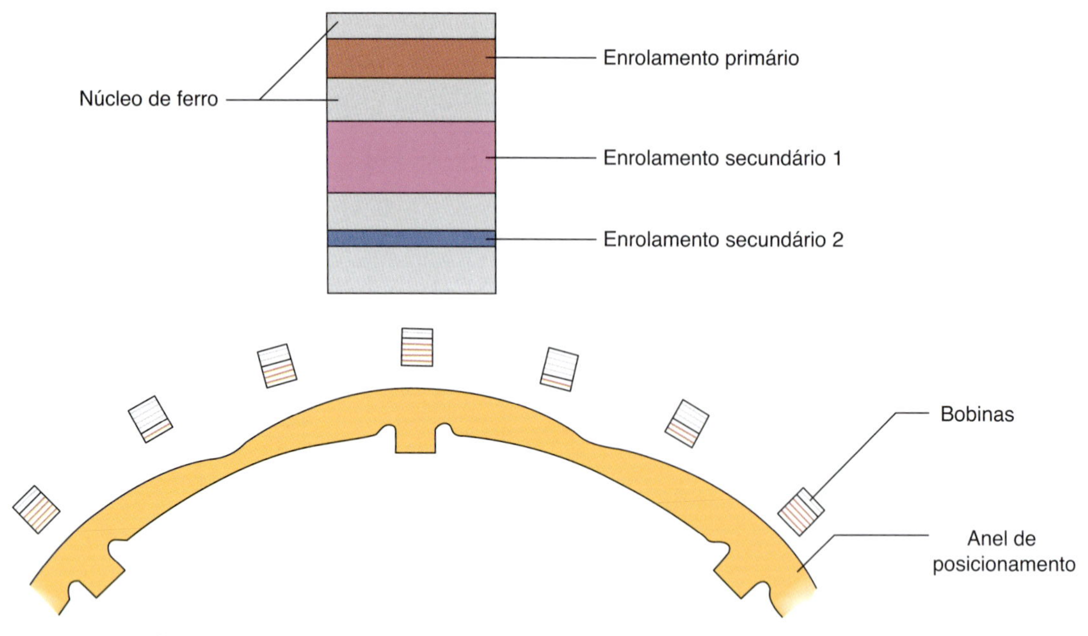

Figura 6.18 Sensor de posição no rotor.

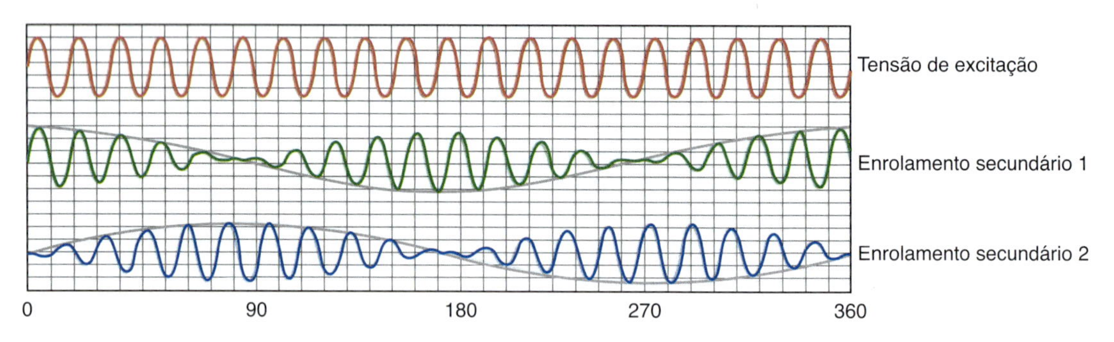

Figura 6.19 Sinais do sensor.

Fato importante

Correção de fator de potência é uma tecnologia de economia de energia para melhorar a eficiência da operação de sistemas elétricos de potência.

Controle de bateria: um sistema de controle de bateria é utilizado para gerenciar a tensão remanescente da bateria e controlar a recarga. As tensões individuais de cada célula são monitoradas e o balanceamento é controlado por uma unidade de controle de célula de bateria em conjunto com a MCU. Existe também um circuito integrado para monitoramento de células de bateria de íons de lítio (Figura 6.21).

Nota

1 Trata-se de um circuito que permite o ajuste de corrente contínua. [N.T.]

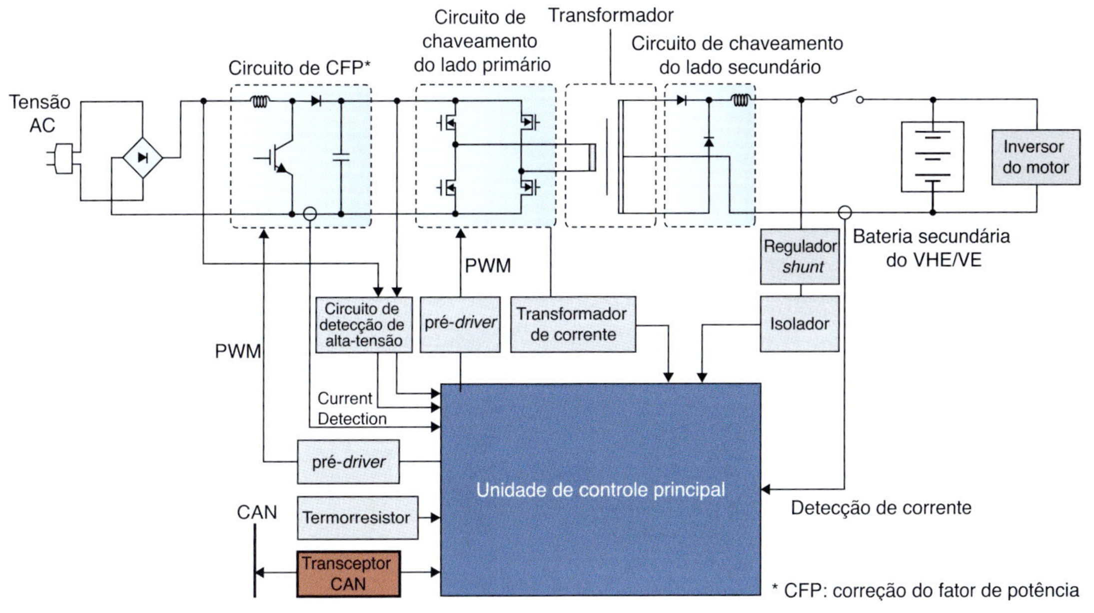

Figura 6.20 Circuito de controle e recarga da bateria (fonte: http://www.renesas.eu).

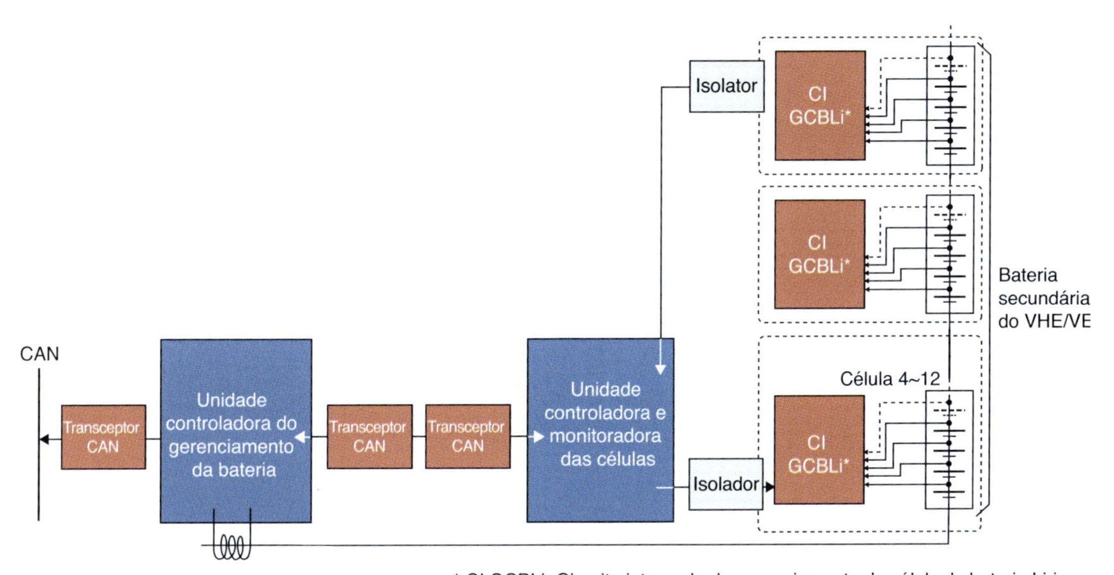

Figura 6.21 Sistema de controle da bateria (fonte: http://www.renesas.eu).

CAPÍTULO 7

Recarregando

7.1 Recarga, padrões e infraestrutura

7.1.1 Infraestrutura

A maior parte dos carros elétricos serão recarregados em casa, mas a infraestrutura do Reino Unido está em desenvolvimento. Existem, contudo, companhias e organizações comerciais competindo pelo mercado, sendo necessário se cadastrar em diferentes empresas para utilizar seus pontos de recarga. Muitos empreendimentos fornecem estações de recarga para seus visitantes e funcionários. Alguns sistemas utilizam pagamento pré-pago, outros são pagos conforme o uso e outros exigem uma mensalidade. Muitos aplicativos e sites estão disponíveis para localizar pontos de recarga. Um dos melhores que eu encontrei é o https://www.zap-map.com.

Curiosamente, acabei de completar uma volta ao redor do Reino Unido em meu VHEP com cerca de 700 km, e não encontrei nenhum ponto de recarga nas estradas principais, sendo necessário procurar nas cidades locais pela infraestrutura. Eu me pergunto por que não estão disponíveis em áreas de serviço onde o combustível é vendido por empresas petrolíferas multinacionais...

Fato importante

Existem companhias e organizações comerciais competindo pelo mercado e controlando pontos de recarga.

Observação sobre segurança: embora os veículos elétricos recarregáveis e equipamentos possam ser recarregados por meio de uma tomada doméstica, uma estação de recarga (eletroposto) possui corrente adicional ou mecanismos de detecção de contato para desligar a potência fornecida quando o VE não estiver em recarga. Existem dois tipos de sensores de segurança principais:

1. Sensor de corrente, que monitora a potência consumida e mantém a conexão somente no caso de existir demanda em uma faixa predeterminada.
2. Fios para sensores adicionais, que fornecem sinal de retorno que é necessário para que alguns plugues especiais funcionem.

A maioria dos pontos públicos possui algum tipo de travamento. Isso quer dizer que pedestres não conseguem desconectar o cabo. Alguns pontos de recarga podem enviar mensagens de texto ao proprietário do veículo no caso de uma desconexão não esperada, ou avisar quando o veículo terminou de recarregar.

Segurança em primeiro lugar

Sensores de corrente atuais monitoram a potência consumida e mantêm a conexão de recarga apenas se a demanda estiver dentro de uma faixa predeterminada.

É seguro recarregar em ambiente úmido ou com chuvas. Quando você conecta o veículo ao ponto, a conexão à fonte não é feita até que o plugue esteja completamente na posição correta. Os disjuntores também são usados para segurança adicional. Claro que o bom senso é necessário, mas recarregar um VE é muito seguro.

Fato importante

Quando você conecta o veículo ao ponto, a conexão à fonte não é feita até que o plugue esteja completamente na posição correta.

Figura 7.1 Ponto de recarga na rua (fonte: Rod Allday, http://www.geograph.org.uk).

Pontos domésticos de recarga: é extremamente recomendado que a instalação de pontos de recarga residenciais seja feita por um eletricista qualificado. Um ponto residencial que possua um circuito independente é a melhor forma de recarregar um VE com segurança. Isso irá garantir que o circuito possa

Figura 7.2 Ponto de recarga (fonte Richard Webb, http://www.geograph.ie).

gerenciar a demanda de energia do veículo e que o circuito esteja ativado enquanto o recarregador esteja se comunicando com o veículo, o que se conhece como *handshake*.[1] Para recarga rápida, são necessários equipamentos especiais e uma instalação de fornecimento de energia especial, sendo improvável que seja feita em uma residência, visto que muitos consumidores farão a recarga durante a noite.

Figura 7.3 Recarregando em casa.

Figura 7.4 Ponto de recarga residencial.

Fato importante

Muitos consumidores efetuarão a recarga durante a noite, mas a recarga a partir de painéis solares também será popular.

7.1.2 Tempo de recarga

O tempo para recarregar um VE depende do tipo do veículo, do quão descarregada está a bateria e do tipo de sistema de recarga utilizado. Geralmente, carros puramente elétricos levam de 6 a 8 horas para recarregar utilizando um sistema residencial até a carga completa, e podem ser recarregados de forma oportuna sempre que possível para manter a bateria cheia.

Fato importante

O tempo para recarregar um VE depende do tipo do veículo, do quão descarregada está a bateria e do tipo de sistema de recarga utilizado.

Veículos puramente elétricos capazes de utilizar pontos de recarga rápida podem ser recarregados em torno de 30 minutos, com recarga total em 20 minutos adicionais, dependendo do tipo de ponto de recarga e da potência disponível. VHEPs levam aproximadamente 2 horas para recarregar na alimentação tradicional de energia. VEAEs levam aproximadamente 4 horas para recarregar na alimentação tradicional. VHEPs e VEAEs requerem menos tempo de recarga, pois suas baterias são menores.

7.1.3 Custo

O custo de recarga de um VE depende do tamanho da bateria e do quanto de carga ainda havia na bateria anteriormente à recarga. Como guia, recarregar um carro elétrico "de vazio a cheio" custa entre £1 e £4.[2] Esse valor é para um carro puramente elétrico comum com uma bateria de 24 kWh que fornecerá autonomia de 160 km. Isso resulta em uma média de poucas dezenas de centavos por km.

Se recarregar à noite, você pode aproveitar tarifas menores de energia elétrica, porque a demanda de energia é menor. O custo de recarregar em pontos públicos irá variar; alguns oferecem energia gratuita a curto prazo. Também é possível se cadastrar em companhias de fornecimento que utilizam energias de fontes renováveis.[3]

Fato importante

O custo médio de uso de eletricidade em um VE é de poucas dezenas de centavos por km (2016).

Tabela 7.1 Tempos estimados de recarga

Tempo de recarga para autonomia de 100 km	Fonte de potência	Potência	Tensão	Corrente máxima
6-8 horas	Monofásica	3,3 kW	230 V AC	16 A
3-4 horas	Monofásica	7,4 kW	230 V AC	32 A
2-3 horas	Trifásica	10 kW	400 V AC	16 A
1-2 horas	Trifásica	22 kW	400 V AC	32 A
20-30 minutos	Trifásica	43 kW	400 V AC	63 A
20-30 minutos	Corrente contínua	50 kW	400–500 V DC	100–125 A
10 minutos	Corrente contínua	120 kW	300–500 V DC	300–350 A

7.1.4 Padronização

Para que veículos elétricos possam ser recarregados em qualquer lugar sem problemas de conexão, foi necessário padronizar os cabos, plugues e métodos. A IEC publica as normas que são válidas internacionalmente, nas quais estão definidos os requisitos técnicos. A Tabela 7.2 lista alguns dos padrões mais importantes associados aos VEs.[4]

Tipos de cabos de recarga: A IEC 61851-1 define as diferentes variantes de configuração para conexão.

Tabela 7.2 Padrões de recarga

IEC 62196-1	IEC 62196-2	IEC 62196-3	IEC 61851-1	IEC 61851-21-1	IEC 61851-21-2	HD 60364-7-722
Plugues, tomadas, tomadas móveis para veículo elétrico e plugues fixos de veículos elétricos – Recarga condutiva para veículos elétricos.	Requisitos dimensionais de compatibilidade e de intercambiabilidade para os acessórios em AC com pinos e contatos tubulares.	Requisitos dimensionais de compatibilidade e de intercambiabilidade para DC dedicada e AC/DC combinada com pinos e contatos tubulares para veículos.	Sistema de recarga condutiva para veículos elétricos. Requisitos para sistemas embarcados ou não embarcados para a recarga de veículos elétricos rodoviários, bem como a comunicação com o veículo.	Sistema de recarga condutiva para veículos elétricos. Requisitos para sistemas embarcados ou não embarcados para a recarga de veículos elétricos rodoviários, bem como a comunicação com o veículo.	Sistema de recarga condutiva para veículos elétricos e requisitos de compatibilidade eletromagnética para sistemas de recarga alheios ao veículo.	Instalações elétricas de baixa tensão. Requisitos especiais para instalação de sistemas de recarga para veículos elétricos.

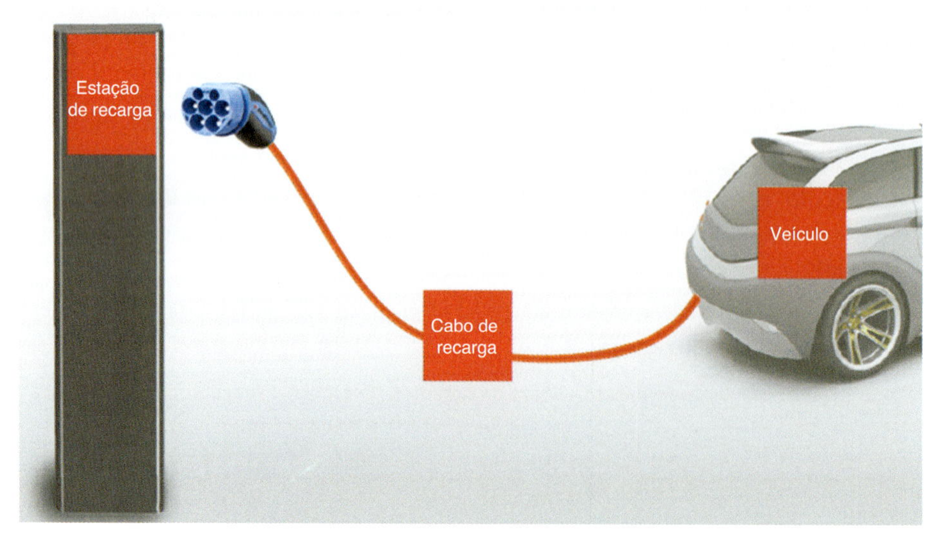

Figura 7.5 Caso A: o cabo de recarga fica permanentemente conectado ao veículo (fonte: Mennekes).

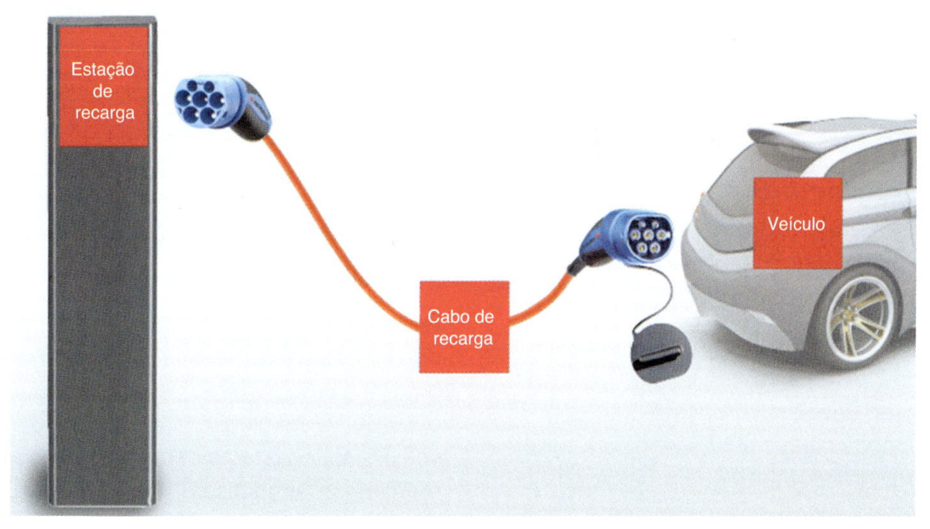

Figura 7.6 Caso B: o cabo de recarga não permanece conectado nem ao veículo, nem à estação de recarga (fonte: Mennekes).

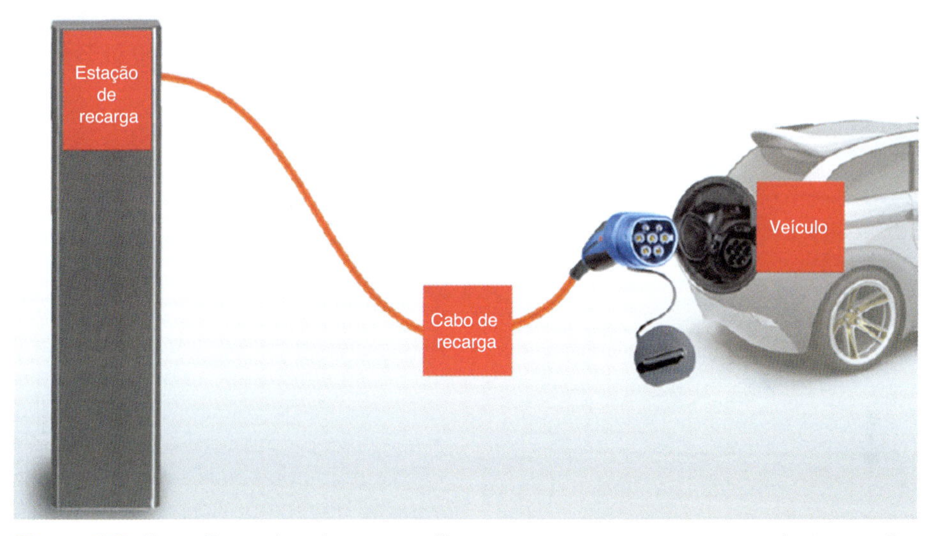

Figura 7.7 Caso C: o cabo de recarga fica permanentemente conectado à estação de recarga (fonte: Mennekes).

7.1.5 Métodos de recarga

Recarga AC: o processo de recarga por corrente alternada já está consolidado, bem como o método utilizado. Sua implementação é possível em instalações dos setores privado e público e em autarquias, com investimento relativamente baixo. Consequentemente, este método de recarga tem também um futuro longo de aplicação. A recarga padrão com corrente alternada é a forma mais comum e flexível de ser feita. Nos modos de recarga 1 e 2, a recarga é possível em instalações domésticas ou em plugues CEE (tomadas industriais).

Em tomadas residenciais, a recarga pode levar várias horas devido à limitação de potência do circuito, dependendo da capacidade da bateria, nível de carga e corrente de recarga.

Fato importante

O processo de recarga por corrente alternada já está consolidado, bem como o método utilizado.

No modo 3 de recarga, um veículo pode ser recarregado em um eletroposto no qual a potência pode chegar a 43,5 kW, com tempo de recarga muito reduzido. Em particular no setor privado, a potência utilizável é limitada por um fusível de proteção da instalação. Geralmente o máximo para recarga em pontos residenciais é limitado a 22 kW em 400 V.

O dispositivo de recarga é instalado de forma fixa no veículo. Sua capacidade é ajustada conforme a bateria do veículo. Comparado com outros métodos de recarga, o investimento para recarga AC é mais baixo.

Recarga DC: existe uma distinção referente a modos de recarga com corrente contínua:

- Recarga de baixo nível DC: até 38 kW com plugues do tipo 2.
- Recarga de alto nível DC: até 170 kW.

O dispositivo de recarga faz parte da estação, portanto estações de recarga DC são significativamente mais caras quando comparadas às estações AC. O pré-requisito para a recarga DC é uma instalação elétrica adequada para o eletroposto, que, devido à alta potência necessária, requer altos investimentos. As altas correntes da recarga rápida utilizam cabos dimensionados de acordo com a necessidade, para que a conexão com os veículos ao eletroposto seja efetiva. A padronização do modo de recarga DC ainda não está completa, e a disponibilidade desse modo de recarga ainda é incerta. Na prática, veículos com conexão para recarga DC possuem uma conexão extra que permita a recarga tradicional em instalações domésticas.

Fato importante

Estações de recarga DC são significativamente mais caras quando comparadas às estações de recarga AC.

Recarga indutiva: a recarga ocorre por meio de indutores e sem contato. A complexidade técnica é alta, portanto os custos são consideráveis, tanto para a estação quanto para o veículo. Este sistema não está pronto para o mercado ou produção em larga escala.

Definição

Recarga indutiva: não é feita nenhuma conexão física; utiliza-se o princípio de mútua indução, o mesmo presente em transformadores.

Substituição de bateria: a bateria recarregável do veículo é substituída por uma completamente carregada em uma estação de recarga. Neste caso você pode continuar a dirigir em poucos minutos. O pré-requisito para este conceito é que os fabricantes de veículos padronizem as baterias e as posições delas dentro do veículo. Contudo, tal padronização dificilmente ocorrerá, visto que existem diferentes tipos e aplicações de veículos. A estação de recarga ficaria responsável pelo manuseio de diferentes tipos de baterias, e isso seria tão difícil quanto a padronização. Consequentemente, a troca de baterias só seria viável em uma frota própria, com veículos com as mesmas características.

7.1.6 Modos de recarga

Quatro modos distintos de recarga foram definidos para garantir a recarga segura de veículos elétricos conectados. Esses

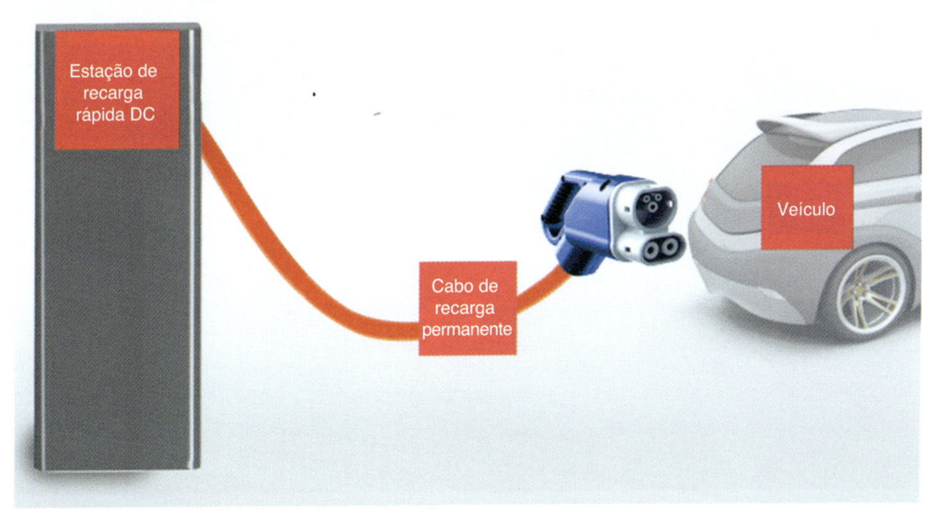

Figura 7.8 Recarga rápida DC (fonte: Mennekes).

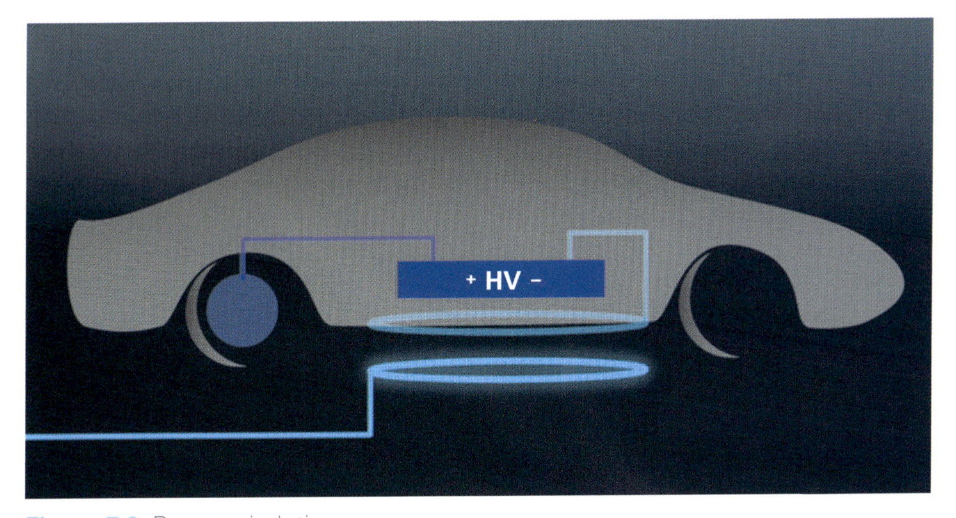

Figura 7.9 Recarga indutiva.

modos diferem em relação à fonte de potência utilizada (contatos isolados, CEE, tomadas de recarga AC ou DC), ao máximo de potência de recarga e às possibilidades de comunicação.

> **Segurança em primeiro lugar**
> Quatro modos distintos de recarga foram definidos para garantir a recarga segura de veículos.

Modo 1: recarga a partir de uma tomada trifásica com máximo de 16 A sem comunicação com o veículo. O dispositivo de recarga fica integrado ao veículo. A conexão à rede de energia é feita por um plugue e tomada padronizados, devendo ser protegidos por meio de dispositivo de proteção contra corrente residual. Este método não é recomendado, pois o modo 2 oferece muito mais segurança devido à comunicação com o veículo.

Modo 2: modo para recarga a partir de uma tomada de no máximo 32 A, trifásica com

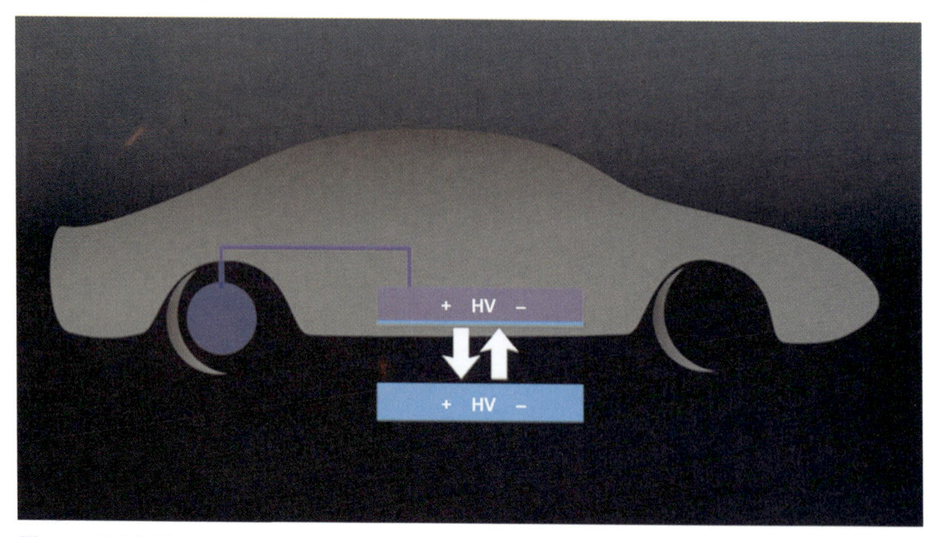

Figura 7.10 Troca de baterias.

função de controle e proteção integrada ao cabo ou por meio de um plugue instalado na parede. O dispositivo de recarga fica instalado no veículo. A conexão à rede de energia é feita por meio de um plugue e tomada padronizados. Para o modo 2, a norma descreve um dispositivo móvel para aumentar o nível de proteção. Além disso, para que os requisitos de potência e segurança sejam atingidos, um dispositivo de comunicação é necessário no veículo. Esses dois componentes são combinados em uma interface de controle no cabo (*in-cable control box* – ICCB).

Figura 7.11 Caixa de controle no cabo.

Modo 3: modo para recarga em estações de recarga AC. O dispositivo de recarga permanece fixo ao eletroposto e inclui proteção. Na estação de recarga estão inclusos a comunicação PWM, dispositivo DR, proteção contra sobrecorrente, sistema de desligamento, bem como a tomada específica para recarga. No modo 3, o veículo pode ser carregado com alimentação trifásica de até 63 A, com potência de até 43,5 kW. Dependendo da capacidade da bateria recarregável e seu estado de carga, a carga pode ser feita em menos de 1 hora.

Fato importante

O modo 3 para recarga em estações de recarga (eletropostos) AC é o mais comum atualmente.

Modo 4: modo para recarga em eletropostos DC. O dispositivo de recarga é um componente incluso na estação e inclui proteção. No modo 4 o veículo pode ser carregado por um sistema de duas tomadas e plugues, ambos baseados na geometria do plugue tipo 2. O sistema de recarga combinado possui dois contatos adicionais de corrente contínua a

200 A e até 170 kW de potência de recarga. A outra opção é um plugue e tomada com menor capacidade para recarga de 38 kW a 80 A no plugue tipo 2.

Os padrões e as normas continuam sendo revisados e alterados para melhor a segurança e facilidade de uso, bem como para compatibilidade.

7.1.7 Comunicação

Comunicação básica: verificação de segurança e limitação de corrente de recarga é definida. Mesmo antes do processo de recarga começar, nos modos 2, 3 e 4, a comunicação PWM com o veículo ocorre por meio de uma conexão conhecida como canal de controle. Diversos parâmetros são trocados e coordenados. A recarga apenas irá iniciar caso todas as verificações de segurança sejam atendidas conforme as especificações e a corrente máxima de recarga seja informada pelo sistema. Estes passos sempre são executados:

1. A estação de recarga trava o cabo (ou plugue, ou acoplador de recarga) do seu lado da infraestrutura.
2. O veículo trava o plugue (ou dispositivo de recarga) e solicita início da recarga.
3. A estação de recarga (no modo 2 por meio da unidade de controle no cabo) verifica a conexão adequada dos condutores com o veículo e informa a disponibilidade de corrente de recarga.
4. O veículo ajusta o recarregador conforme informação.

Definição

PWM: *pulse width modulation* (modulação por largura de pulsos).

Se todos os outros pré-requisitos forem atendidos, a estação de recarga energiza sua tomada. Durante o processo de recarga, o condutor é monitorado por meio da conexão PWM e o veículo tem a possibilidade de ter a tensão cortada pela estação de recarga. Ao terminar a recarga, os plugues e as tomadas são destravados por meio de um dispositivo (no veículo).

Limitação da corrente de recarga: o dispositivo de recarga do veículo define o processo de recarga. Para evitar que o dispositivo sofra sobrecarga, a capacidade da estação ou do cabo e os dados de potência dos sistemas são identificados e ajustados conforme a necessidade. A interface de controle lê os dados de potência do cabo. Antes de iniciar-se o processo de recarga, a interface envia os dados de potência para o veículo por meio de sinais PWM, o dispositivo de recarga é ajustado e o processo pode ser iniciado, sem a possibilidade de ocorrência de situações de sobrecarga.

Fato importante

O dispositivo de recarga do veículo determina o processo de recarga.

O elo mais fraco no processo de recarga define a corrente máxima: a corrente de recarga em um equipamento é limitada pela potência da estação de recarga e o código de resistência no plugue do cabo de recarga.

Fato importante

O elo mais fraco no processo de recarga define a corrente máxima.

7.1.8 Sistema europeu

Devido à comunicação e aos dispositivos de segurança utilizados, engates para recarga não precisam de tampas que travem. Contudo, nas regulamentações nacionais de alguns países europeus para engates para equipamentos domésticos, as tampas são necessárias, portanto o mesmo vale para recarga de veículos elétricos.

A Mennekes desenvolveu um opcional para plugue tipo 2. Trata-se de um sistema modular que permite o encaixe da tampa com trava na própria tomada tipo 2. Em países onde esses requisitos não precisam ser atendidos, a trava não é instalada. Assim o tipo 2 é uma solução de encaixe para todos os países europeus.

7.1.9 Plugues de recarga

Três tipos de plugues e tomadas foram padronizados pela norma IEC 62196-2 para conexão com veículos elétricos; esses três tipos não são compatíveis entre si. Basicamente, todos os três sistemas normatizados atendem aos requisitos de alta segurança para o consumidor. A tensão apenas é ligada quando o sistema detectou que os plugues no veículo e na infraestrutura estão completamente inseridos, estão travados e a conexão de proteção está correta. Se alguma dessas condições não for satisfeita, os contatos permanecerão desenergizados.

Segurança em primeiro lugar

A tensão apenas é ligada quando o sistema detectou que os plugues no veículo e na infraestrutura estão completamente inseridos, os plugues estão travados e a conexão de proteção está correta.

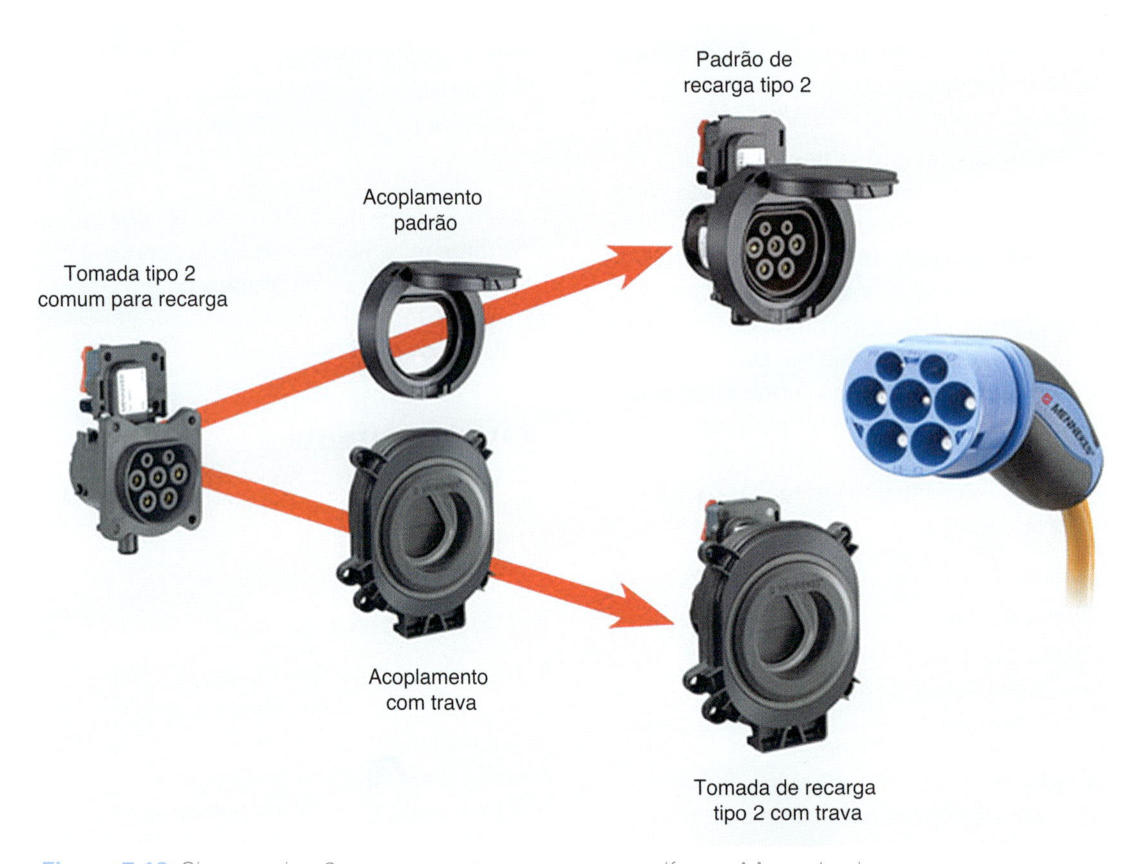

Figura 7.12 Sistema tipo 2 com e sem tampa com trava (fonte: Mennekes).

O **tipo 1** é um plugue para recarga monofásica desenvolvido no Japão para conexão exclusiva no veículo. A potência máxima de recarga é 7,4 kW em 230 V AC. O tipo 1 é insuficiente para os sistemas trifásicos europeus.

Figura 7.13 Plugue tipo 1.

O **tipo 2** é o plugue de recarga europeu, desenvolvido na Alemanha pela Mennekes. É apropriado para corrente alternada monofásica em instalações residenciais até conexões de potência trifásica com 63 A. Com o plugue de recarga europeu, pode-se utilizar tensão de 230 V monofásica, ou 400 V trifásica, com potências de 3,7 kW a 43,5 kW, utilizando o mesmo plugue. O tipo 2 também é base para sistemas de recarga combinados com corrente contínua. Os plugues e tomadas tipo 2 podem ser utilizados tanto no lado no veículo como na infraestrutura. Devido a sua estrutura de segurança eletrônica, não existe a necessidade de proteção contra contato, tanto no plugue como no conector de recarga.

Fato importante

O tipo 2 é o plugue de recarga europeu, desenvolvido na Alemanha pela Mennekes, e é o mais utilizado atualmente.

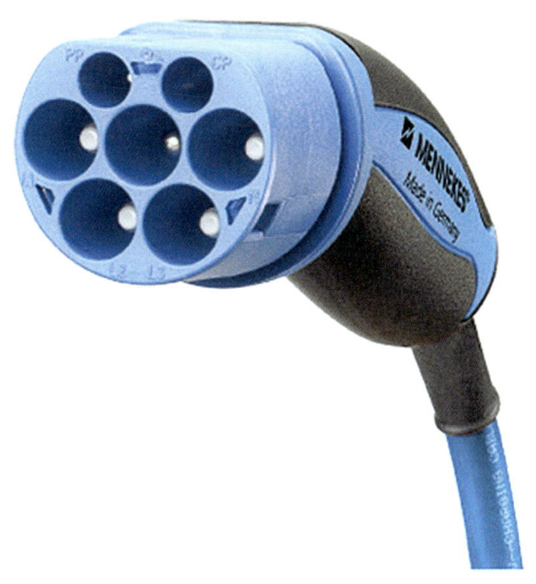

Figura 7.14 Plugue tipo 2. Os pinos a partir do topo na esquerda, em sentido horário, são: pino de proximidade (PP), pino de controle (CP), neutro (N), L3, L2, L1 e o pino de aterramento no centro.

A variante **tipo 3** foi desenvolvida na Itália. Atende a tensões de 230 V monofásica ou 400 V trifásica, com potência de recarga de 3,7 kW a 43,5 kW. Contudo, três tipos de encaixe diferentes não são compatíveis, entre diferentes níveis de potência.

Sou muito grato pela Mennekes pelas informações apresentadas nas seções anteriores (fonte: http://www.mennekes.de).

Figura 7.15 Plugue tipo 3.

7.1.10 Tecnologia de ligação do veículo à rede elétrica

O sistema de ligação do veículo à rede elétrica (*vehicle-to-grid* – V2G) utiliza sentido bidirecional de potência do carro para a rede elétrica, bem como recarga da rede para o carro. Utilizando esse sistema, a bateria do carro pode ser utilizada como reserva de energia para a casa ou imóvel comercial. Se o carro for primariamente carregado com fontes de energias renováveis como painéis fotovoltaicos ou geração eólica, então retornar essa energia para a rede não apenas é ecologicamente benéfico, como é uma ótima solução para estabilizar flutuações devido à demanda da rede. O problema que pode existir é o gerenciamento do fluxo de corrente caso vários veículos utilizem estruturas de recarga rápida ao mesmo tempo. Essa ideia está um pouco distante de aplicação prática no momento de escrita do livro (2015), mas o conceito de redes inteligentes (*smart grids*) utiliza técnicas semelhantes e estas já são empregadas.

7.1.11 Tesla Powerwall

Embora não seja uma tecnologia de veículos elétricos, o Tesla Powerwall é uma variação da tecnologia tradicional e, se combinado com recarga por meio de painéis fotovoltaicos domésticos, pode trazer um impacto significativo para o uso de VE. O Powerwall é uma bateria residencial que recarrega utilizando eletricidade gerada a partir de painéis solares, ou quando a utilização da energia é baixa, fornecendo energia para sua casa à noite. Serve também como reserva para falta de energia, atuando como fonte de energia elétrica nesses momentos. Automatizado, compacto e fácil de instalar, o Powerwall oferece independência do uso da rede elétrica e segurança como reserva de energia emergencial.

Fato importante

O Powerwall é uma bateria residencial que recarrega utilizando eletricidade gerada a partir de painéis solares, ou quando a utilização da energia é baixa, fornecendo energia para sua casa à noite.

Em média, uma residência utiliza mais energia nos períodos da manhã e da noite do que durante os horários em que a energia solar fornece mais energia elétrica. Sem uma bateria em casa, o excesso da energia solar é geralmente vendido ou convertido em créditos para a concessionária de energia e recomprado no período da noite. Isso causa um desbalanceamento de demanda nas usinas geradores e aumenta a emissão de carbono. Para suprir essa demanda, o Powerwall pode ser utilizado, principalmente por ser carregado por fonte renovável, permitindo que você utilize quando precisar. Instalações residenciais de energia solar consistem em painéis fotovoltaicos, um inversor e, agora, uma bateria para armazenar energia excedente para uso posterior.

- Painel solar: instalados sobre o telhado, painéis solares convertem luz do sol em eletricidade.
- Bateria residencial: um Powerwall armazena a energia elétrica excedente dos painéis solares durante o dia ou da rede quando as taxas estão baixas.
- Inversor: converte corrente contínua gerada pelo painel solar ou da bateria residencial para corrente alternada, que pode ser utilizada em eletrodomésticos, equipamentos eletrônicos e iluminação.

Contida na caixa de proteção do Powerwall está uma bateria recarregável de íons de lítio, um sistema de controle térmico a líquido, um sistema de gerenciamento da bateria e um conversor DC-DC inteligente para controlar o fluxo de potência. As baterias são de 7 a 10 kW/h.

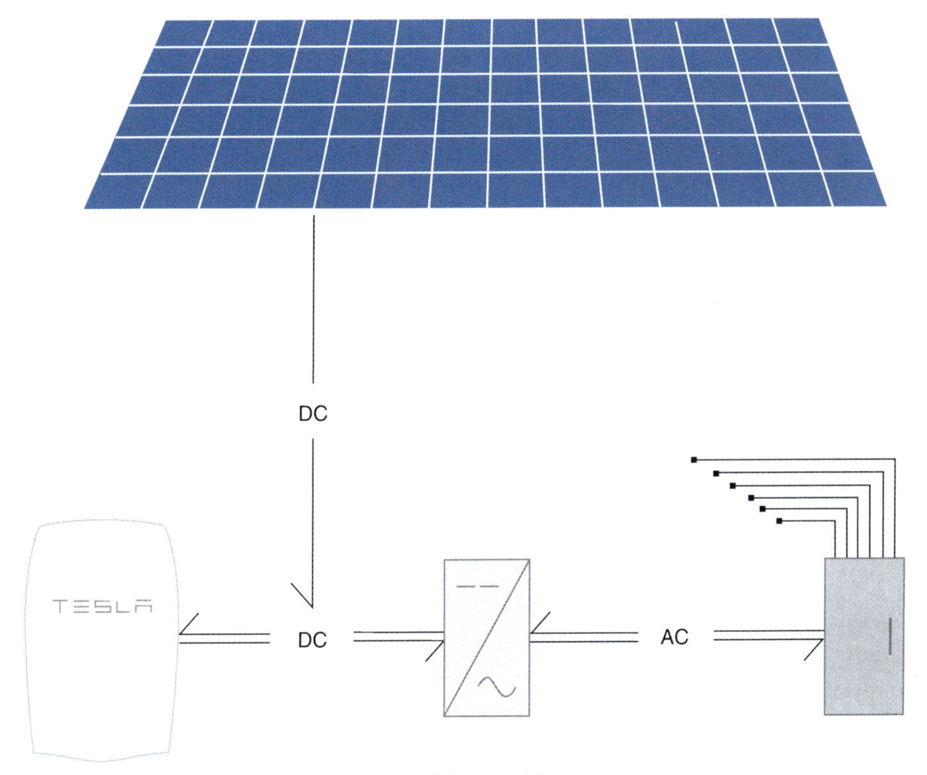

Figura 7.16 Sistema Tesla Powerwall (fonte: Tesla).

Figura 7.17 Powerwall (fonte: Tesla).

7.2 Transferência de energia sem cabos

7.2.1 Introdução

A ansiedade relacionada à autonomia continua sendo um problema para a larga aceitação de VEs. A transferência de energia sem cabos (*wireless power transfer* – WPT) é uma forma de aumentar a autonomia de um veículo elétrico sem impacto substancial no peso ou custo. A WPT é um sistema inovador para recarga de baterias em veículos elétricos sem cabos. Existem três categorias:

- WPT estacionária: veículo estacionado, sem motorista no veículo.
- WPT quase dinâmica: veículo parado, com motorista no veículo.
- WPT dinâmica: o veículo está em movimento.

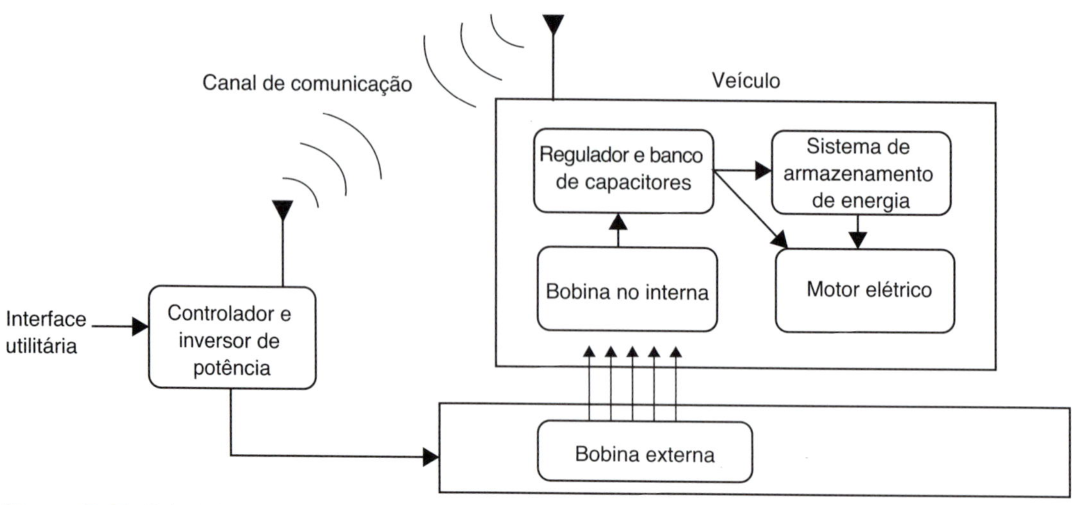

Figura 7.18 Princípio do WPT (fonte: CuiCAR).

Definição

WTP: *wireless power transfer* (transferência de energia sem cabos).

Existem também três classes de potência para WPT (SAE J2954):

- Baixa demanda doméstica: 3,6 kW
- Baixa demanda com recarga rápida: 19,2 kW
- Alta demanda: 200-250 kW

Com recarga estacionária, a energia elétrica é transferida a um veículo estacionado (tipicamente sem passageiros a bordo). É importante manter o alinhamento do primário com o secundário dentro da tolerância de valores, para garantir taxas de eficiência adequadas da transferência de energia.

Com a recarga sem cabos quase dinâmica a energia é transferida do sistema de enrolamentos primário da estrada por uma distância limitada ao enrolamento secundário do veículo (com passageiros) em baixa velocidade ou em parada de curto período.

Com recarga dinâmica sem cabos a energia é transferida por meio de uma faixa da estrada equipada com o sistema de enrolamentos primário, com alta potência ao secundário do veículo que se move em velocidade média ou alta.

7.2.2 WPT estacionária

Veículos elétricos simplesmente são estacionados sobre uma área com sistema de indução e a recarga começa automaticamente. A WPT não necessita de cabos e plugues; pode atender a diferentes taxas de recarga a partir de uma única unidade embarcada. Não possui nenhum cabo visível ou conexões e exige apenas que o sistema esteja enterrado no pavimento e que haja um enrolamento integrado aos veículos.

Fato importante

Veículos elétricos simplesmente são estacionados sobre uma área com sistema de indução e a recarga começa automaticamente.

O sistema funciona em uma faixa enorme de condições e ambientes, inclusive em temperaturas extremas, submerso em água ou coberto de gelo e neve. Irá funcionar embaixo do asfalto ou concreto e também não é afetado por poeira ou produtos químicos. Os sistemas podem ser configurados para fornecer energia a todos os veículos comuns, de carros pequenos a caminhões de transporte de carga e ônibus.

Uma empresa chamada haloIPT (de *inductive power transfer*) desenvolveu uma técnica na qual energia a uma certa frequência, geralmente na faixa de 20 a 100 kHz, pode ser acoplada magneticamente por "tapetes" IPT, que geralmente são galvanicamente isolados da fonte original de potência. O conceito do sistema é apresentado na Figura 7.20.
É composto de dois elementos separados. No lado primário a fonte de potência, em linha, e um secundário para receber energia, com controlador.

A fonte de potência utiliza energia da rede elétrica convencional e energiza uma bobina, com corrente entre 5-125 A. Uma vez que a bobina é indutiva, utiliza-se compensação com capacitores em série ou paralelo, reduzindo tensão e correntes no circuito de alimentação. Esses capacitores também garantem um fator de potência adequado.

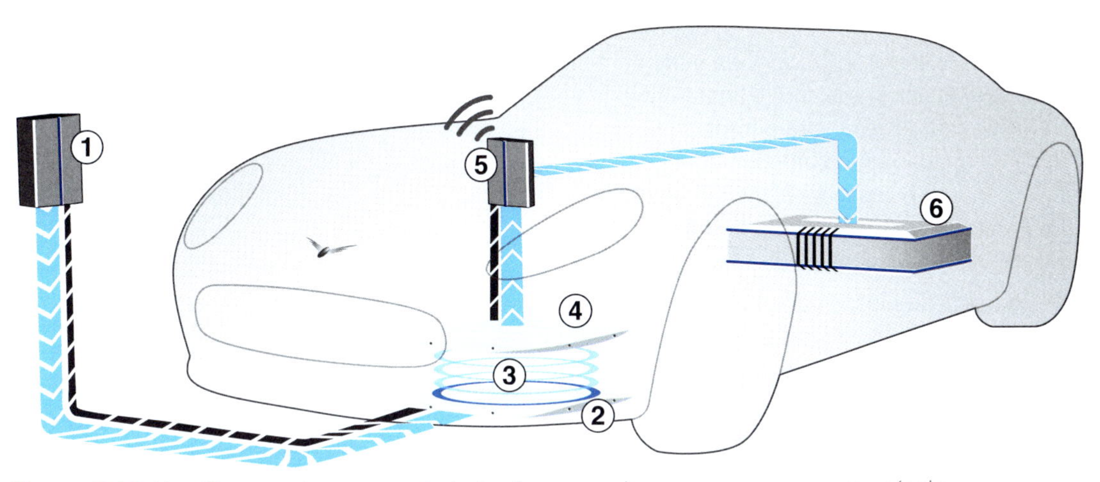

Figura 7.19 Um Sistema de recarga de indução sem cabo para recarregar um veículo estacionado: 1) fonte de energia; 2) elemento transmissor; 3) transmissão de dados e eletricidade sem cabo; 4) elemento receptor; 5) controlador do sistema; 6) bateria (fonte: haloIPT).

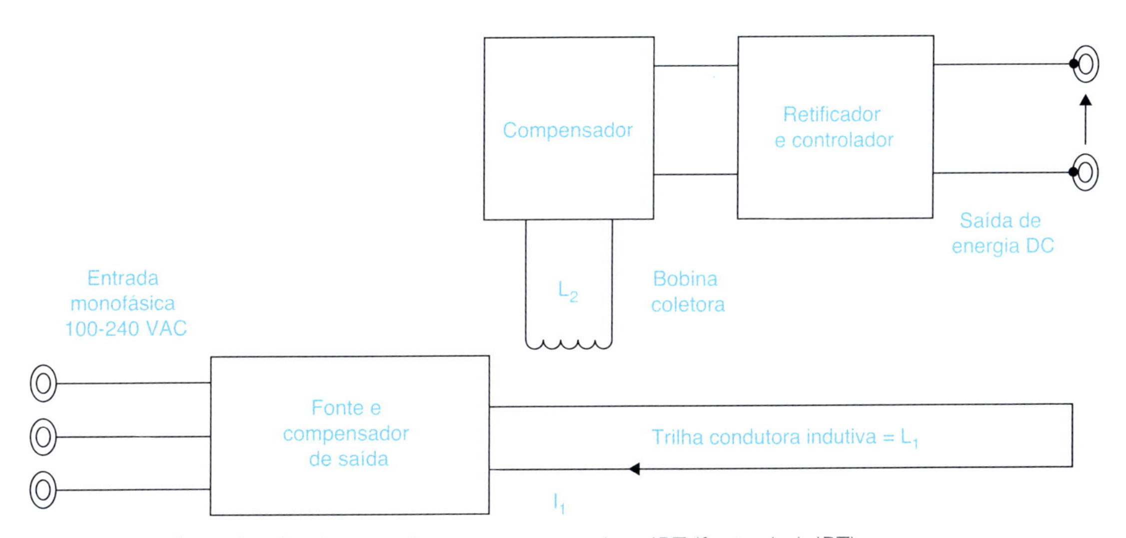

Figura 7.20 Conceito do sistema de recarga sem cabos IPT (fonte: haloIPT).

Definição

Fator de potência: a razão entre a potência real circulando para a carga em relação à potência aparente no circuito, expressa em porcentagem ou em um número entre 0 e 1.

Potência real: capacidade do circuito de realizar trabalho em um tempo particular.

Potência aparente: o produto da corrente pela tensão de um circuito.

Bobinas captadoras são acopladas magneticamente à bobina primária. A transferência de energia ocorre ao ajustar a frequência da bobina de recebimento com a da bobina primária, utilizando um capacitor em série ou paralelo. A transferência é controlada utilizando um controlador específico.

Um diagrama de blocos para um sistema de recarga sem cabos monofásico é apresentado na Figura 7.21. A fonte de energia elétrica é retificada utilizando uma ponte completa seguida por um capacitor DC pequeno. Manter esse capacitor pequeno ajuda em relação ao fator de potência e permite que o sistema tenha um início rápido com o mínimo de pico de corrente. O inversor consiste em uma ponte H para alimentar a estação primária com corrente a 20 kHz. A corrente de 20 kHz também possui uma moduladora de 100 Hz/120 Hz como resultado do pequeno capacitor acoplado ao barramento DC. A energia é transferida ao secundário ajustado na frequência correta. Ela então é retificada e controlada para uma saída de tensão DC apropriada para o veículo e suas baterias. A conversão de AC para DC e novamente para AC, na fonte de potência, é necessária para que a frequência possa ser alterada.

Definição

Inversor: um dispositivo elétrico capaz de converter corrente contínua em corrente alternada.

O sistema possui três componentes de *hardware* distintos:

1. Gerador ou fonte de potência de alta frequência
2. Sistema de acoplamento magnético ou "tapetes" transmissor/receptor
3. Controlador/compensador do captador

O gerador de alta frequência utiliza entrada de tensão da rede convencional (240 V AC a 50/60 Hz) e produz corrente de alta frequência (>20 kHz). A saída de corrente é controlada e o gerador pode ser operado sem carga. A eficiência do gerador é alta, acima de 94% a 2 kW. O gerador é composto do seguinte:

- Filtro de entrada (para reduzir a interferência eletromagnética)
- Retificador
- Ponte (Mosfet) convertendo DC para alta frequência
- Indutor AC combinado e isolado (transformador)

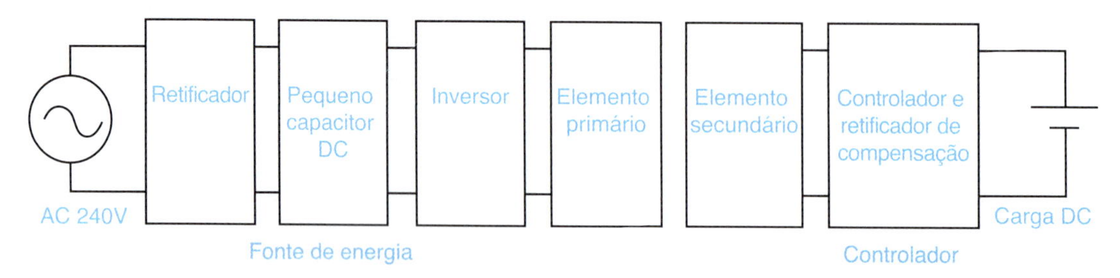

Figura 7.21 Componentes do sistema IPT (WPT) (fonte: haloIPT).

- Capacitores de ajuste (específicos conforme frequência e corrente de saída)
- Eletrônica de controle (circuitos microcontrolados, de lógica digital, de retorno e de proteção)

Definição

EMI: *electromagnetic interference* (interferência eletromagnética).

O projeto e a construção de elementos transmissor e receptor fornece melhorias importantes sobre topologias antigas. Isso resulta em melhor acoplamento, menor peso e menor emissão de carbono no processo, para uma potência de transferência específica. Os elementos podem se acoplar em distâncias de até 400 mm. Os circuitos de acoplamento são ajustados por meio de capacitores de compensação adicionais.

Segurança em primeiro lugar

Todas as altas-tensões são completamente isoladas, mas observe que métodos de segurança do trabalho são fundamentais.

Um controlador da unidade coletora utiliza energia do elemento receptor e fornece saída controlada para as baterias, tipicamente entre 250 e 400 V DC. O controlador é necessário para que a saída permaneça independente da carta e da separação entre os elementos. Sem um controlador, a tensão iria aumentar conforme a distância diminui, e diminuir com o aumento de corrente.

Fato importante

Uma interface CAN é utilizada para controle e retorno de dados.

Para mais informações, visite https://www.qualcomm.com/products/halo.

7.2.3 WPT dinâmica

Parece não fazer sentido de várias formas, mas a ideia de recarregar um VE sem cabos conforme trafega por uma estrada já é possível e está sendo testada em diversos países. Os princípios de funcionamento são semelhantes à recarga estática, mas muito mais complexos. A tecnologia é conhecida por *wireless power transfer* (WPT).

Os desafios desta tecnologia são:

- Sincronização das bobinas
- Níveis de potência aceitáveis
- Alinhamento do veículo
- Perfis de velocidades permitidas
- Múltiplos veículos na faixa de recarga

Vários testes e estudos de viabilidade estão em andamento (2015) e é esperado que esse sistema esteja disponível em um futuro próximo. A Figura 7.22 mostra os princípios da WPT dinâmica.

Sistemas de auxílio ao motorista podem ter um papel importante combinados à recarga sem cabos. Na WPT estacionária, um sistema poderia ser desenvolvido para que, tão logo o veículo fosse estacionado, as bobinas primária e secundária fossem perfeitamente alinhadas. Com a WPT dinâmica, a velocidade e os alinhamentos vertical e horizontal do veículo podem ser controlados por um sistema de detecção de faixas e piloto automático. Isso aumentaria a taxa de eficiência da transferência de energia, pois existe a necessidade de sincronizar os sistemas bobinados.

Fato importante

Sistemas de auxílio ao motorista podem ter um papel importante combinados à recarga sem cabos.

A comunicação será essencial para a troca de comandos padronizados em tempo real entre a rede de energia e o sistema de controle do veículo. Por questões de segurança, veículos

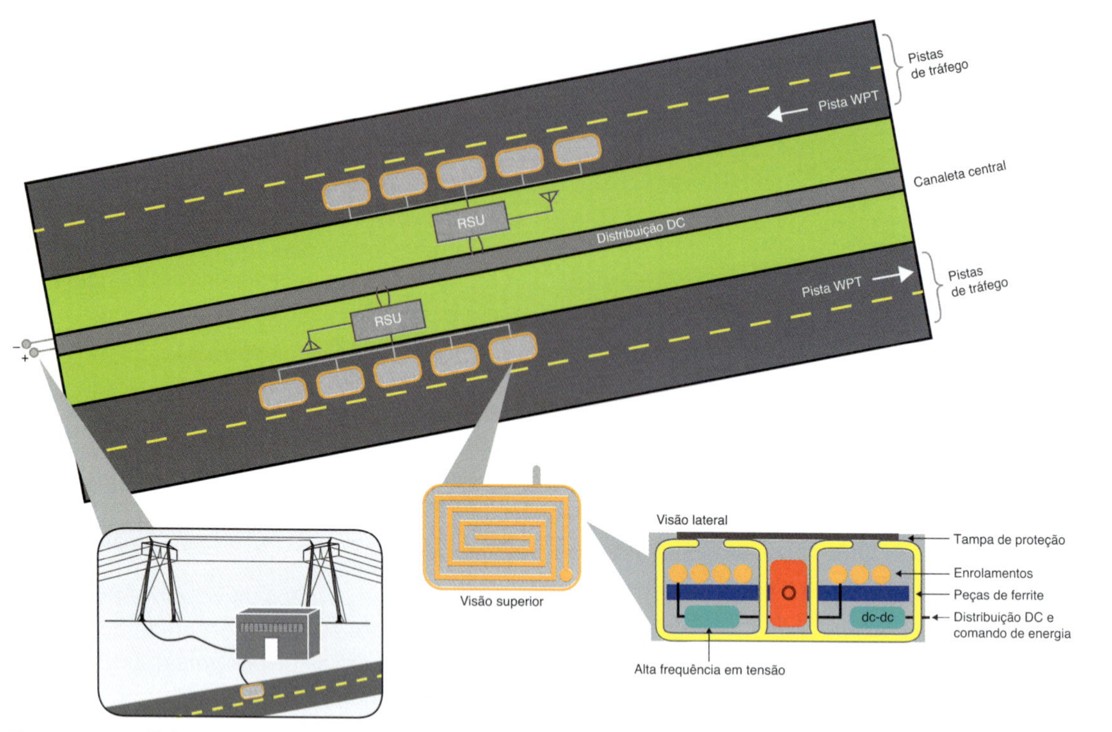

Figura 7.22 Princípio da recarga sem cabo dinâmica – RSU é uma unidade ao lado da pista (*road side unit*) (fonte: Oakridge National Lab).

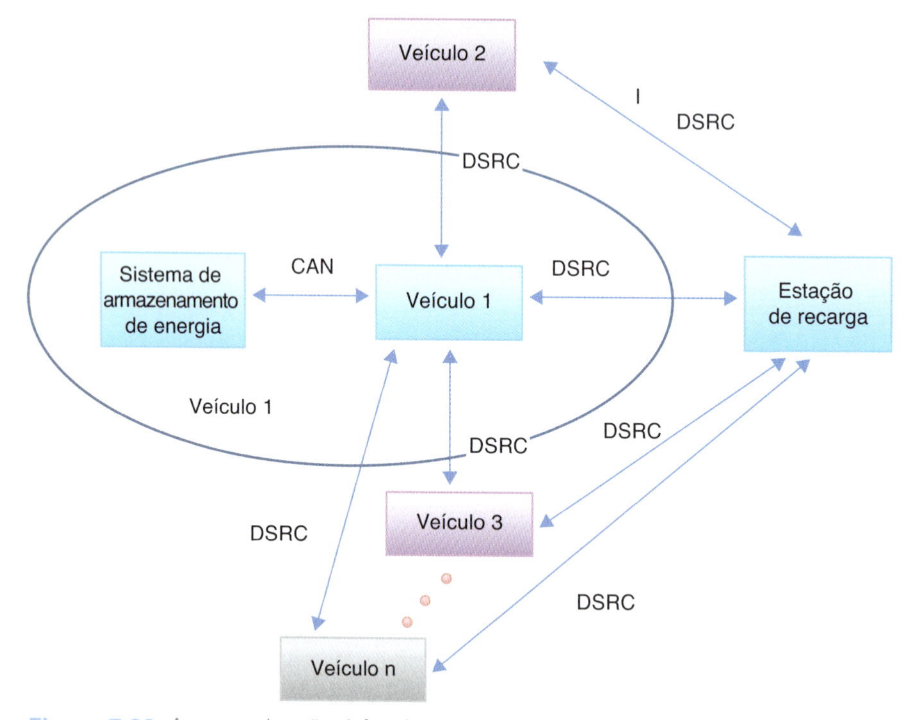

Figura 7.23 A comunicação é fundamental para a WPT dinâmica.

em outras faixas e outros usuários do sistema de bobinas principal na faixa de recarga precisam ser monitorados em tempo real.

Neste contexto, uma comunicação dedicada para curtas distâncias (IEEE 802.11p) é a tecnologia que será utilizada para baixa latência em comunicações sem fios.

Finalmente, fortes campos eletromagnéticos são utilizados para ativar a zona de recarga entre as bobinas primária e secundária. Por questões de segurança, é necessário que se alcance uma padronização internacional desses métodos.

Figura 7.25 Arranjo das células fotovoltaicas.

7.3 Estudo de caso de recarga solar

7.3.1 Introdução

Em janeiro de 2015 comecei um experimento utilizando painéis solares residenciais, sistemas de monitoramento e economia de energia, e um carro híbrido *plug-in*. A parte fundamental do plano era verificar se eu poderia utilizar o carro de graça – ou ao menos a um custo muito baixo. Os painéis de 4 kW foram instalados e iniciaram a operação em 16 de janeiro de 2015.

Figura 7.26 Um conjunto de 4 kW de painéis fotovoltaicos (dez na frente mais seis atrás).

Figura 7.24 Conexões do painel DC.

O gráfico a seguir mostra quanto de eletricidade (em kWh) meus painéis geraram por semana comparado ao uso de eletricidade da rede, e o quanto foi utilizado para recarregar o carro. No final da primeira semana, geraram 22 kWh; considerando a neve nessa época do ano, fiquei muito impressionado!

Em 31 de janeiro eu gerei mais de 1 kW, mesmo com neve, e estava gerando em média 25 kWh por semana.

A linha de energia solar na Figura 7.27 é a melhor representação da incidência solar semanal.

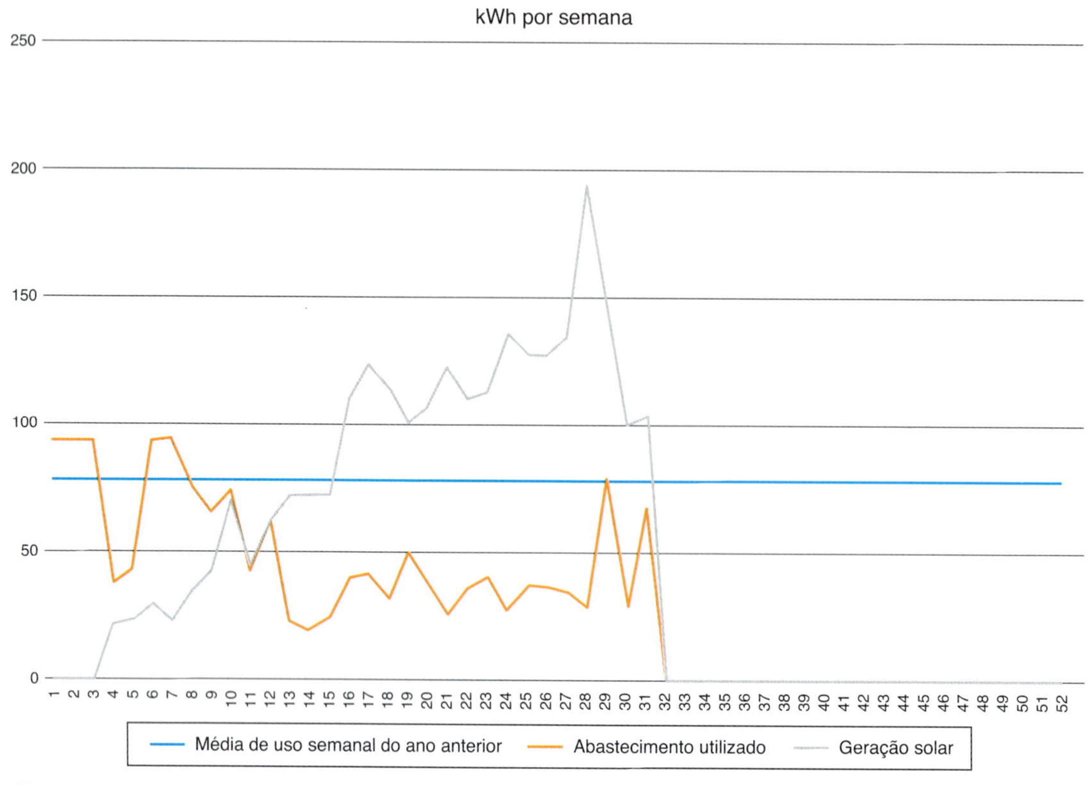

Figura 7.27 Ao longo do tempo é claro como a energia solar gerada aumentou e meu uso da rede de energia diminuiu.

Definição

Quilowatt-hora (kWh): a medida do uso de um quilowatt por uma hora. É também descrito como unidade de faturamento pelas concessionárias de energia elétrica.

Outra questão interessante é o horário, pois se você utiliza energia durante a noite, ela virá da rede elétrica independentemente do quanto você gerou durante o dia. Isso era algo a se considerar assim que o carro chegasse.

Meus painéis fotovoltaicos me livraram de comprar muita energia e no futuro me gerou retorno. Em um período de 6 meses recebi 400 libras por vender energia excedente para a rede elétrica. Por consequência, minha conta de luz diminuiu consideravelmente.

Como você deve esperar, nós pagamos muito mais pela energia que usamos em comparação com o preço que recebemos ao vender (14 centavos ao comprar e 3 ao vender, por kWh).[5] A tarifa de venda de energia paga pela empresa de fornecimento de energia é de 50% do total gerado pelos painéis. Claro que, quanto mais gerar, mais se ganha, mas o benefício principal do sistema é utilizar energia sem pagar.

Em agosto de 2015 chegou a peça final do quebra-cabeças que eu estava montando para ter mais economias. Aqui está meu novo Golf GTE recebendo sua primeira recarga na entrada da minha garagem – durante o dia para utilizar energia dos painéis fotovoltaicos.

Com 5 mil libras de crédito pelo carro, o governo pagou a maioria dos gastos em instalações de uma unidade de recarga na parede externa. A unidade veio com um monitor de uso e transmite dados para um ponto central, então a recarga e a energia utilizada pelo VE pode ser monitorada. Parece um pouco o "Big

Brother", mas eu pude pagar por tudo! A razão para fazer o monitoramento era antes de tudo averiguar os efeitos que o VE causaria na rede.

O Golf GTE 1.4 TSI produz 204 PS. É um VHEP de cinco portas atingindo 0 a 100 km/h em 7,6 segundos e velocidade de até 265 km/h. A autonomia elétrica é de 50 km e, quando combinado com gasolina, a autonomia total é de 928 km. Os dados anteriores são de laboratório, claro, mas sua performance é impressionante até agora.

Figura 7.28 Golf GTE – um dos primeiros na minha região.

Definição

PS: *pferdestärke* (cavalo-vapor, em alemão).

Figura 7.29 Caixa residencial montada externamente, com cabo permanentemente conectado. Inclui um disjuntor de corrente residual.

A ideia é que, se fizer uma jornada longa, toda a carga disponível na bateria do veículo seja utilizada até chegar em casa. Isso pode ser feito colocando o carro no modo de tração elétrica quando estiver a 50 km de casa. Contudo, com prática se aprende que é melhor utilizar o veículo no modo apenas elétrico em algumas condições, e o modo híbrido em rodovias, por exemplo. Trajetos mais curtos não precisam utilizar o MCI, e aí está a maior economia.

O carro possui uma bateria de íons de lítio de 8,8 kWh (352 V) que pode ser completamente recarregada em 2,5 horas a partir de uma instalação residencial de 3,6 kW ou de um eletroposto comercial (9 kWh). De maneira ideal, o carro somente seria recarregado em casa utilizando energia solar. Outro aspecto importante, entretanto, é ajustar a taxa de recarga. Isso pode ser feito no carro, utilizando um site ou por um aplicativo de celular.

Para contextualizar, se os painéis geram 1,5 kW em um dia comum, isso são 6 A a 240 V, assim eu ajusto a corrente máxima em 5 A. As opções são 5 A, 10 A, 13 A e máxima possível.

Com o ajuste de 5 A, temos aproximadamente 1,2 kW. Se dividirmos a capacidade da bateria de 8,8 kWh por 1,2 kW, o resultado são 7,33 horas. Então, permitindo alguma perda, levaria 8 horas para uma recarga completa. Isso não é um problema para o período de verão, mas no inverno estão disponíveis apenas 6 horas de luz solar – portanto, teria que comprar 2 kWh adicionais da rede, a um custo total de 28 centavos (2015). Como conclusão, para jornadas curtas, gasta-se 1 centavo por milha – eu posso viver com esse gasto! Dirigindo de forma moderada, meu carro anterior (quase idêntico ao atual, com a exceção de ser um GTD) faria 60 milhas por galão.[7] Com um custo de 6 libras por galão, 10 centavos por milha.

Apenas como mais um exemplo, recentemente completei um trajeto, por pura coincidência, à matriz da VW no Reino Unido, onde eles possuem um ponto de recarga (eles tinham

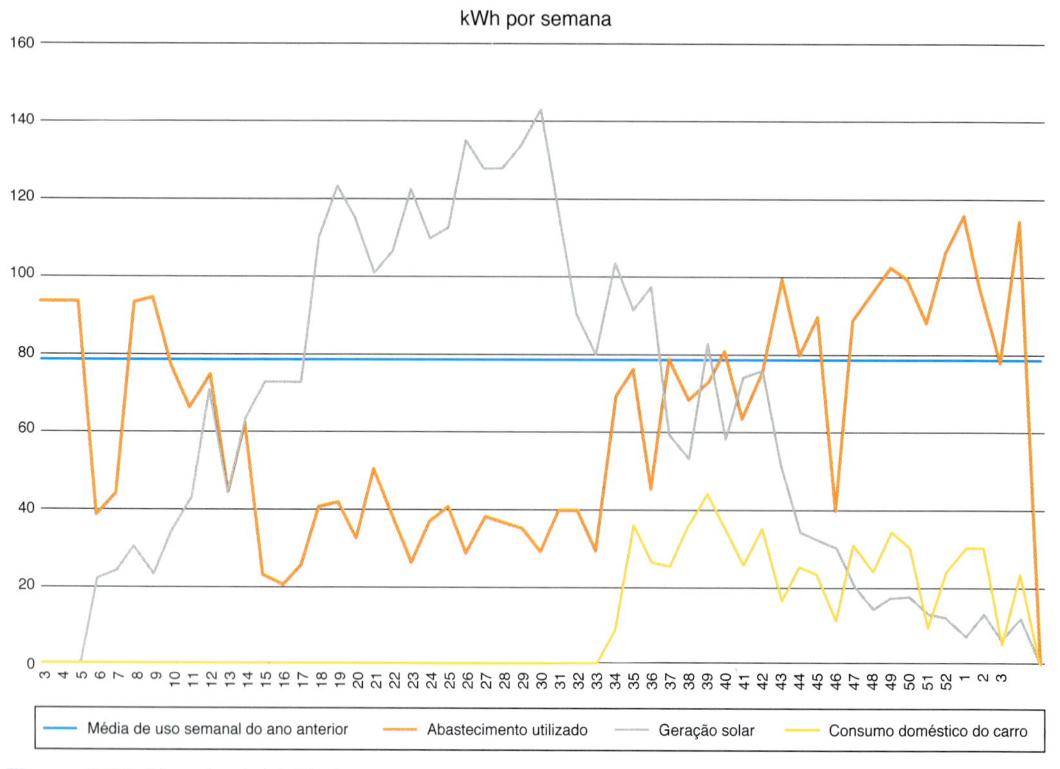

Figura 7.30 Uso da eletricidade.

que ter, não tinham?!). Foi uma viagem de 170 milhas a ida e a volta. Eu recarreguei completamente minha bateria e consegui adicionar mais 20 milhas em carga de bateria enquanto estava lá. O computador de bordo me mostrou uma média geral de 68 milhas por galão, ou seja, apenas 2,5 galões para toda a viagem. Meu carro anterior faria o mesmo com uma média de 48 milhas por galão (o que dá 3,5 galões). Essa viagem foi uma boa combinação entre estradas principais e vicinais, então provavelmente aponta um exemplo do "mundo real". Eu não tentei economizar combustível, mas também não pisei fundo, então os dados são condizentes, pelo menos como chute inicial, com o uso cotidiano.

Eu ganhei muito mais em trajetos locais curtos, nos quais não utilizei combustível. Para outras distâncias, por exemplo, minha viagem ao Instituto para Indústria Automotiva (IMI), onde trabalho, cada trecho é de 67 km. Nós também temos um ponto de recarga de VE gratuito. Nessa viagem, sem esforço, utilizei minha bateria completamente em ambos os caminhos e atingi 80 milhas por galão (28 km/l), ou seja, utilizando metade de um galão de combustível. Posso melhorar isso mais ainda se controlar um pouco o pé, eu garanto!

7.3.2 Últimos resultados

A Figura 7.30 apresenta os últimos dados de energia solar gerada, energia comprada da rede e quanto foi usado para recarregar o carro. A linha azul apresenta a média de uso do ano anterior.

Para aprender mais sobre este projeto e seus desenvolvimentos futuros, por gentileza, visite meu blog em http://www.automotive-technology.co.uk.

Notas

1 O termo *handshake* significa "aperto de mãos" e, no contexto dos diversos sistemas de comunicação, é utilizado para a conexão que inicia a transmissão de dados. [N.T.]
2 O autor utiliza tarifas de energia em libras esterlinas. Essa informação será mantida para garantir a integridade dos cálculos. [N.T.]
3 Ainda não está muito clara a forma de venda de energia por terceiros no cenário nacional, visto que apenas concessionárias de energia podem vender energia. [N.T.]
4 Seguindo o padrão internacional, a Associação Brasileira de Normas Técnicas (ABNT) adotou a IEC 62196 – ABNT NBR IEC 62196 (Plugues, tomadas, tomadas móveis para veículo elétrico e plugues fixos de veículos elétricos – Recarga condutiva para veículos elétricos) – como norma nacional. [N.T.]
5 Lembrando que a unidade de centavo no Reino Unido é o *pence*, e essa tarifa não se aplica no Brasil. [N.T.]
6 3,6 kW x 2,5 h = 9 kWh.
7 Aproximadamente 21 km/l. Para referência, 1 milha corresponde a 1,6 quilômetro, e 1 galão (imperial) corresponde a 4,5 litros.

CAPÍTULO 8

Manutenção, reparos e reposição

8.1 Antes de começar o trabalho

8.1.1 Introdução

Antes de executar qualquer tarefa ou trabalho em um VE, você deve ser treinado ou supervisionado por um profissional qualificado. Recorra ao Capítulo 1 para procedimentos de segurança de trabalho e EPI para tornar qualquer sistema seguro para trabalhar. Aspectos fundamentais para trabalhar em VEs (e em qualquer outro veículo) são os seguintes:

- Cuide da saúde e da segurança.
- Utilize EPI corretamente.
- Utilize ferramentas e equipamentos corretamente.
- Siga os procedimentos de reparo.
- Siga os procedimentos do local de trabalho.
- Recorra às informações específicas dos fabricantes.

Segurança em primeiro lugar

Antes de executar qualquer tarefa ou trabalho em um VE, você deve ser treinado ou supervisionado por um profissional qualificado.

Nota: antes de começar a trabalhar em qualquer sistema de alta-tensão você deve ter sido treinado e ter acesso às informações corretas e apropriadas – não faça suposições quando se trata da sua vida!

8.1.2 Informações técnicas

Existem muitas fontes de informações técnicas e diversas, mas no caso dos VEs é essencial buscar os dados do fabricante, guias de segurança e manuais de oficinas. Você deve também conhecer as técnicas apropriadas para obter informações de clientes e motoristas. Por exemplo, questionar (com modos) sobre quando, onde e como o problema apareceu pode te colocar na linha de solução do problema. Fontes gerais de informação incluem:

- Livretos e manuais eletrônicos
- Avisos e dados no veículo
- Diagramas de circuitos
- Instruções de reparo
- Avisos de fabricante, erratas de documentos
- Instruções verbais

Um exemplo de dados de fabricante sobre a localização de um componente é apresentado na Figura 8.1.

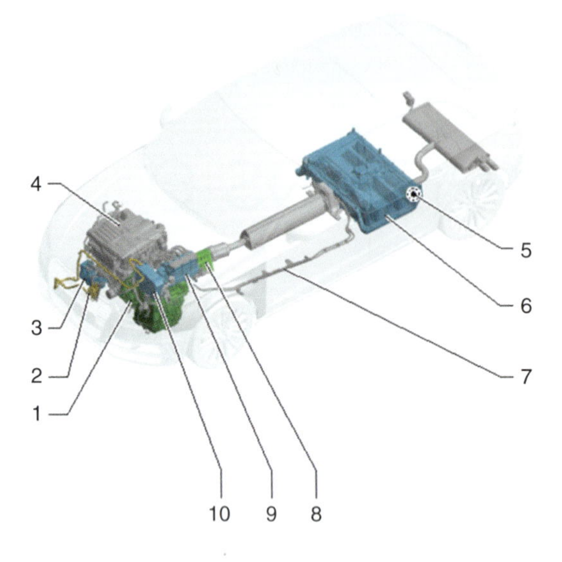

Figura 8.1 Componentes em um Golf GTE: 1) acionamento de corrente trifásica (acionamento elétrico do motor, medição de temperatura do acionamento); 2) tomada de recarga da bateria de alta-tensão; 3) compressor elétrico do ar-condicionado; 4) motor de combustão; 5) unidade de controle da bateria; 6) bateria de alta-tensão; 7) cabos de alta-tensão; 8) aquecedor de alta-tensão; 9) eletrônica de controle e potência para o acionamento elétrico (unidade de controle, capacitor intermediário, conversor de tensão, conversor DC/AC para acionar o motor); 10) unidade de recarga 1 para bateria de alta-tensão (fonte: Grupo Volkswagen).

8.1.3 Desenergização

Diferentes fabricantes possuem procedimentos distintos para desligar o sistema de alta-tensão – você **deve** sempre recorrer às informações específicas para essa operação. A seguir, apresento um exemplo de processo de desenergização de um veículo VW modelo 2015.

Segurança em primeiro lugar

Diferentes fabricantes possuem procedimentos distintos para desligar o sistema de alta-tensão – você **deve** sempre recorrer às informações específicas para essa operação.

1 Estacione o veículo de modo seguro.
2 Conecte o dispositivo de diagnóstico.
3 Selecione o modo de diagnóstico e inicie o diagnóstico.
4 Selecione a aba de testes.
5 Pressione o botão de autoteste e selecione os seguintes itens do menu um após o outro:

- Sistema elétrico/carroceria
- Sistema de compatibilidade de autodiagnóstico
- Unidade de controle de tração elétrica
- Unidade de controle de tração elétrica, funções
- Desenergizar sistema de alta-tensão

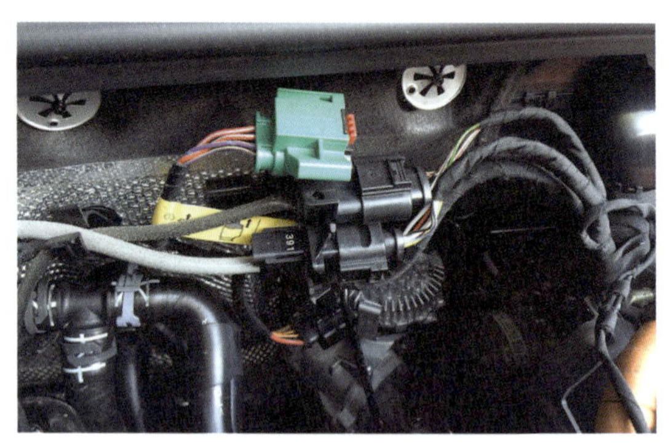

Figura 8.2 Conector de manutenção (verde) e etiqueta de aviso em um Golf GTE.

Será solicitado que você desconecte o conector de manutenção do sistema de alta--tensão durante a sequência programada. O conector de manutenção para o sistema de alta-tensão é um ponto de ligação elétrica entre o contator e a bateria de alta-tensão. Ele sempre deve ser removido se o trabalho for executado no sistema de alta-tensão. As ações finais incluem:

- Ter a certeza de que o sistema está desenergizado, e assegurar-se disso a fim de evitar reativação usando um cadeado.

- Travar o sistema de alta-tensão; a chave de partida e a do cadeado devem ser armazenadas em um local seguro.
- Colocar placas de aviso apropriadas no local e nos arredores.

Também é apropriado verificar:

- Códigos de falhas
- Informações no painel do veículo
- Sinalizações de aviso no local certo

Figura 8.3 Sinais de aviso utilizados ao trabalhar em um veículo após desenergização.

Em alguns casos, um técnico qualificado em alta-tensão deve executar o processo de desenergização para que outros possam executar tarefas específicas.

8.2 Manutenção

8.2.1 Reparos que afetam outros sistemas do veículo

Se não for tomado o devido cuidado, trabalhar em qualquer sistema do veículo pode afetar os demais. Por exemplo, remover e substituir algo simples como um filtro de óleo pode afetar outros sistemas se você desconectar ou danificar o pressostato do óleo acidentalmente.

Por essa razão, e principalmente por se tratar de sistemas de alta-tensão, você sempre deve desconectar conexões com outros sistemas. Um bom exemplo é a situação em que, ao desconectar a bateria 12 V em um VHE, o sistema pode continuar sendo alimentado pelo conversor DC-DC da bateria de alta-tensão. Portanto as informações do fabricante são essenciais.

Radiação eletromagnética (ou interferências) pode afetar circuitos eletrônicos delicados. A maioria das unidades de controle de motor de combustão é blindada de alguma forma, mas a grande força magnética dos rotores de alguns motores elétricos de VEs pode causar dano mesmo assim. De uma perspectiva diferente, um recente artigo noticiado apontou como vários motoristas, ao estacionar em um estacionamento específico, não conseguiam travar seus carros remotamente. Ainda está em investigação, mas é muito provável que seja radiação eletromagnética, possivelmente de linhas de transmissão próximas.

> **Definição**
>
> EMR: *electro-magnetic radiation* (radiação eletromagnética).

8.2.2 Inspeção de componentes de alta-tensão

Durante qualquer operação de serviço ou reparo é importante inspecionar os componentes de alta-tensão. Isso inclui os cabos de recarga apresentados na Figura 8.4.

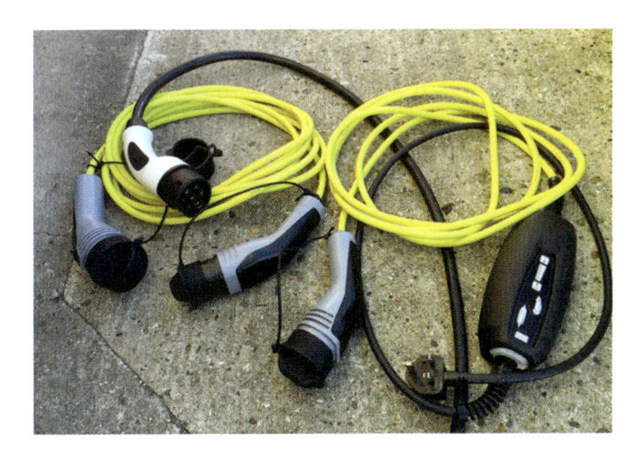

Figura 8.4 Cabos de alimentação doméstico e de recarga em eletropostos.

Cabos

Dois aspectos fundamentais ao inspecionar componentes de alta-tensão a que se deve estar atento são:

- Capacidade de drenagem de corrente do veículo

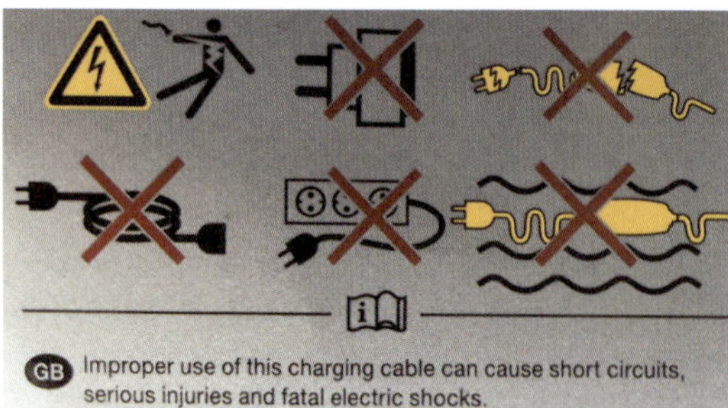

Figura 8.5 Avisos e informações fornecidos como parte dos cabos de recarga.

- Curtos-circuitos potenciais e possíveis danos a componentes do veículo

Você deve ser capaz inclusive de identificar os componentes e métodos de conexão utilizados. Componentes e cabos de alta-tensão devem ser inspecionados visualmente em busca de dados, posicionamento correto e segurança. Preste atenção aos seguintes itens ao fazer uma inspeção visual:

- Algum dano externo no componente de alta-tensão
- Isolamento danificado ou defeituoso nos cabos de alta-tensão
- Qualquer deformação incomum nos cabos de alta-tensão

Figura 8.6 Cabos de alta-tensão.

Bateria

Inspecione as baterias de alta-tensão por:

- Rachaduras na parte superior ou inferior da bateria
- Deformação na parte superior ou inferior da bateria
- Mudança de coloração ou manchas no invólucro por calor excessivo
- Vazamento de eletrólito
- Danos nos contatos de alta-tensão
- Adesivos aderentes e com informação legível
- Linha de equalização de potencial em conformidade
- Danos por corrosão

Figura 8.7 Conjunto de baterias da Honda.

Outros componentes

Compartimento do motor de combustão: verifique as condições da eletrônica de controle e potência para tração elétrica, cabos de alta-tensão para baterias e compressor do ar-condicionado, cabos de alta-tensão para o motor elétrico bem como plugues de alta--tensão de recarga na grade do radiador ou na tampa do tanque conforme a situação.

Abaixo do veículo: verifique a bateria de alta-tensão bem como os cabos de alta-tensão para a bateria.

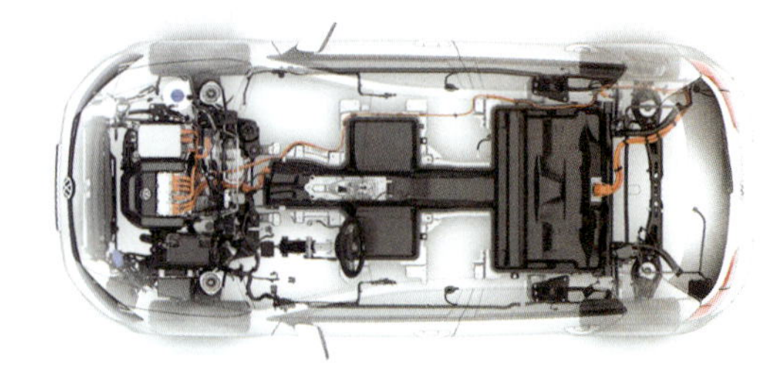

Figura 8.8 Componentes de alta-tensão e demais componentes (fonte: Volkswagen Media).

Problema de manutenção em VHEP

Um ponto interessante que pode trazer problemas de manutenção em um VHEP é a situação em que o motorista sempre completa seu trajeto sem utilizar toda a autonomia elétrica. Isso pode resultar em um MCI muito ocioso por longos períodos de tempo. O combustível pode ficar velho e partes mecânicas podem ficar presas em casos extremos.

A solução é que a maioria dos carros desse tipo possua um modo de manutenção que pode ser ativado pelo proprietário conforme desejar, ou, mais provavelmente, operar de forma automática de tempos em tempos.

8.3 Remoção e reposição

8.3.1 Componentes de alta-tensão

Os principais componentes de alta-tensão (também chamados de alta energia) são geralmente classificados em::

- Cabos (cor de laranja!)
- Gerador/motor de tração
- Unidade de gerenciamento de bateria
- Unidade de controle e potência (inclui o inversor)

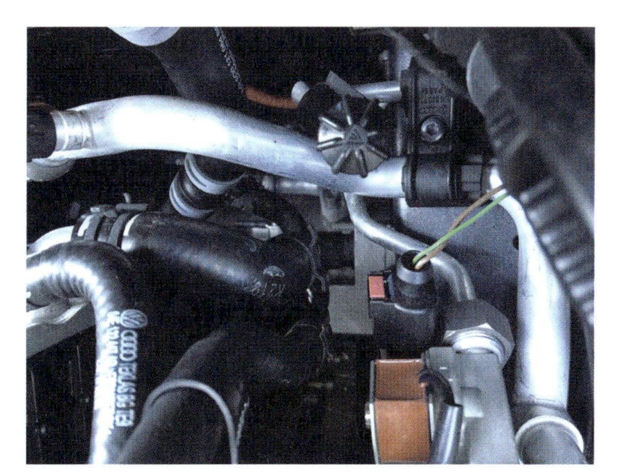

Figura 8.9 O compressor AC neste carro é acionado por um motor de alta-tensão, mas ainda permanece no lado do motor de combustão. Você pode verificar pelo cabo laranja de alimentação aqui! (fonte: Grupo Volkswagen).

- Unidade de recarga
- Motor de direção elétrica
- Aquecedor elétrico
- Bomba do ar-condicionado.

Pontos gerais de segurança neste tipo de atividade (veja também o Capítulo 2):

- Poeira e fluidos prejudiciais à saúde.
- Nunca trabalhar com baterias de alta-tensão que sofrem curto-circuito.
- Perigo de queimaduras pelo calor das baterias de alta-tensão.
- Utilizar luvas de proteção.
- Sistema de arrefecimento pressurizado quando o motor de combustão está quente.
- Risco de queimaduras de pele e membros
- Utilizar proteção para os olhos.
- Risco de ferimentos ou morte devido a choques elétricos.

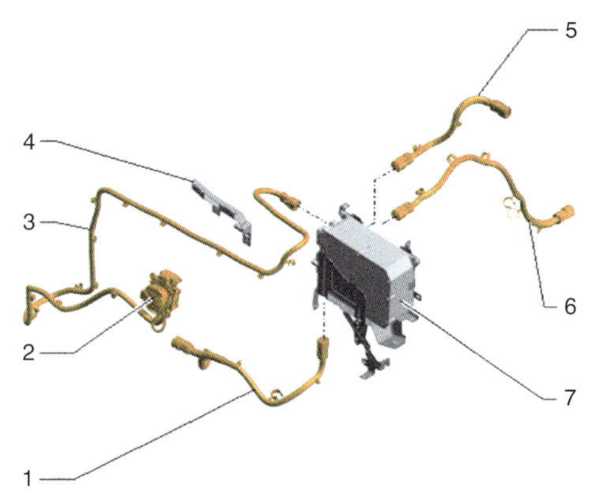

Figura 8.10 Cabos de alta-tensão: 1) cabo do compressor AC; 2) tomada de recarga; 3) cabo da tomada de recarga; 4) guia; 5) cabo de recarga da bateria; 6) cabo do aquecedor de alta-tensão; 7) unidade de recarga.

Todos os trabalhos que envolvem remoção e reposição de componentes de alta-tensão devem iniciar pelo processo de desenergização e, após concluído, deve-se seguir o procedimento adequado de reenergização.

As informações do fabricante são essenciais para qualquer trabalho deste tipo e que envolva alta-tensão. Instruções genéricas para qualquer

Figura 8.11 Compartimento do motor do Toyota Prius.

Figura 8.12 Compartimento do motor do Golf GTE.

componente seriam algo como apresentado a seguir, porém mais detalhadas:

1 Desenergize o sistema.
2 Drene o fluido refrigerante se conveniente (muitos componentes de alta-tensão precisam de arrefecimento).
3 Remova qualquer capa ou cobertura.
4 Remova as conexões de cabos de alta-tensão (por segurança, alguns conectores possuem travas duplas; a Figura 8.13 apresenta um exemplo).
5 Remova parafusos e porcas de segurança se necessário.
6 Remova o componente principal.

Segurança em primeiro lugar

As informações do fabricante são essenciais para qualquer trabalho deste tipo e que envolva alta-tensão.

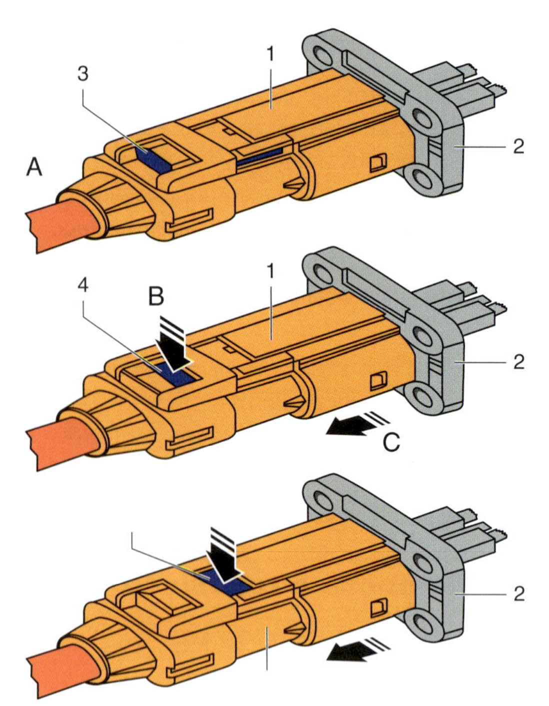

Figura 8.13 Conectores com trava: puxe a trava 3 na direção A, aperte o mecanismo 4 na direção B e puxe o conector 1 até a segunda trava; aperte o mecanismo 5 na direção D e o conector pode ser removido completamente.

8.3.2 Módulo de bateria

Para a maioria dos trabalhos de remoção de baterias, ferramentas especiais e equipamentos de trabalho específicos podem ser necessários. Por exemplo:

- Alicates para mangueiras
- Plataforma elevatória
- Bandeja de gotejamento
- Tampa protetora para plugue de potência

Processo típico de remoção:

1 Desenergize o sistema.
2 Remova proteções abaixo da carroceria.
3 Remova o silenciador.
4 Remova protetores de calor da bateria de alta-tensão.
5 Abra a tampa do tanque de expansão do fluido de arrefecimento.
6 Coloque a bandeja para gotejamento abaixo.
7 Remova a barra de equipotencialização.

8 Desconecte os cabos de alta-tensão.
9 Coloque as tampas protetoras nos terminais de alta-tensão.
10 Remova as mangueiras do circuito de arrefecimento com a ferramenta adequada.
11 Levante as travas de retenção, as mangueiras da bateria e drene o fluido de arrefecimento.
12 Prepare a plataforma elevatória com suportes adequados.
13 Levante a plataforma para sustentar a bateria de alta-tensão.
14 Remova os parafusos de fixação.
15 Abaixe a bateria de alta-tensão utilizando a plataforma.

A instalação deve ser feita na ordem inversa, tomando cuidado com:

- Apertar todos os parafusos no torque especificado.
- Antes de conectar os cabos de alta-tensão, remover a tampa protetora dos terminais.
- Preencher com fluido adequado.
- Energizar novamente o sistema de alta-tensão.

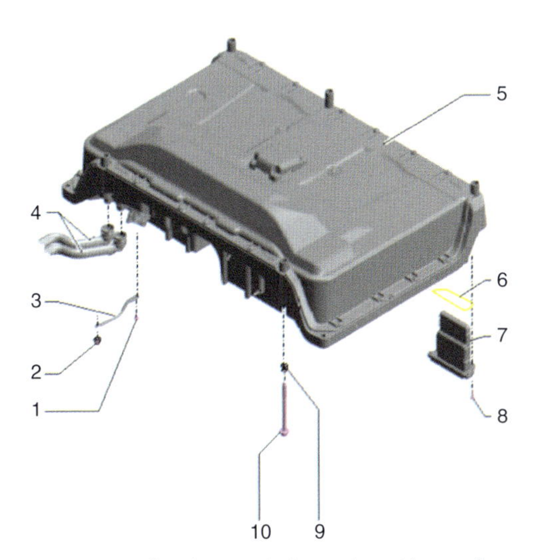

Figura 8.14 Conjunto de baterias: 1) parafuso; 2) porca; 3) linha de equipotencialização; 4) mangueiras de refrigeração; 5) bateria de alta-tensão; 6) bocal; 7) unidade de controle de regulação da bateria; 8) parafuso; 9) porca autotravante; 10) parafuso.

8.3.3 Componentes de baixa tensão

Assim como em alta-tensão, muito dos trabalhos em VEs serão executados em sistemas de baixa tensão. Algumas vezes estes são descritos como "baixa energia" para diferenciar de componentes de "alta energia" como o motor de tração – mas lembre-se de que componentes como o motor de partida são de baixa tensão, mas não baixa energia! Sistemas de baixa tensão incluem:

- Caixa de fusível/unidade de controle
- Componentes de baixa energia associados ao aquecimento interno
- Cabos e chicotes
- Bateria
- Motor de partida
- Alternador
- Chaves e interruptores
- Iluminação
- Componentes de baixa energia associados ao ar-condicionado
- Alarme
- Central de alarme
- Vidros, limpadores e lavadores elétricos
- Central de travamento

Para mais detalhes desses sistemas, por gentileza recorra ao livro *Automobile electrical and electronic systems* (Denton, 2013). Uma nova edição será lançada em 2016.

Figura 8.15 Motor de partida 12 V padrão.

8.4 Finalização do trabalho

8.4.1 Reenergização

Diferentes fabricantes orientam sobre diferentes formas de reenergizar o sistema de alta-tensão – você **deve** sempre recorrer às informações específicas para essa operação. A seguir, apresento um exemplo comum do processo de reenergização de um veículo VW modelo 2015.

Segurança em primeiro lugar

Diferentes fabricantes orientam diferentes formas de reenergizar o sistema de alta-tensão – você deve sempre recorrer às informações específicas para essa operação.

1 Conecte o equipamento de diagnóstico.
2 Selecione o modo de diagnóstico e inicie o diagnóstico.
3 Selecione a aba de testes.
4 Selecione o botão de autoteste e selecione os seguintes itens do menu um após o outro:

- Sistema elétrico/carroceria
- Sistema de compatibilidade de autodiagnóstico
- Unidade de controle de tração elétrica
- Unidade de controle de tração elétrica, funções
- Energizar sistema de alta-tensão.

Será solicitado que você acople o conector de manutenção do sistema de alta-tensão durante a sequência programada. Também será necessário que:

- Limpe os códigos de falha.
- Verifique e atualize informações no painel do veículo.
- Reestabeleça informações de aviso.

8.4.2 Resultados, registros e recomendações

Esta seção toda geralmente é deixada de lado, mas é muito importante fazer uma análise final dos resultados de teste, manter registro deles e então, quando apropriado, fazer recomendações aos consumidores.

Para interpretar resultados, boas fontes de informação são essenciais. Por exemplo:

- Diagrama de fios elétricos
- Instruções de reparo
- Encartes e erratas
- Configurações de torque
- Dados técnicos
- Dados de pesquisa e desenvolvimento

Todos os fabricantes permitem acesso online a esse tipo de informação. É essencial que a documentação apropriada seja utilizada e que o registro das atividades seja feito. Por exemplo:

- Ordens de serviço
- Registro de troca de peças
- Sistema de garantia do fabricante

Eles são necessários para garantir que a cobrança ao consumidor seja correta e que a informação seja mantida em um arquivo em caso de necessidade de trabalho futuro ou quando for acionado o serviço de garantia. Recomendações também devem ser feitas ao consumidor, como a necessidade de:

- Futuros reparos e análises
- Troca de peças

Ou, é claro, a mensagem que o consumidor mais gosta de ouvir, que nenhuma manutenção futura é necessária!

Recomendações para sua oficina também são úteis, por exemplo, como melhorar os métodos ou processos de trabalho para tornar o trabalho futuro mais rápido ou fácil.

Figura 8.16 Fonte de dados eletrônicos.

Resultados de testes podem ser registrados de diversas formas. O método dependerá do equipamento de teste que foi utilizado. Alguns equipamentos geram arquivos e relatórios, por exemplo. Contudo, os resultados de todos os outros testes devem ser registrados adequadamente em uma ficha. Na maioria dos casos será feito em um arquivo eletrônico, mas o princípio é o mesmo.

Fato importante

Sempre garanta que os registros estão claros e fáceis de entender.

8.5 Assistência rodoviária

8.5.1 Introdução

Alguns VEs precisam de cuidados especiais quando é necessária assistência rodoviária ou procedimentos de recuperação do veículo. Fabricantes fornecem informações detalhadas e um grande número de fontes está disponível, incluindo aplicativos de *smartphones*.

Segurança em primeiro lugar

Alguns VEs precisam de cuidados especiais quando é necessária assistência rodoviária ou procedimentos de recuperação do veículo.

Muitas das informações da próxima seção estão disponíveis aos atendentes de chamados de emergência, sendo fornecidas pela Tesla Motors em seu site (https://www.teslamotors.com/firstresponders).

8.5.2 Reparos rodoviários

Reparos em rodovias só devem ser feitos por profissionais qualificados e seguindo todos os procedimentos de reparo e segurança apresentados anteriormente neste livro. Informações gerais e detalhes específicos estão disponibilizados nos meios adequados.

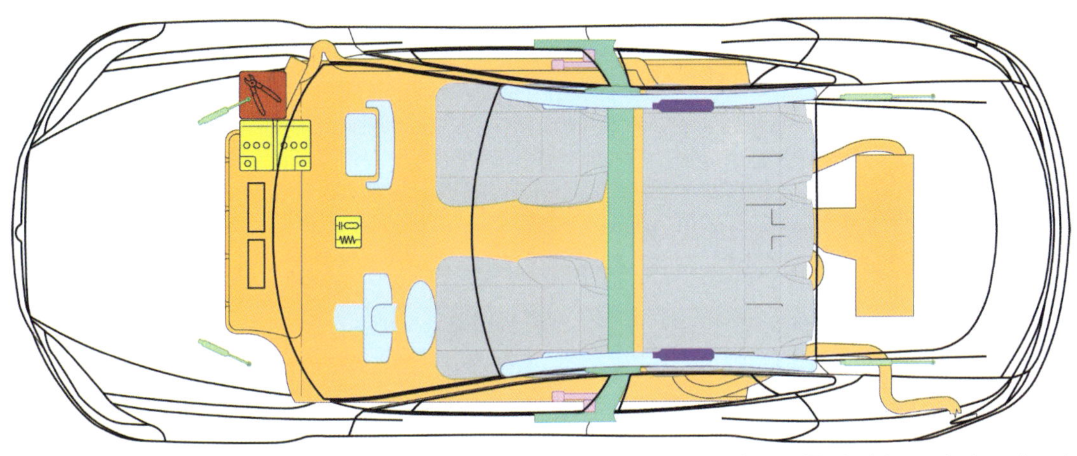

Figura 8.17 Componentes principais e informações de alta-tensão (fonte: Tesla Motors). *(continua)*

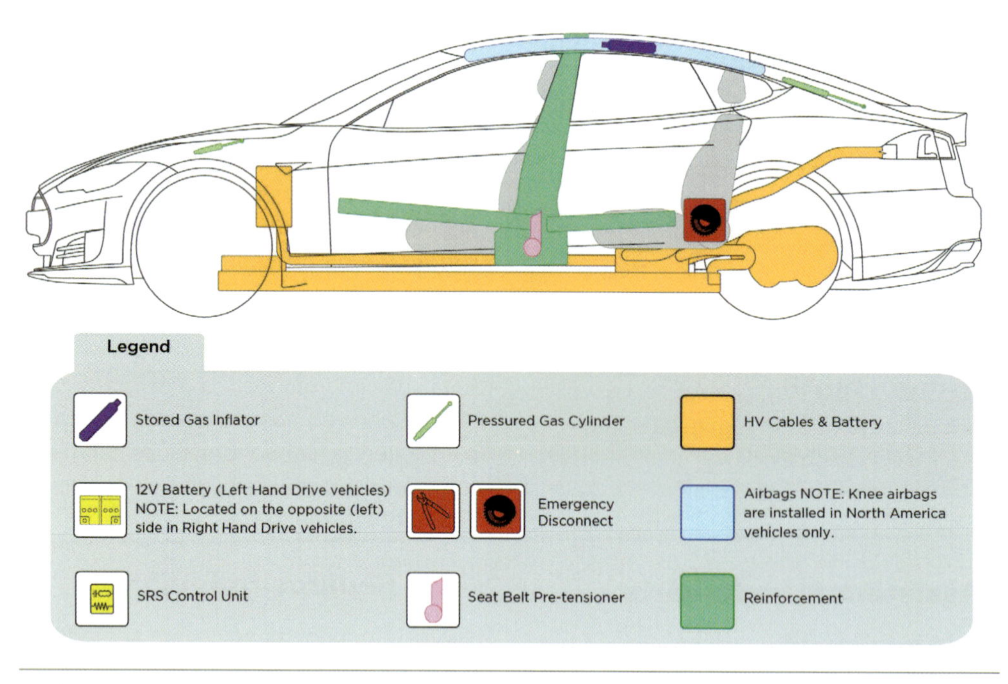

Figura 8.17 Componentes principais e informações de alta-tensão (fonte: Tesla Motors). *(continuação)*

MODEL S 2014

GENERAL INSTRUCTIONS

- Always assume the vehicle is powered, even if it is silent!
- Never touch, cut, or open any orange high voltage cable or high voltage component.
- Do not damage the battery pack, even if the propulsion system is deactivated.
- In the event of a collision with pre-tensioner or airbag deployment, the high voltage system should automatically disable.

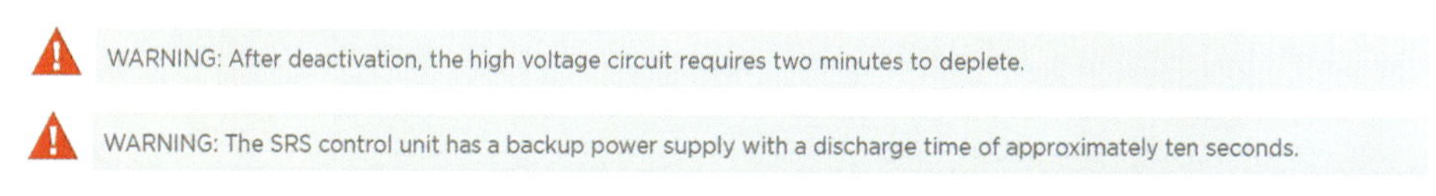

IMMOBILIZE THE VEHICLE

STEP 1: Chock the wheels.

STEP 2: Set the Parking Brake by pushing in the button on the end of the gearshift stalk.

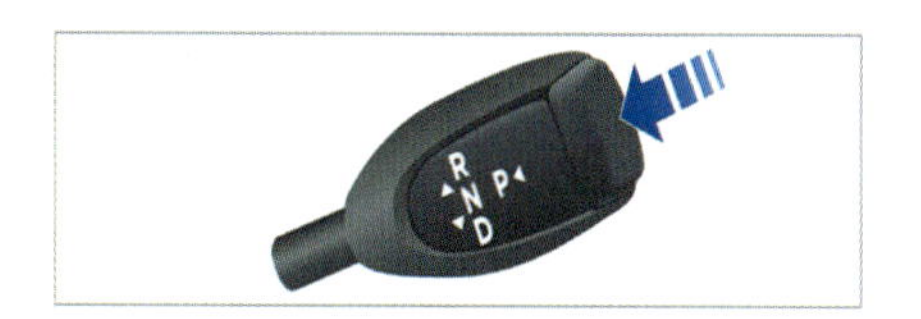

Figura 8.18 Instruções gerais e informações de desativação (fonte: Tesla Motors). *(continua)*

DEACTIVATE THE VEHICLE

The cut loop is located under the hood on the right side of the vehicle.

STEP 1: Open the hood using one of these methods:

- Double-click the Front Trunk (hood) button on the key.
- Touch Front Trunk on the touchscreen.
- Pull the release handle located under the glove box, then push down on the secondary catch lever. To release the pressure against the secondary catch, you may need to push the hood down slightly.

STEP 2: Remove the access panel (cowl screen) by pulling its rear edge upward to release the five clips that hold it in place.

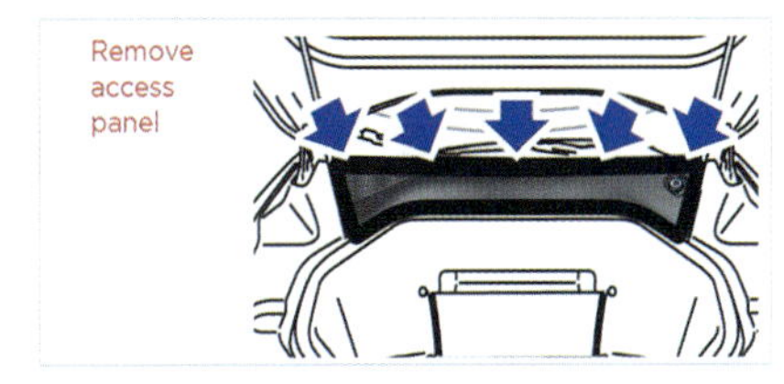

STEP 3: Double cut a section out of the loop so that the ends cannot reconnect.

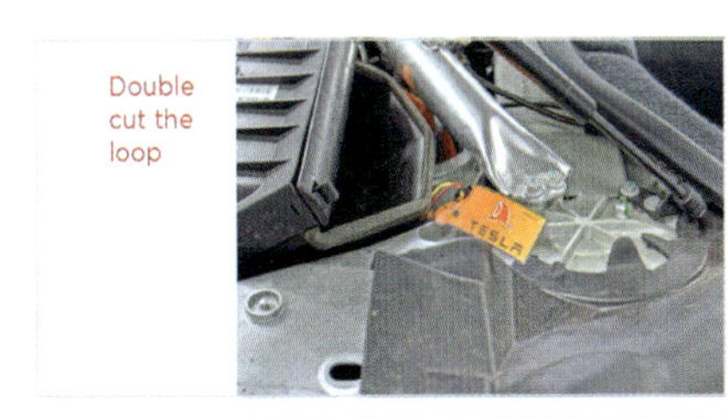

- If you cannot access the front cut loop, disable the high voltage by cutting into the second-row door pillar nearest the charge port.
- Use a 12" circular saw to cut 6 in (152 mm) through the label (right) and into the pillar.

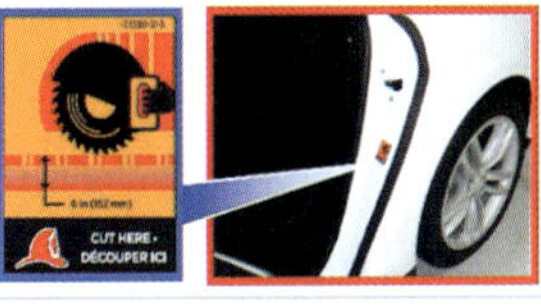

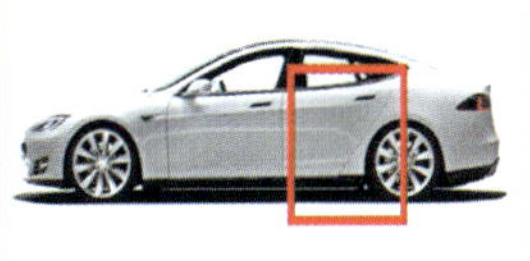

P/N: SC-14-94-002 R1

© 2013-2014 TESLA MOTORS, INC. All rights reserved.

Figura 8.18 Instruções gerais e informações de desativação (fonte: Tesla Motors). *(continuação)*

8.5.3 Recuperação

Para a recuperação de veículo em rodovias, muitos fabricantes fornecem os números de assistência rodoviária para os quais o motorista deve ligar. Além disso, as informações detalhadas fornecidas oferecem as seguintes informações para serviço de guincho (disponibilizado pela Tesla em relação ao Model S):

Utilize apenas o guincho de plataforma

Utilize apenas o guincho de plataforma, a não ser que especificado de forma diferente pela Tesla. Não transporte o Model S com pneus em contato direto com o solo. Para transportar o Model S, siga exatamente as instruções descritas. Danos podem ser causados e não estão cobertos pela garantia.

Desative o nivelamento automático (apenas para veículos com suspensão a ar)

Se o Model S for equipado com sistema de suspensão ativa a ar, ele automaticamente se nivela, mesmo quando desligado. Para evitar danos, você deve utilizar a tela de toque e ativar o modo de "macaco hidráulico", que desabilita o nivelamento automático:

1 Toque em CONTROLS no canto inferior esquerdo da tela.

2 Pressione o pedal de freio, então toque em **Controls > Driving > Very High** para maximizar a altura.

3 Toque em Jack.

Quando o modo "macaco hidráulico" estiver ativo, o Model S apresenta um indicador de luz no painel de instrumentos, em conjunto com a mensagem de que o sistema de suspensão ativa está desabilitado. Nota: o modo "macaco hidráulico" é cancelado automaticamente quando o Model S atingir velocidade superior a 7 km/h.

ATENÇÃO: a falha em ativar o modo "macaco hidráulico" no Model S equipado com suspensão ativa pode deixar o veículo solto durante o transporte, podendo causar danos graves.

Ative o modo guincho

O Model S entra automaticamente em modo Park quando detecta que o motorista está saindo do veículo, mesmo se foi anteriormente acionada a posição Neutral. Para manter o Model S em Neutral (que desengata os freios), você deve utilizar a tela de toque para ativer o modo guincho:

1 Coloque em modo Park.

2 Pressione o freio e, na tela de toque, pressione **Controls > E-Brakes & Power Off > Tow Mode.**

Quando o modo guincho estiver ativado, o Model S mostrará uma luz indicativa no painel de instrumentos em conjunto com uma mensagem de que o Model S está desengrenado.

NOTA: o modo guincho é cancelado quando o Model S é colocado em Park.

ATENÇÃO: se o sistema elétrico não estiver funcionando e você não conseguir liberar os freios, tente uma partida rápida pela bateria de 12 V. Para instruções, ligue para o número anotado na página anterior. Se ocorrer uma situação na qual você não consegue liberar os freios de estacionamento, utilize algo adequado (como roletes ou estruturas com rodízios) para movimentar o veículo pela menor distância possível. Antes de fazer isso, sempre verifique as especificações desses equipamentos auxiliares e a carga máxima recomendada.

Conecte a corrente do guincho

O método utilizado para conectar a corrente depende de o Model S estar equipado com um encaixe de reboque.

Suspensão traseira inferior

Amarre a corrente do guincho utilizando a parte inferior da suspensão traseira. Coloque um pedaço de madeira de 2" x 4" entre as correntes, abaixo da carroceria.
ATENÇÃO: antes de puxar, posicione a madeira entre a corrente e a carroceria para proteger a estrutura contra qualquer dano que possa ser causado pela corrente ou cabo de aço.

Encaixe para reboque

Remova a grade de proteção frontal inserindo uma ferramenta plástica no canto superior direito e então gentilmente puxe em sua direção. Quando a grade soltar, puxe-a em sua direção, sem torcer ou entortar, para liberar as demais travas.

ATENÇÃO: não utilize ferramentas de metal, como chaves de fenda. Isso pode danificar a grade e a área ao redor.

Insira totalmente o encaixe para reboque (encontrado no porta-malas dianteiro), na abertura do lado direito e então rosqueie no sentido anti-horário até que esteja firmemente apertado. Quando seguro, utilize o gancho ou corrente do guincho no encaixe para reboque.

ATENÇÃO: antes de puxar tenha a certeza de que o encaixe de reboque está firmemente preso.

Puxe para cima da plataforma e trave as rodas

- Trave as rodas utilizando cintas adequadas.
- Tenha a certeza de que nenhuma parte metálica das cintas está em contato com a pintura do veículo.
- Não utilize cintas sobre a carroceria ou entre as rodas.

ATENÇÃO: amarrar cintas no chassi, suspensão ou qualquer outra parte da carroceria pode causar danos.

ATENÇÃO: para evitar danos, nunca transporte o Model S com pneus em contato direto com o solo.

8.5.4 Chamadas de emergência

Em uma seção anterior, apontei alguns aspectos gerais que são importantes para atendentes de serviços de emergência (como bombeiros e socorristas). A maioria dos fabricantes fornece informações detalhadas que cobrem aspectos como:

- Identificação do modelo
- Componentes de alta-tensão
- Sistemas de baixa tensão
- Desabilitar alta-tensão
- Estabilizar o veículo
- *Airbags* e SRS
- Reforços
- Áreas em que não se pode cortar
- Operações de resgate
- Içamento
- Abertura

Fato importante

A maioria dos fabricantes fornece informações detalhadas.

Um bom exemplo desse material está disponível no site da Tesla Motors: https://www.teslamotors.com/firstresponders.

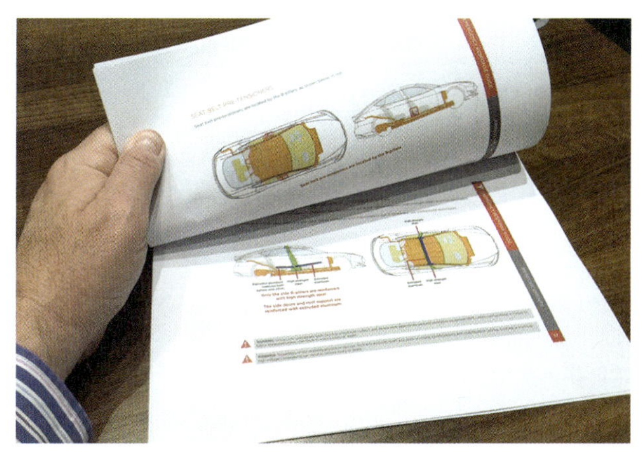

Figura 8.19 Guia de atendimento emergencial do Tesla Model S (mostrando informações sobre os tensionadores de cinto de segurança e o local dos reforços e estruturas de aço resistentes).

8.5.5 Aplicativo móvel Pro-Assist Hybrid

A equipe da Pro-moto é especialista de longa data na área de treinamento técnico automotivo, experiente em tecnologia de veículos híbridos, elétricos e movidos a hidrogênio. A empresa é comprometida com a qualificação de profissionais de serviço e corporações que executam atividades de resgate, recuperação, reciclagem e reparo de VEs, VHEs e os movidos a célula de combustível. Segurança é o ponto-chave do seu compromisso. Eles também são focados em ajudar qualquer proprietário ou interessado em VHE e VE por meio de educação, auxílio em escolhas e considerações pertinentes sobre veículos e otimização de suas experiências de uso. A Pro-Assist é uma subsidiária da Pro-moto.

O aplicativo Pro-Assist Hybrid[2] foi desenvolvido para auxiliar equipes de resgate, empresas de reciclagem e profissionais de reparo de forma a entender os requisitos diferentes e necessários para atividades envolvendo veículos híbridos. Isso se torna particularmente importante quando atividades críticas, de reparo, de recuperação, manutenção de rotina ou emergenciais precisam ser feitas. O aplicativo continua em constante atualização, por meio da inserção de novos modelos, e espera-se o acréscimo de informações de veículos elétricos e movidos a célula de combustível. Os aplicativos são criados em colaboração entre a Sociedade de Fabricantes e Revendas de Automóveis e os maiores fabricantes de veículos híbridos e elétricos. Está disponível para venda nas principais lojas de aplicativos para diversos sistemas operacionais.

Informações específicas dos veículos podem ser acessadas por meio do menu principal que apresenta uma lista em ordem alfabética de veículos, conforme apresentado nas Figuras 8.20 e 8.21. Informações gerais relacionadas a avaliação de risco, tecnologia de baterias e alguns eventos históricos também estão disponíveis. As imagens são de captura da tela inicial, servindo como pequenos exemplos das informações detalhadas fornecidas por este aplicativo essencial.

Figura 8.20 Menu principal do aplicativo Pro-Assist Hybrid.

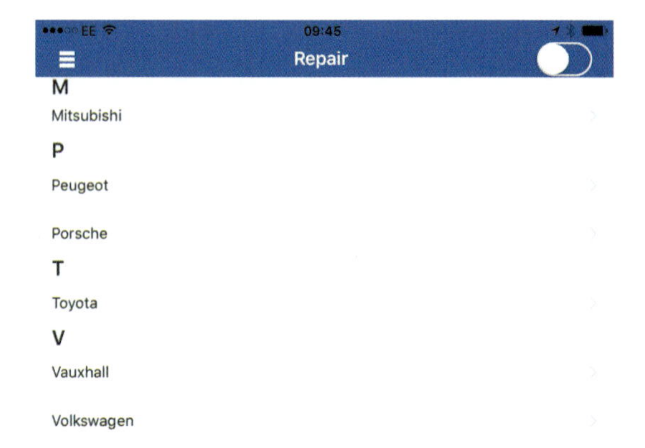

Figura 8.21 Lista em ordem alfabética mostrando apenas alguns dos fabricantes presentes no aplicativo.

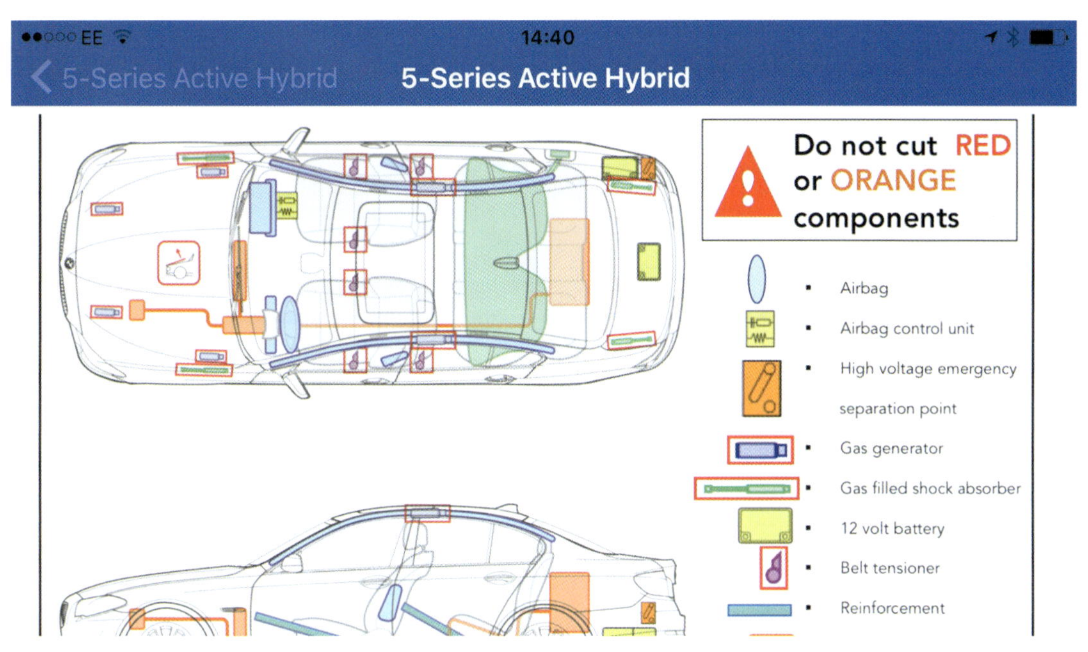

Figura 8.22 Informações referentes aos *layouts* e locais em um BMW Série 5 com ênfase em segurança crítica e componentes de alta-tensão.

Figura 8.23 Informações do Prius 2010 para profissionais de resgate.

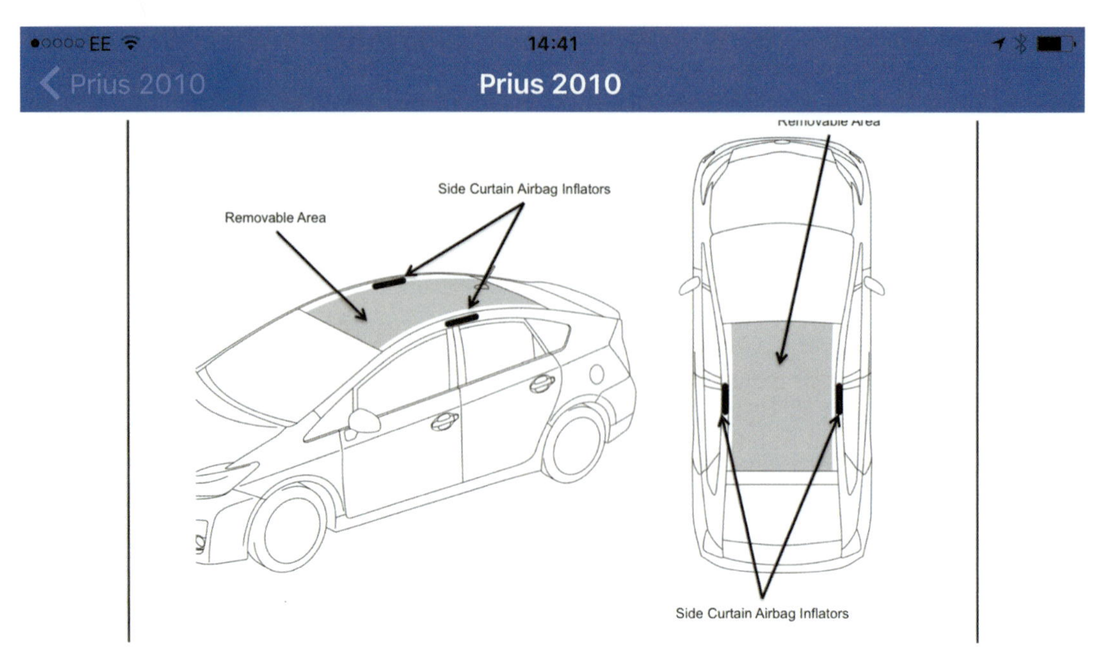

Figura 8.24 Esta área do Prius 2010 é removível em uma situação de resgate de emergência.

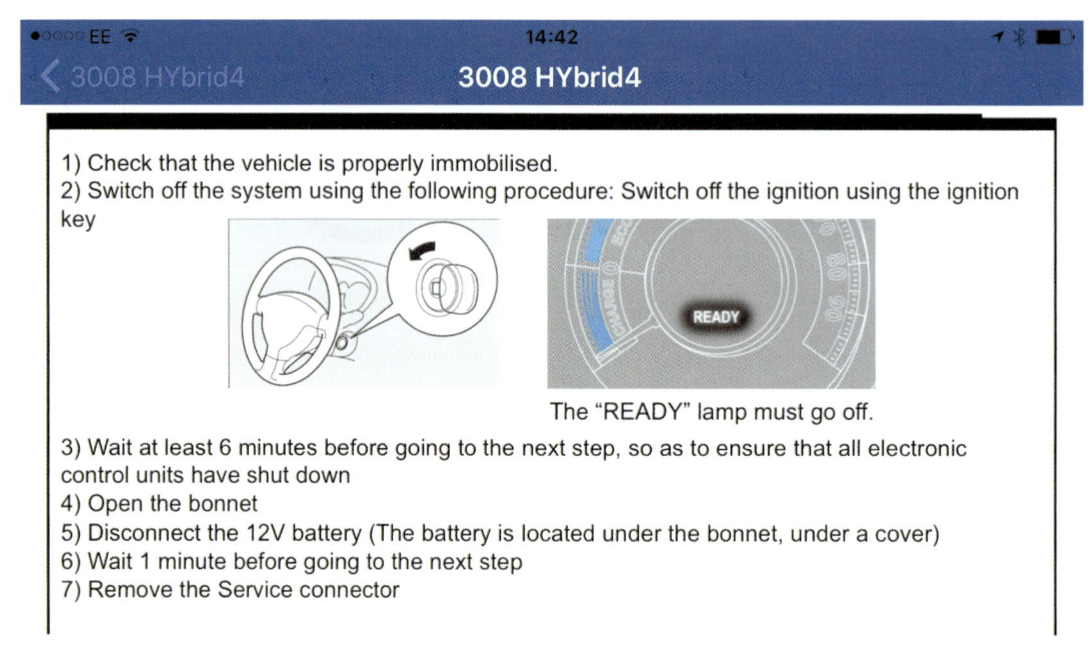

Figura 8.25 Parte da informação relacionada ao desligamento e procedimento de desligamento em um veículo selecionado.

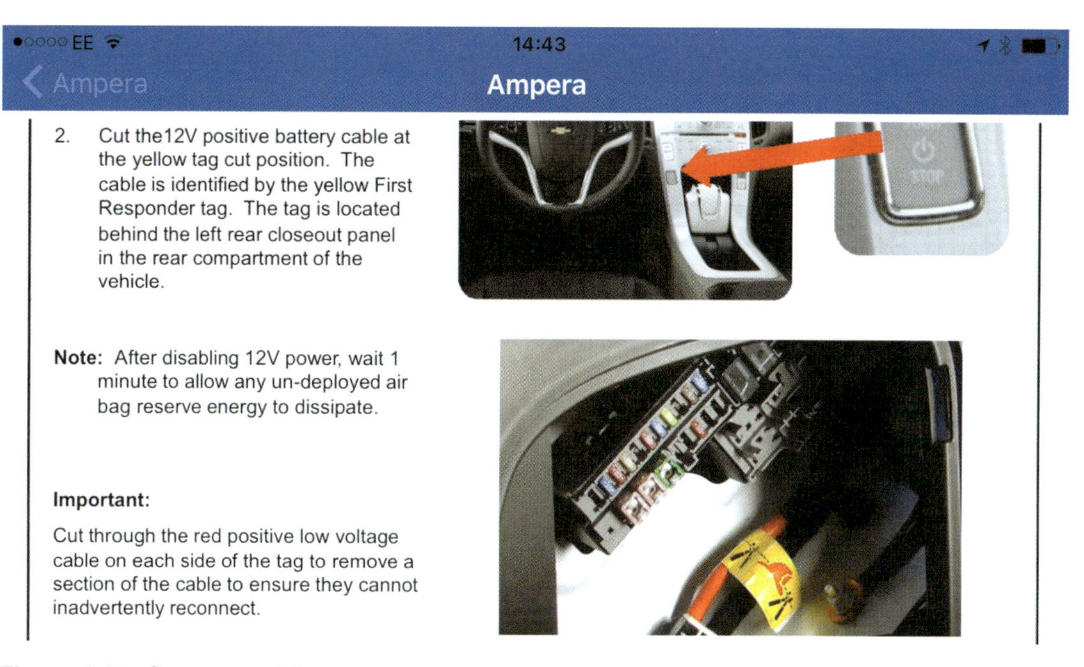

Figura 8.26 Como em vários veículos, o Ampera possui uma zona dedicada a romper a alimentação da conexão da fonte 12 V.

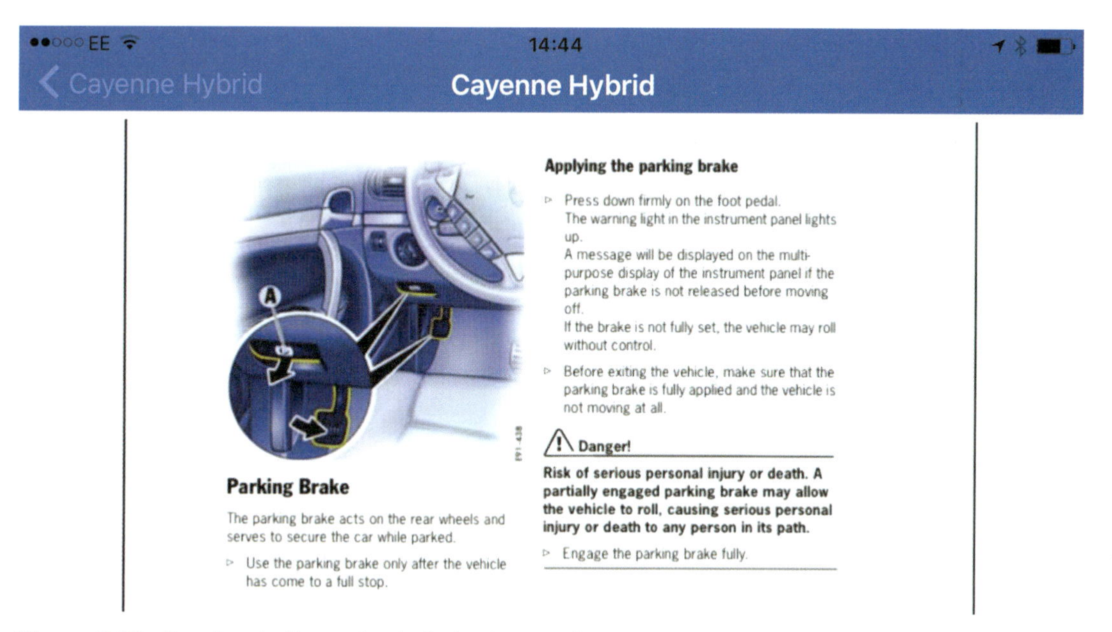

Figura 8.27 Detalhe da liberação do freio de estacionamento em um Porsche Cayenne híbrido.

O conteúdo reproduzido aqui foi gentilmente cedido pela empresa. Encontre mais informações sobre a Pro-moto e o aplicativo Pro-Assist Hybrid em http://www.pro-moto.co.uk.

Notas

1 A 5ª edição foi lançada em 2017. [N.T.]

2 Disponível em inglês para compra em seu *smartphone*.

Estudos de caso

9.1 Introdução

Este capítulo aponta alguns desenvolvimentos e mudanças, bem como tecnologias diferentes e inovações utilizadas por VEs, VHEs e VHEPs. Em várias situações eu referenciei informações dos próprios fabricantes, então lembre-se de fazer algumas concessões!

9.2 General Motors EV-1

9.2.1 Visão geral

Trata-se agora de um veículo elétrico antigo, mas a General Motors tem liderado o desenvolvimento de veículos elétricos desde 1960, e este é um interessante estudo de caso. A GM desenvolveu o carro elétrico EV-1 para ser o primeiro veículo elétrico projetado especificamente para produção, e foi o primeiro deles a ser vendido (nos Estados Unidos), em 1996.

9.2.2 Detalhes do EV-1

O EV-1 tinha um coeficiente de arrasto de apenas 0,19 e um chassi de alumínio *spaceframe* (40% mais leve que aço) com carroceria de painéis de compósito. Pesando no total apenas 1.350 kg, o carro era acionado eletronicamente a uma velocidade máxima de 128 km/h – embora um protótipo do EV-1 detenha o recorde de velocidade em solo para veículos elétricos, com 293 km/h! O recorde atual está acima de 480 km/h, mas pertence a um carro projetado para quebrar esse recorde, não para uso comum.

O EV-1 podia atingir 96 km/h em menos de 9 segundos. A chave para seu sucesso foi seu trem de força elétrico, baseado em um motor trifásico AC de 103 kW de potência, marcha única e dupla redução para tração dianteira. O trem de força rodava acima de 160 mil km até a primeira manutenção de rotina.

O conjunto de baterias consistia em 26 módulos de 12 V de chumbo-ácido, com tensão total de 312 V. Sua autonomia era de 112 km por recarga em condições urbanas e 144 km na estrada. Contudo, novas baterias de níquel-metal hidreto (NiMH) começaram a ser utilizadas em 1998, quase dobrando a autonomia para 224 km na cidade e 252 km na estrada. Um sistema inovador de regeneração

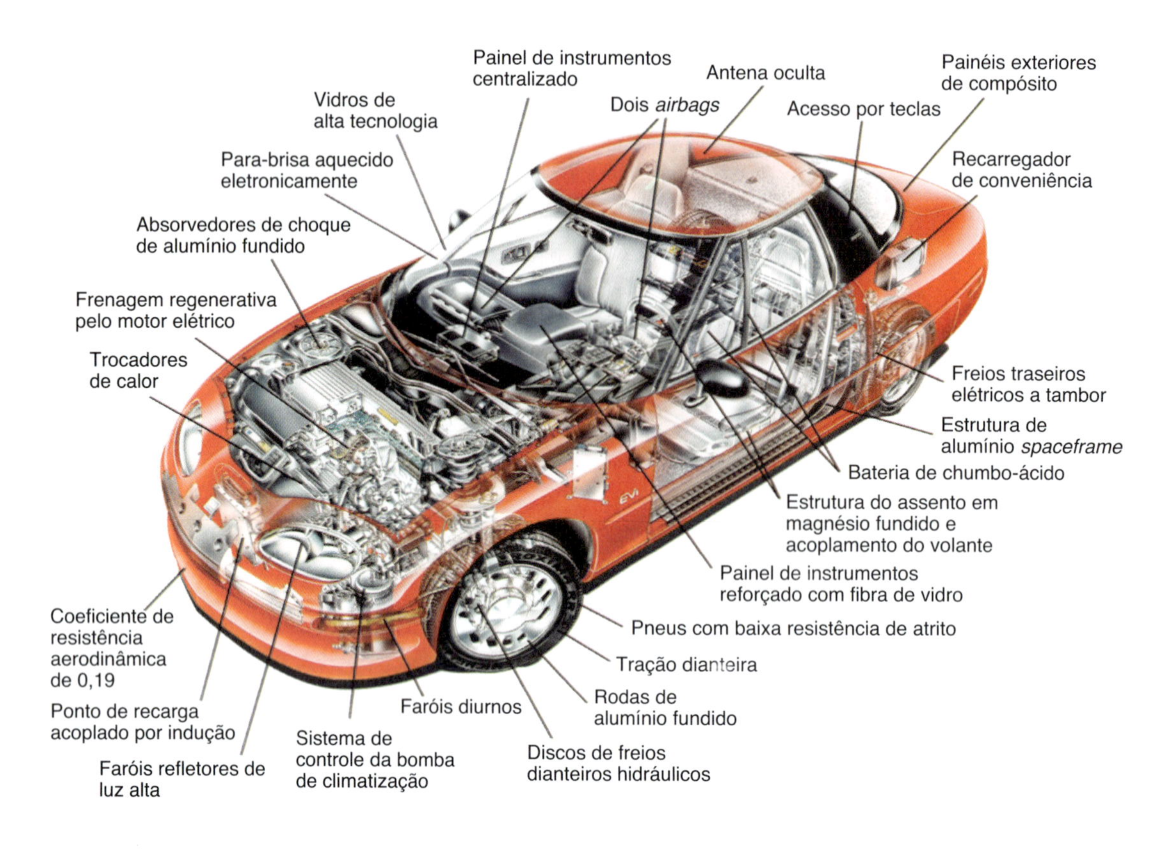

Figura 9.1 EV-1 da General Motors (fonte: GM Media).

em frenagem auxiliou o aumento dessa autonomia, convertendo energia de frenagem em eletricidade para efetuar a recarga parcial do conjunto de baterias.

A recarga completa podia ser feita em qualquer condição meteorológica, levando de 3 a 4 horas para ser completada, utilizando o sistema padrão de 220 V. Com um recarregado embarcado de 110 V, poderia levar até 15 horas.

A frenagem regenerativa foi atingida pelo uso de uma combinação híbrida de discos hidráulicos dianteiros e freios traseiros por tambores. Durante a frenagem, o motor elétrico gerava eletricidade, que então era utilizada para recarregar parcialmente a bateria.

O EV-1 vinha com controle de tração, controle automático de velocidade, freios ABS, *airbag* duplo, vidros, retrovisores e travas elétricas, rádio AM/FM com CD e fita cassete (nem lembrava mais disso!), sistema de monitoramento de pressão de pneus e várias outras funções.

Figura 9.2 GVE da General Motors (fonte: GM Media).

9.3 Nissan Leaf 2016

9.3.1 Visão geral

Um dos primeiros VEs a atingir o mercado foi o LEAF, que continua em desenvolvimentos para melhoria – visto que o modelo LEAF 2016 agora possui uma bateria de 30 kWh, atingindo autonomia de 250 km. Isso se reflete em um aumento de 26% em relação aos modelos anteriores devido à tecnologia da bateria.

> **Fato importante**
>
> O LEAF 2016 possui uma bateria de 30 kWh, com autonomia de até 250 km.

A nova bateria entrega uma autonomia muito maior sem comprometer seu tamanho. Tem as mesmas dimensões do modelo anterior de 24 kWh e apenas 21 kg de aumento de massa. O resultado é um carro que pode ir muito mais longe enquanto oferece a mesma praticidade e facilidade de uso dos modelos anteriores.

A chave para o aumento de desempenho na bateria está relacionada ao seu projeto interno e à química utilizada. A introdução de um cátodo de alta capacidade melhora a performance, enquanto o novo desenho das células também contribui para o ganho. É fato que a Nissan está tão confiante com a performance e viabilidade de sua nova bateria de 30 kWh que oferece garantia de 8 anos e 160 mil km.

O tempo de recarga rápida é de apenas 30 minutos entre 0% e 80% de carga, exatamente o mesmo tempo que a bateria de 24 kWh leva para atingir a mesma carga.

9.3.2 Controle remoto

Uma das úteis funções mais celebrada do LEAF é a possibilidade de interagir e ser controlado remotamente pelo seu proprietário por meio do NissanConnect EV. Por permitir desde a verificação do estado de carga até o preaquecimento do ambiente em dias frios, proprietários ao redor do mundo utilizam esta

Figura 9.3 Tomada de recarga do Nissan LEAF.

funcionalidade por meio de *smartphones* para tornar a vida ainda mais fácil. O NissanConnect EV não apenas permite um conforto maior, mas também melhora a autonomia, graças à possibilidade de condicionamento do ambiente veicular enquanto ainda conectado na rede de energia.

Um dos vários avanços do novo sistema NissanConnect EV é o mapa de recarga, que é capaz de mostrar quais pontos de recarga estão disponíveis e quais estão sendo utilizados. A fabricação do LEAF 30 kWh continuará sendo feita na fábrica da Nissan localizada em Sunderland, Reino Unido, iniciando as vendas na Europa em janeiro de 2016.

Figura 9.4 Painel de instrumentos do Nissan LEAF (fonte: Nissan Media).

9.4 GM Volt 2016 (versão dos Estados Unidos)

9.4.1 Visão geral

O GM Volt é um VE de autonomia estendida. A segunda geração do modelo fornece autonomia de 85 km, com eficiência e aceleração superiores às da geração anterior. Possui duas unidades de tração novas, e chega a ser até 12% mais eficiente e 50 kg mais leve que a unidade da primeira geração. A autonomia total é atingida por meio do gerador interno e pode chegar a 672 km. O carro tem um *design* brilhante e acomoda até cinco passageiros. O sistema Enhanced Chevrolet MyLink fornece tecnologia de comunicação com *smartphones* e capacidade de utilizar o Apple CarPlay.

Figura 9.5 GM Volt (fonte: GM Media).

O novo sistema de tração, composto de um novo módulo de bateria de íons de lítio de 192 células e 18,4 kWh, e a unidade de tração com dois motores elétricos de 111 kW permitem ir de 0 a 100 km/h em apenas 8,4 segundos.

O Volt permanece com sistema de tração puramente elétrico, com autonomia similar à dos veículos de motor a combustão e híbridos da mesma categoria. Pode ser utilizado em ambiente urbano somente com eletricidade ou na estrada com auxílio do sistema de autonomia estendida.

Fato importante

O Volt permanece com sistema de tração puramente elétrico, com autonomia similar à dos veículos de motor a combustão e híbridos da mesma categoria.

9.4.2 Bateria

A tecnologia das baterias da General Motors inclui células revisadas e desenvolvidas em conjunto com a LG Chem. A capacidade de armazenamento de carga é 20% maior em termos de volume quando comparada à da célula original, enquanto o número de células diminuiu de 288 para 192.

O novo módulo de bateria do Volt armazena mais energia, 18,4 kWh em comparação com 17,1 kWh, e com menos células, pois é possível armazenar mais carga por célula. Também fornece uma capacidade poderosa de descarga de 120 kW, em comparação com a anterior de 110 kW, contribuindo para uma melhor performance.

O módulo de bateria permanece com o desenho em T da primeira geração do Volt. As células são colocadas em camadas em pares em cada grupo de célula, em vez de três camadas, como era feito anteriormente. Elas também estão posicionadas mais abaixo, para fornecer um centro de gravidade mais baixo no veículo, e a massa total da bateria também diminuiu. O sistema de bateria melhorado continua a utilizar o sistema de controle térmico ativo, que ajuda a manter a autonomia elétrica do Volt.

Segundo um estudo da GM com mais de trezentos modelos dos anos 2011 e 2012 rodando na Califórnia por mais de 30 meses, muitos proprietários estão obtendo um resultado maior que os 56 km de autonomia certificados pela EPA, com 15% de aumento, passando os 64 km. Os donos do Volt da geração atual já acumularam mais de 690 milhões de km com o VE.

Figura 9.6 Módulos de bateria (fonte: GM Media).

9.4.3 Unidade de tração dupla

Uma nova unidade de tração com dois motores elétricos é o ponto crucial da melhor eficiência em performance e expansão da autonomia elétrica do Volt 2016. Os motores são menores e mais leves que o motor/gerador da unidade da geração anterior, enquanto conseguem entregar mais torque e potência. A nova unidade de tração também foi projetada para reduzir as características de ruído e vibração, contribuindo para uma direção mais silenciosa. A redução total do motor chega a mais de 15 kg.

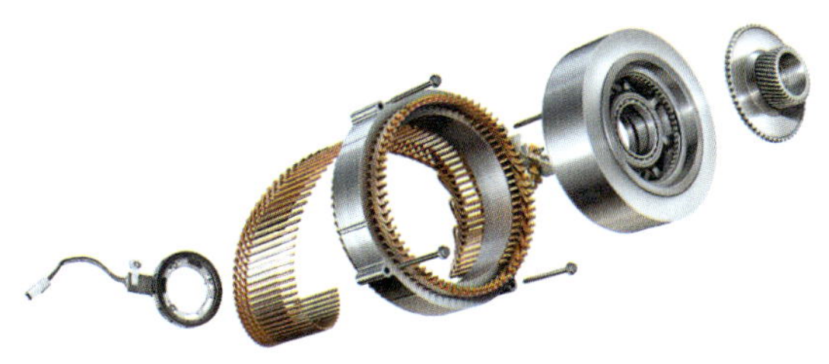

Figura 9.7 Motor elétrico (fonte: GM Media).

Os motores podem ser usados individualmente ou em conjunto, entregando efetivamente dois caminhos de torque ao trem de força para atingir a melhor eficiência e performance possível. O novo Volt pode ser tracionado por um motor primário em baixas velocidades, como em ambiente urbano, e dividir a potência entre os dois motores em velocidades médias ou trabalhar totalmente em conjunto para maior velocidade e aceleração, como em momentos de ultrapassagem. O *traction power inverter module* (TPIM) gerencia o fluxo de potência entre a bateria e os motores e foi construído em conjunto com a unidade de tração para reduzir massa, tamanho e contribuir com o aumento de eficiência.

9.4.4 Autonomia estendida

Um motor de combustão para autonomia estendida é fundamental para fazer que o Volt não dependa apenas de eletricidade, fornecendo aos proprietários a certeza de que podem ir aonde quiserem, a qualquer tempo, sem se preocupar se vão ou não ter carga na bateria para chegar a seu destino.

A geração de energia para autonomia estendida vem de um novíssimo motor, altamente eficiente, de 1,5 litro aspirado, com quatro cilindros e 101 hp (75 kW). Possui sistema de injeção direta e alta taxa de compressão de 12,5:1, gases de exaustão arrefecidos e bomba de óleo com deslocamento variável, para obter melhor performance e eficiência. Também é constituído de um bloco de alumínio leve, comparado ao motor antigo de ferro.

O novo sistema de combustão também consome menos combustível, fazendo uma média de 18 km/l de autonomia estendida. O motor de combustão será fabricado na GM de Toluca, no México, no primeiro ano de produção, e depois será feito em Flint, no Michigan.

Figura 9.8 Unidade de motores e transmissão (fonte: GM Media).

Figura 9.9 Motor de autonomia estendida (fonte: GM Media).

9.5 Tesla Roadster

9.5.1 Visão geral

Escolhi este VE como estudo de caso por causa do seu alto desempenho em aceleração, dirigibilidade e *design*. Trata-se de um carro esportivo descolado que, por acaso, também é um veículo elétrico, o que foi um grande avanço na percepção das pessoas sobre esses veículos. Também se trata de um veículo puramente elétrico que utiliza baterias recarregáveis. A Tesla ampliou mais ainda sua autonomia com o Model S.

Figura 9.10 Componentes de tração do Tesla.

Figura 9.11 Tesla Roadster – disponível em várias cores, inclusive verde! (fonte: Tesla Motors).

9.5.2 Motor elétrico

O Roadster é tracionado por um motor trifásico AC de indução. Pequeno, mas potente, pesando apenas 52 kg. As baterias produzem 375 V e fornecem até 900 A de corrente para o motor, criando campos magnéticos. Entrega 288 hp de pico e 400 Nm de torque a comando do motorista. Em velocidade máxima, o motor tem velocidade de 14.000 rpm.

Segurança em primeiro lugar

A bateria opera com 375 V. Não trabalhe em sistemas assim a não ser que seja treinado para tal.

Fato importante

O Roadster é tracionado por um motor trifásico AC de indução.

O motor é diretamente acoplado a uma caixa de redução de uma velocidade, acima do eixo traseiro. A simplicidade da relação única de engrenagem reduz peso e elimina a necessidade de sistemas complicados de engrenagens. O elegante motor não necessita de um sistema complexo para marcha a ré – ele simplesmente gira no sentido contrário.

Figura 9.12 Motor de indução AC da Tesla (fonte: Tesla Motors).

Um motor de combustão interna é uma máquina complexa e maravilhosa. Infelizmente sua complexidade resulta em desperdício de energia. No melhor dos casos, apenas 30% da energia armazenada no combustível é convertida em tração. O resto é desperdiçado em calor e ruído. Quando o motor não está girando, não há torque presente. Na realidade, o motor de combustão precisa atingir vários rpm antes que possa gerar a potência necessária para superar suas perdas internas.

Um motor de combustão não desenvolve seu pico de torque até uma faixa elevada de rpm. Uma vez que seu torque máximo foi atingido, começa a cair rapidamente. Para superar essa faixa estreita de torque, sistemas de câmbio de várias velocidades precisam ser utilizados para manter o motor trabalhando em sua melhor efetividade.

A saída de potência do motor a combustão pode ser melhorada com rotação mais rápida. Contudo, motores de combustão possuem limites em relação ao quão rápido podem girar – acima de 5.000 ou 6.000 rpm, fica difícil e custoso de manter todas as funções sincronizadas do motor, bem como as partes móveis.

Motores elétricos são em comparação muito mais simples. O motor elétrico converte eletricidade em potência mecânica e também opera como um gerador, convertendo energia mecânica em eletricidade. Comparado com o número imenso de partes de um motor de combustão, o motor do Roadster possui apenas um elemento móvel – o rotor. O giro do rotor elimina conversões lineares de qualquer tipo para rotação, e não há necessidade de sincronia de movimento de peças.

Com um motor elétrico, o torque instantâneo está disponível a qualquer velocidade. Toda a força rotacional está disponível no momento em que o acelerador é acionado. O pico de torque permanece praticamente constante até 6.000 rpm, e então começa a cair gradativamente.

Fato importante

Com um motor elétrico, o torque instantâneo está disponível a qualquer velocidade.

A ampla faixa de torque, particularmente o torque disponível em baixa velocidade, elimina a necessidade de caixas de câmbio – o Roadster possui apenas uma engrenagem de redução; uma relação de engrenagem de zero à sua velocidade máxima. Altere duas fases do motor (isso pode ser feito eletronicamente), e o motor girará em sentido contrário. Isso não é apenas

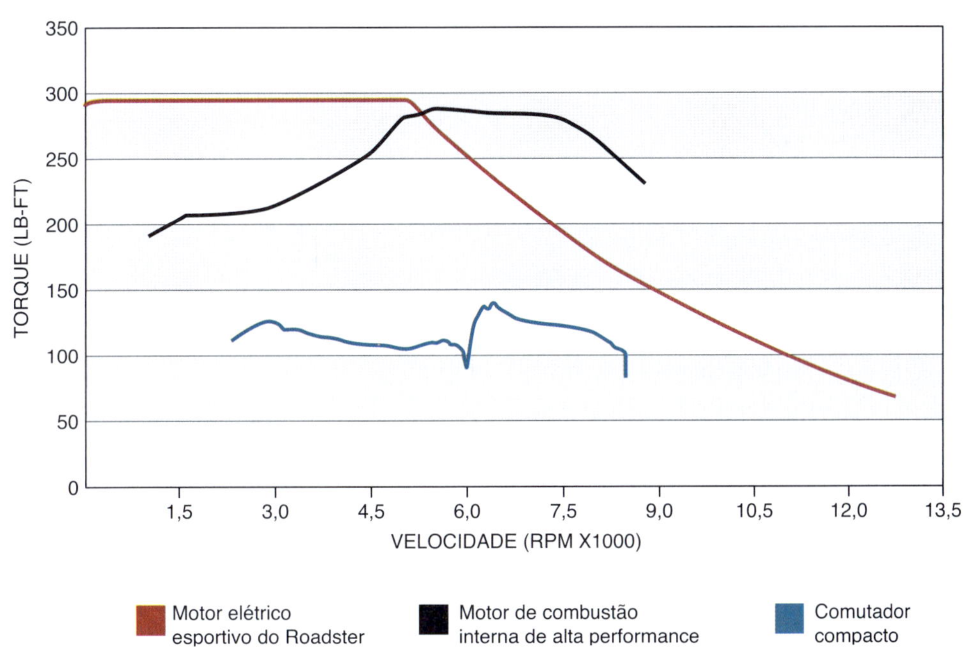

Figura 9.13 Torque dos motores de combustão e elétrico.

incrivelmente simples, confiável, compacto e leve, mas permite uma experiência a bordo única e excitante. O Roadster acelera mais rápido que a maioria dos carros esportivos.

O motor elétrico da Tesla também pode criar torque de forma eficiente. O Roadster atinge eficiência média de 88% em uso, três vezes mais que um carro convencional.

Se as condições de direção permitirem, o motor atua como gerador para recarregar a bateria. Quando o acelerador é desacionado, o motor troca para o modo de frenagem regenerativa e captura energia enquanto diminui a velocidade do carro. A experiência é similar à do uso do freio motor em carros convencionais.

O Tesla Roadster utiliza um motor trifásico AC de indução. O motor de indução foi, de forma apropriada, patenteado primeiramente por Nikola Tesla em 1888. Esses motores têm sido usados em larga escala nas indústrias devido a sua confiabilidade, simplicidade e eficiência.

Fato importante

O Tesla Roadster utiliza um motor trifásico AC de indução, patenteado primeiramente por Nikola Tesla em 1888.

O motor do Roadster possui dois componentes principais: um rotor e um estator. O rotor é um eixo de aço com barras de cobre ao redor; rotaciona e traciona o veículo. O estator fica ao seu redor, mas não toca o rotor. O estator possui duas funções: criar o campo magnético girante e induzir corrente no rotor. A corrente cria um segundo campo magnético no rotor, que segue o campo girante do estator. O resultado final é o torque no eixo. Alguns motores utilizam ímãs permanentes, mas não é o caso do motor do Roadster – o campo magnético é criado totalmente com eletricidade.

A montagem do estator é feita com enrolamentos de fios de cobre por entre uma pilha de placas finas de aço chamadas de laminações. Os enrolamentos de cobre conduzem eletricidade fornecida pelo módulo de eletrônica de potência. Existem três conjuntos de fios – cada fio conduz uma das três fases de eletricidade. As três fases estão defasadas uma em relação à outra de tal forma que os picos e vales de cada fase criam um fornecimento suave de corrente – e, por consequência, potência. Os fluxos de corrente alternada nos enrolamentos de cobre criam um campo magnético alternante. Por causa da forma como as bobinas são colocadas no estator, o campo magnético aparenta se mover de forma circular pelo estator.

As barras de cobre mencionadas anteriormente são curto-circuitadas entre si (formando a "gaiola de esquilo"), o que permite que a corrente circule com baixa resistência de um lado ao outro do rotor. O rotor não possui fonte direta de eletricidade. Quando um condutor (uma das barras) se move pelo campo magnético (criado pela AC no estator), a corrente é induzida.

Com a movimentação do campo magnético do estator, o rotor tenta acompanhar. A interação dos campos gera o torque. A quantidade de torque produzida está relacionada com a posição relativa do campo do rotor à onda de magnetismo do estator (o próprio campo magnético). Quanto mais próximo o campo do rotor está da "onda", maior é o torque produzido. Como o campo do estator sempre está à frente em relação ao do rotor quando o acelerador é acionado, o rotor está sempre tentando alcançar, e continuamente produzindo torque.

Quando o motorista solta o acelerador, o módulo de potência imediatamente altera a posição do campo do estator para trás do campo do rotor. Agora, o rotor deve desacelerar para se alinhar ao campo do estator. A corrente no estator muda de sentido, e a energia começa a fluir do módulo de potência para a bateria.

9.5.3 Controle do motor

Quando o acelerador é pressionado, o módulo de eletrônica de potência (PEM) interpreta como requisição de torque. Pisar fundo significa solicitar 100% do torque disponível. Soltar o acelerador significa solicitar regeneração. O PEM interpreta a entrada do pedal e envia a quantidade apropriada de corrente alternada para o estator. O torque é criado no motor e o carro acelera.

Definição

PEM: *power electronics module* (módulo de eletrônica de potência).

O PEM fornece até 900 A ao estator. Para utilizar tanta corrente, as bobinas do estator em um motor Tesla utilizam muito mais cobre que um motor do seu tamanho. O cobre é colocado firmemente em um padrão proprietário para otimizar eficiência e potência. Os enrolamentos de cobre são encapsulados por polímeros especiais que facilitam a transferência de calor e garantem confiabilidade em demandas de alta performance e condições extremas.

Fato importante

O PEM fornece até 900 A ao estator.

Correntes altas no estator significam correntes altas no rotor. Ao contrário de motores comuns, que utilizam alumínio como seus condutores, o rotor do Roadster utiliza cobre. O cobre, embora difícil de ser manuseado, possui resistência muito menor e pode aguentar correntes mais altas. Cuidados especiais são feitos em projeto para aguentar as altas velocidades (14.000 rpm).

Embora altamente eficiente, o motor ainda gera calor. Para manter as temperaturas de operação em níveis aceitáveis, aletas de refrigeração especificamente projetadas foram incluídas na carcaça, bem como um ventilador é utilizado para movimentar o ar entre as aletas e extrair calor de forma efetiva. Isso auxilia a manter a carcaça toda leve e pequena.

9.5.4 Bateria

O módulo de bateria do Roadster é resultado de um sistema inovador de engenharia e 20 anos de avanços na tecnologia de íons de lítio. O conjunto contém 6.831 células de íons de lítio e é o mais denso módulo existente na indústria, armazenando 56 kWh de energia. Pesa 450 kg e entrega até 215 kW de potência elétrica. O carro é recarregado pela maioria das tomadas 120 V ou 240 V. A maioria dos proprietários do Roadster raramente utiliza toda a carga, e a recarga à noite garante autonomia de 395 km toda manhã.

Figura 9.14 Módulo de bateria em produção (fonte: Tesla Motors).

Para obter a densidade de energia desejada, a Tesla inicia com milhares de células de íons de lítio e as monta em um conjunto refrigerado a líquido, envoltas em um enclausuramento forte de metal. A bateria é otimizada para performance, segurança, longevidade e custo. Com a química de íons de lítio, não é necessário drenar a carga antes da recarga, visto que não existe o "efeito memória". Os donos do Roadster simplesmente recarregam totalmente o veículo toda noite.

Cada célula utilizada em um Roadster possui o enclausuramento conhecido como 18650, por causa de suas medidas: 18 mm de diâmetro por 65 mm de comprimento. A Tesla utiliza versões modificadas desse modelo para VEs. O tamanho compacto da célula possibilita transferência de calor eficiente, permitindo um gerenciamento de recarga mais preciso, melhorando a confiabilidade e estendendo a vida do módulo de bateria. Cada célula é coberta com uma capa de aço que auxilia na remoção de calor da célula. O pequeno tamanho faz com que a célula seja isotérmica, e sua grande área de superfície permite a perda de calor para o ambiente.

Definição

Isotérmico: processo termodinâmico em que a temperatura de um sistema permanece constante. A transferência de calor para dentro ou para fora do sistema ocorre em uma taxa tão lenta que o equilíbrio térmico é mantido.

Estruturam-se 69 células em paralelo para criar os tijolos, 99 tijolos são conectados em série para criar as folhas, e 11 folhas são inseridas no módulo. No total, isso cria um módulo de 6.831 células. Níveis de temperatura apropriados são mantidos por um sistema de refrigeração líquida proprietário, que inclui sensores que monitoram o módulo pelo *firmware* do carro. Fluido refrigerante é bombeado por entre o módulo para permitir uma troca de calor apropriada a partir e para cada célula. O sistema de arrefecimento é tão efetivo que células opostas em posição possuem apenas alguns graus de diferença entre si. Isso é importante para maximizar a vida da bateria, otimizar a performance e garantir segurança.

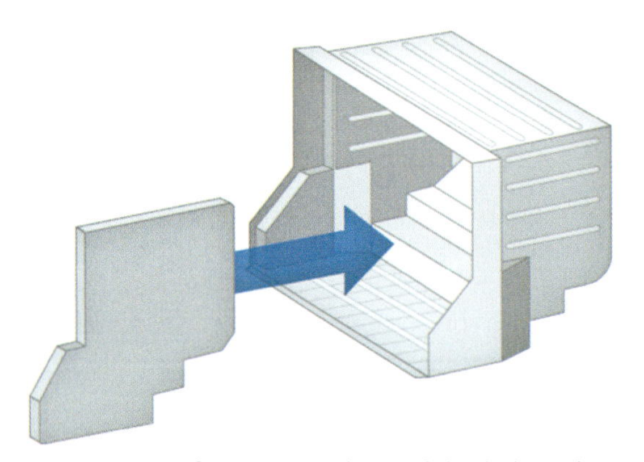

Figura 9.15 Construção do módulo de bateria.

Os sistemas de alta-tensão do Roadster são protegidos contra contatos externos acidentais por seus enclausuramentos protetores e cabos isolados. É possível obter acesso aos componentes de alta-tensão apenas por meio de uma ferramenta especial. Em caso de um acidente ou capotamento, a alimentação de alta-tensão é automaticamente desconectada internamente no módulo para reduzir o risco de exposição à alta-tensão. O acionamento do *airbag* causa o desligamento imediato do sistema de alta-tensão. Os sistemas de alta-tensão são enclausurados, etiquetados e utilizam cores de identificação com marcas para o serviço técnico e os atendentes de emergência, que são treinados para reconhecê-los.

Fato importante

O acionamento do *airbag* causa o desligamento imediato do sistema de alta-tensão.

A proteção do módulo é projetada para aguentar danos substanciais no veículo enquanto mantém a integridade de seus componentes internos. O módulo é um membro do chassi e auxilia a dar rigidez à traseira do veículo. O Roadster foi testado em testes-padrão de batida frontal, traseira e lateral.

De uma forma geral, células de íons de lítio não podem ser recarregadas abaixo de 0 °C, o que teoricamente proíbe a recarga em ambientes frios. Para superar o obstáculo de recarga em clima frio, o Roadster foi projetado com um sistema de aquecimento para esquentar as células (ao ser ligado na rede) a uma temperatura adequada. Se não tivesse esse sistema, motoristas que vivem em regiões frias dificilmente poderiam recarregar seus carros, acabando com a experiência do consumidor.

Da mesma maneira, as células são projetadas para operar em ambientes de alta temperatura. A alta performance de direção é obtida mesmo nos ambientes mais quentes do mundo. Se a temperatura subir acima de um limite, o sistema de ar-condicionado envia fluido refrigerado para o módulo. Da mesma forma que o radiador de um motor de combustão, o fluido resfriado continua a circular mesmo depois que o motor foi desligado, para manter a temperatura em níveis apropriados. Refrigerar o módulo permite a um motorista recarregar rapidamente depois de dirigir em climas quentes. Sem tal sistema de refrigeração, a recarga de veículo nesses ambientes seria postergada.

O recarregador de baterias é localizado a bordo do carro. Isso significa que o Roadster pode ser ligado em qualquer tomada, em qualquer lugar do mundo. O tempo de recarga varia conforme a tensão da tomada e seu fornecimento de corrente. Com um conector de alta potência da Tesla, um Roadster pode ser carregado em apenas 4 horas a partir de carga 0. A maioria dos proprietários simplesmente recarrega durante a noite.

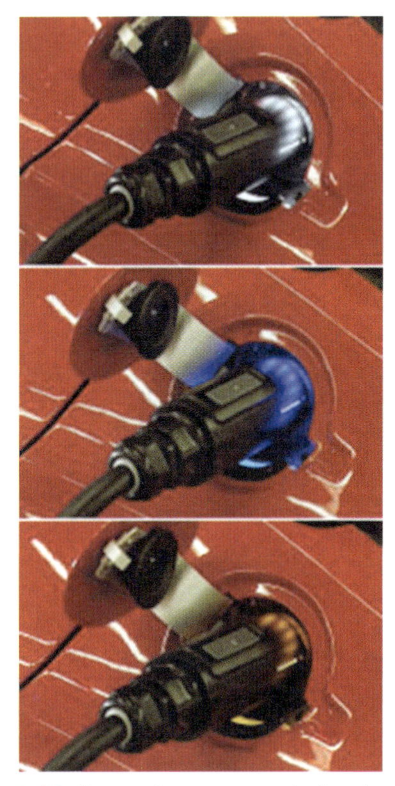

Figura 9.16 Ponto de recarga e indicadores coloridos.

O processador do PEM gerencia a recarga. Quando a tampa de recarga está aberta, os sistemas de recarga são ativados e começam a coordenar o sistema de gerenciamento do veículo (*vehicle management system* – VMS). O PEM é instruído a enviar corrente ao anel de iluminação na tampa de recarga, e LEDs brancos se acendem. Quando o motorista fixa o conector e o trava, a luz fica azul. Uma vez que o conector está plugado, o processador do PEM detecta a corrente disponível da tomada e o VMS verifica se o motorista configurou os parâmetros de recarga para o local.

Quando o carro define o nível de corrente a ser utilizado, os contatores entre o motor e a bateria se fecham em uma série de cliques audíveis. Essa função garante que a alta-tensão da tomada não flua para a bateria antes que qualquer conexão seja perfeitamente feita. O processador da bateria, do PEM e o VMS trabalham em conjunto para piscar o anel de LED – se a bateria estiver com nível muito baixo, o anel pisca rapidamente. Conforme a bateria recarrega, a frequência de oscilação da luz diminui. Quando a bateria está completamente recarregada, a luz fica verde. Os processadores da bateria auxiliam a preservar a vida da bateria caso o carro permaneça ligado na tomada por muito tempo, verificando o estado de carga a cada 24 horas, recarregando até o máximo para manter um estado de carga adequado.

O PEM também controla o Roadster enquanto estiver em modo de direção. O processador monitora o pedal de aceleração e utiliza a informação para controlar a corrente para o motor. Para garantir que o torque gerado esteja em conformidade com outros componentes do carro, muitos processadores monitoram o estado do carro e enviam solicitações ao PEM. Por exemplo, se o processador da bateria e o VMS calcularem que a bateria está cheia, o torque regenerativo é reduzido; se o processador do PEM detectar que o motor excedeu sua temperatura ideal, a corrente para o motor é reduzida.

9.5.5 Controle de potência

O PEM opera como ponte entre o ponto de recarga, a bateria e o motor. Ele gerencia e converte a corrente durante a direção e a recarga. Conforme a corrente AC flui para dentro do veículo (qualquer valor entre 90 e 265 V e 50 a 60 Hz), a unidade converte para DC para armazenar na bateria. Quando em modo de direção, o módulo converte DC de volta para AC, que o motor utiliza para gerar torque. Em vários pontos de operação, sua eficiência é de 97-98%: menos de 2% da energia convertida é perdida.

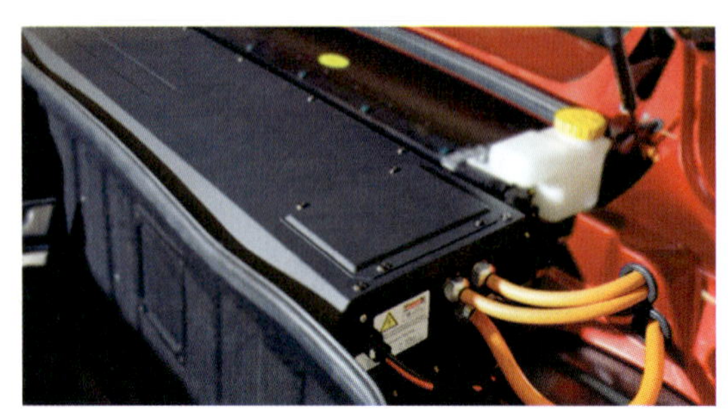

Figura 9.17 Módulo de eletrônica de potência (fonte: Tesla Motors).

A tensão para o motor é variada utilizando chaves chamadas IGBTs, que podem ser acionadas rapidamente. Como o IGBT permite que mais corrente flua da bateria para o motor, as ondas AC crescem em amplitude até que o pico de torque seja produzido no motor.

Definição

IGBT: *insulated gate bipolar transistor* (transistor bipolar de porta isolada).

Em modo de direção, o PEM responde às informações do pedal de aceleração, sensor de velocidade do motor, sensor do ABS e outros sensores do trem de força. Isso determina o torque a partir da posição do pedal e monitora os sensores do ABS para detectar se os pneus estão escorregando. Baseado no retorno do sensor, produz torque convertendo a tensão DC da bateria para tensão AC adequada nos terminais do motor. Conforme o motorista pisa no acelerador, o PEM inicia o controle aumentando a corrente e tensão do motor para produzir o torque necessário para atingir de 0 a 100 km/h em apenas 3,7 segundos.

Fato importante

O Roadster pode acelerar de 0 a 100 km/h em apenas 3,7 segundos.

Dentro do PEM, estão três sistemas principais:

1 Estágios de potência
2 Um controlador
3 Um filtro de linha

Os mais complexos são os estágios de potência, conhecidos por megapolos. Estes são grandes conjuntos de chaves semicondutoras que conectam a porta de recarga ou o motor à bateria, dependendo de o carro estar recarregando ou sendo dirigido. Em conjunto com os megapolos, existem seis chaves diferentes, agrupadas em três pares conhecidos como meias pontes. Em modo direção, cada ponte forma uma fase. Cada fase se conecta a uma das três fases do motor de indução AC. Em modo recarga, apenas duas fases são necessárias, uma para cada fio da alimentação AC. Os modos recarga e direção são configurados utilizando quatro relés grandes, conhecidos como contatores. Os contatores permitem que os semicondutores sejam acionados para conectar a bateria tanto à porta de recarga como ao motor. Quando o Roadster é ligado, uma série de cliques pode ser ouvida conforme os contatores fecham seus contatos de conexão com o motor.

Cada chave é composta de 14 IGBTs. No total, 84 IGBTs são utilizados no PEM. Cada IGBT é menor que 25 mm^2 e tem cerca de 6 mm de espessura. Dentro do IGBT está uma pequena peça de silício da espessura de uma folha de papel, com 6 mm de lateral.

Figura 9.18 IGBTs (fonte: Tesla Motors).

O segundo componente principal do PEM é a placa controladora que aciona as chaves. As chaves podem ser ligadas e desligadas até 32 mil vezes por segundo. O controlador contém dois processadores: o DSP principal e um processador secundário de segurança. O DSP controla o torque, o comportamento da carga e interpreta solicitações do VMS. O processador de segurança monitora o pedal de aceleração e a corrente do motor, a fim de detectar comportamentos inesperados. Se o processador de segurança medir uma corrente do motor inconsistente com a posição do pedal, ele pode desligar o sistema. Mesmo que esse comportamento seja muito improvável de acontecer, sua redundância garante que o DSP não gere torque indesejado.

O terceiro componente principal do PEM é o filtro de entrada de recarga. Quando o carro está recarregando e os IGBTs estão sendo acionados a 32 kHz, uma grande quantidade de ruído elétrico é gerado na linha AC. Se se permitir que esse ruído volte para a linha de alimentação, ele pode interferir em outros equipamentos da casa, como rádios, telefones celulares etc. Um grupo de grandes indutores chamados de *chokes* atuam como filtros e são posicionados entre os IGBTs e a porta de recarga, filtrando o ruído e evitando interferência não desejada.

O controle de potência da Tesla permite sistemas de controle de tração muito melhores que os sistemas em veículos com motores de combustão interna. Os sistemas de controle de tração de veículos convencionais possuem poucas opções para manter a tração no nível necessário: não ignição pela vela, reduzir fornecimento de combustível, utilizar controle de admissão eletrônico para modular admissão conforme a necessidade ou acionar os freios. Fundamentalmente, é quase impossível manter o torque de saída próximo de zero de um motor de combustão, enquanto zero torque pode ser mantido de forma simples em um trem de força elétrico. Em um Roadster, o torque do motor pode ser reduzido de forma exata, tanto lenta quanto rapidamente – resultando em um melhor controle com menos perdas notáveis no motor. Com sensores embarcados, o carro prevê a tração atingível em uma curva mesmo antes de o motorista alterar o comando de aceleração. É muito mais seguro evitar perda de tração do que reagir a isso. Motoristas especialistas em testes de direção afirmam que é muito mais fácil atingir alta performance com o controle de tração do Roadster se comparado a veículos com motor de combustão interna.

9.5.6 *Software*

O Roadster é controlado por um *software* veicular de ponta. Seu código foi desenvolvido internamente com foco constante em inovação. O sistema monitora o estado dos componentes por todo o carro, compartilha informação para coordenar ações e reage à alteração das condições externas.

O Roadster utiliza muitos processadores para as funções de controle, desde o gerenciamento da tensão de baterias e controle do motor até diagnóstico, travamento de portas e interação pela tela de toque. Muitos sistemas operacionais diferentes e linguagens de programação foram utilizados com o objetivo de otimizar cada processador para completar sua função designada. Os processadores trabalham em conjunto para monitorar o estado dos componentes do carro, coordenar ações e reagir à mudança das condições externas.

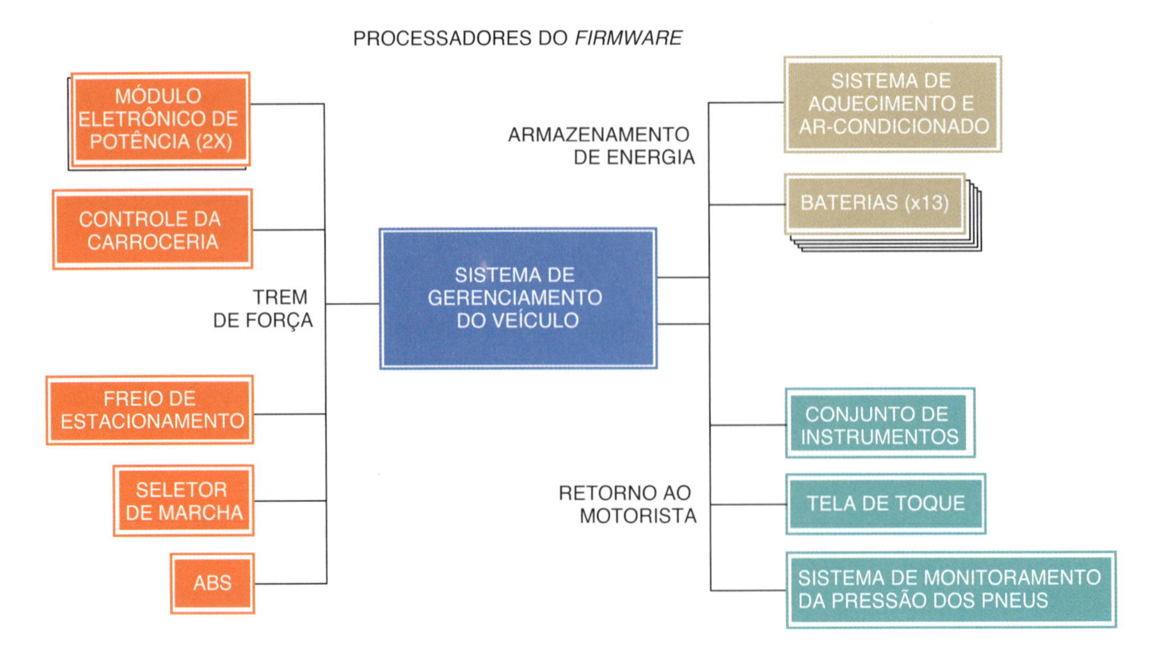

Figura 9.19 Processadores do *firmware*.

O VMS permite funções às quais o motorista precisa estar atento enquanto dirige. Gerencia o sistema de segurança, abertura de portas, avisos de comunicação, senha do proprietário e inicializa o modo de estacionamento automático.

O VMS compila a informação de vários outros processadores para coordenar as ações necessárias para direção. Quando a chave é inserida no carro, o VMS liga a tela de toque. Quando a chave é colocada em modo "ligado", ele prepara o veículo para ser dirigido, instruindo outros processadores a iniciar suas funções. Também calcula a autonomia disponível e prepara o PEM para enviar potência ao motor a partir da bateria. O VMS gerencia os modos de direção (performance, padrão e autonomia) e trabalha junto com o processador da bateria para modificar a descarga de forma apropriada. Ele também calcula a autonomia atual utilizando um complexo algoritmo que considera a idade da bateria, a capacidade, o estilo de direção e a taxa de consumo de energia (fonte: https://www.teslamotors.com).

Figura 9.20 Tela de toque do controle central (fonte: Tesla Motors).

9.6 Honda FCX Clarity

9.6.1 Visão geral

Escolhi o carro elétrico a célula de combustível com zero emissões Honda FCX Clarity como estudo de caso, pois tem sido muito bem desenvolvido por certo tempo, e agora possui nível de maturidade tecnológica utilizável. Algumas técnicas inovadoras foram utilizadas e o resultado é um veículo com zero emissões.

No momento de escrita deste livro ele está disponível para *leasing* nos Estados Unidos, mas não no Reino Unido, devido à infraestrutura limitada para reabastecimento. Contudo, é esperado que isso mude em breve. Eu sou grato à Honda por permitir que utilize seus materiais.

Para dar uma visão geral do veículo, suas características principais incluem:

- Zero emissões de escape – a única emissão de escape é o vapor d'água.
- O carro gera sua eletricidade a bordo utilizando hidrogênio comprimido como fonte de energia.
- Passou em testes de segurança e colisão no mesmo padrão de veículos convencionais.
- A autonomia é equivalente à de um carro convencional a diesel ou gasolina.
- Possui células de combustível melhoradas em relação a versões anteriores – 180 kg mais leves, 45% menores.
- Bateria de íons de lítio – 40% mais leves e 50% menores que as versões anteriores.

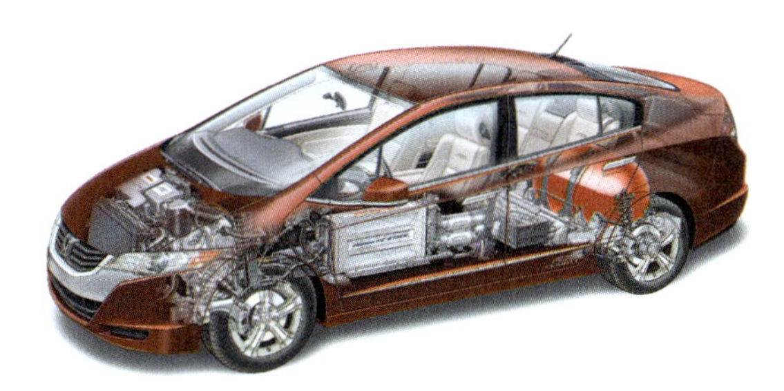

Figura 9.21 Honda FCX Clarity 2011 (fonte: Honda Media).

- Partida possível a temperaturas de –30 °C.
- Apenas um tanque de hidrogênio, em vez dos dois tanques do modelo anterior.
- Uma taxa de eficiência de 60% em média (três vezes maior que um carro a gasolina, duas vezes maior que um híbrido, e 10% melhor que o modelo anterior).

Um veículo a célula de combustível possui um tanque de hidrogênio em vez de gasolina/diesel. Na célula de combustível, o hidrogênio é combinado com oxigênio da atmosfera para gerar eletricidade. A célula de combustível é na realidade uma pequena estação de potência elétrica, e gera sua própria eletricidade a bordo, em vez de um sistema de alimentação *plug-in* externo.

Fato importante

Na célula de combustível, o hidrogênio é combinado com oxigênio da atmosfera para gerar eletricidade.

Visto que a eletricidade necessária para alimentar o motor é gerada a bordo utilizando hidrogênio e oxigênio, nenhum elemento poluidor, como CO_2, é emitido. A única emissão é a água produzida como subproduto da geração de eletricidade.

Uma bateria de íons de lítio compacta e eficiente armazena a eletricidade gerada durante frenagem e desaceleração. A bateria também trabalha em conjunto com as células de combustível para acionar o veículo.

Assim como não emite gases poluidores, veículos elétricos com células de combustível oferecem boa autonomia, baixo tempo de abastecimento, estrutura e *design* flexíveis:

- Tempo de abastecimento de 3 a 5 minutos
- Autonomia do veículo de 432 km, comparável a um carro convencional
- Performance similar à de um carro médio
- Zero emissão de poluentes

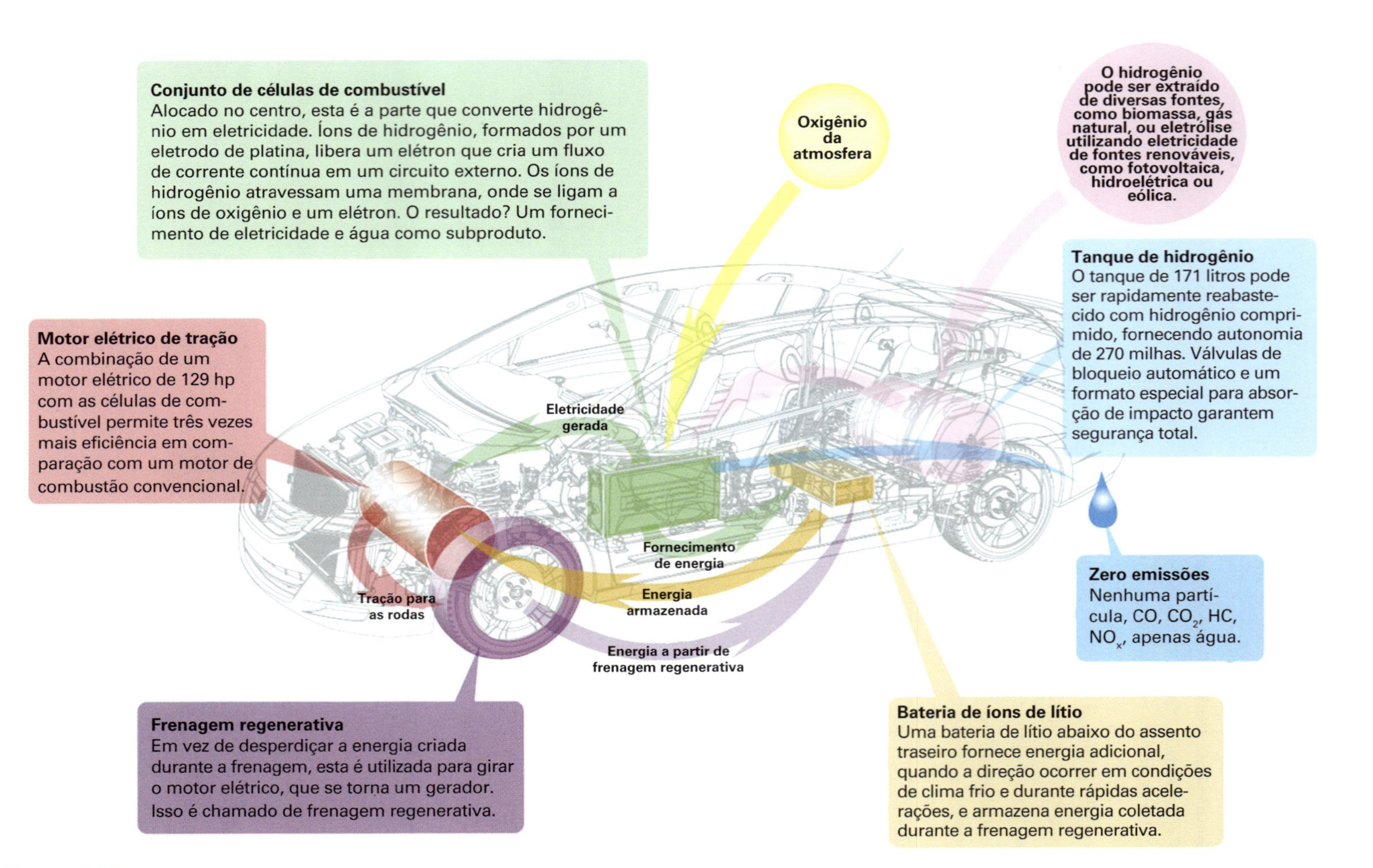

Figura 9.22 Funções e operação do Honda FCX Clarity (fonte: Honda Media).

Como a energia é gerenciada

• Partida e aceleração

A potência fornecida ao motor pelas células de combustível é completada com eletricidade da bateria para aceleração potente.

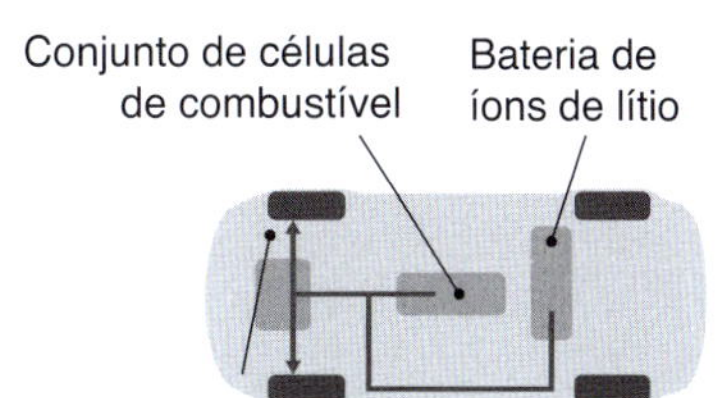

• Aceleração suave e velocidade de cruzeiro

O veículo funciona apenas com energia dos módulos de célula de combustível, para eficiência, e operação em alta velocidade.

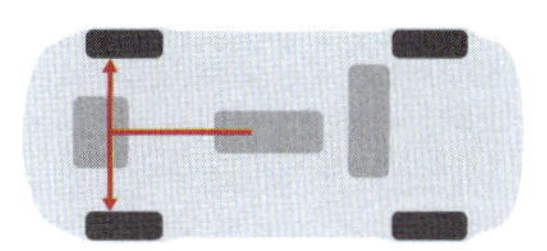

• Desaceleração

O motor funciona como gerador, convertendo energia cinética desperdiçada em calor durante a frenagem como eletricidade para armazenar na bateria, que também armazena a energia excedente gerada pelo módulo de células de combustível.

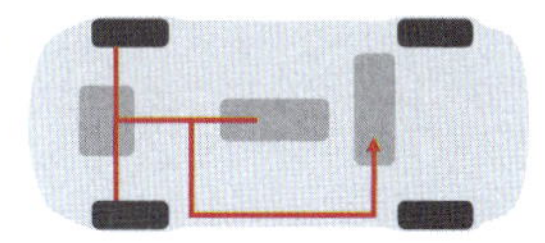

• Parada

O sistema de parada automaticamente desliga a geração de energia no módulo. A energia necessária para o ar-condicionado e outros dispositivos é fornecida pela bateria de íons de lítio.

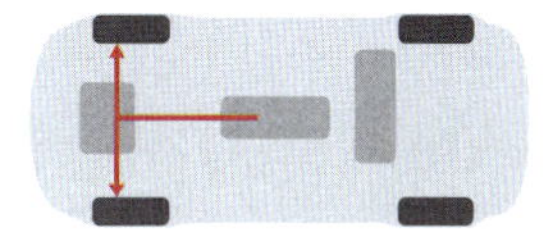

Figura 9.23 Gerenciamento de energia.

Tabela 9.1 Comparação entre veículo elétrico a célula de combustível (VECC), veículo elétrico a bateria (VEB) e motor de combustão interna (MCI)

	VECC	VEB	MCI
Tempo para reabastecimento	Curto	Longo	Curto
Autonomia	Longa	Curta	Longa
Emissões de CO_2 em operação	Sem emissões	Sem emissões	Com emissões
Tipo da fonte energética	Renovável	Renovável	Não renovável
Fonte comum de energia atual	Vapor ou gás natural	Geração com carvão	Petróleo

Tabela 9.2 Métodos de produção de hidrogênio

Fonte de energia potencial utilizada na produção de hidrogênio	Método de produção	Quantidade de CO_2 liberada durante a produção	É renovável?
Óleo/carvão	Gaseificação	Grande	Não
Eletricidade produzida em usinas a carvão	Queima	Grande	Não
Gás natural	Formação de vapor	Médio a pequena	De forma limitada
Eletricidade produzida de energia nuclear	Eletrólise da água	Nenhuma	Não
Eletricidade produzida de energia solar, eólica, hidroelétrica	Eletrólise da água	Nenhuma	100%

9.6.2 Hidrogênio

O hidrogênio pode ser produzido a partir de fontes renováveis como solar, eólica ou hidroelétrica (utilizando eletrólise para extrair o hidrogênio da água). Alguns métodos de produção são mais adequados a diferentes regiões do mundo, mas é sempre possível encontrar uma fonte renovável para fornecimento de hidrogênio.

Atualmente, a forma mais comum de produzi-lo é por meio de vapor gerado a partir do gás natural. Existe um custo ambiental nesse modo de extração, mas é a abordagem mais viável atualmente. E o mesmo se aplica às baterias de veículos elétricos. Existe um custo ambiental de utilizar veículos elétricos, visto que a energia é gerada por usinas a carvão ou gás.

O hidrogênio é o elemento mais abundante no universo, e é extremamente eficiente como carregador de energia. Essas são as razões principais para ser um combustível adequado para carros com células de combustível.

Fato importante

O hidrogênio é o elemento mais abundante no universo.

Outra vantagem de se utilizar hidrogênio está no fato de ser compressível ou liquefeito para entrega por meio de tubulações ou por tanques de armazenamento. O hidrogênio pode até mesmo ser fabricado nas estações de reabastecimento.

A Honda utiliza hidrogênio como gás comprimido porque, em termos simples, mais gás vai caber no tanque dessa forma. Contudo, os tanques devem suportar a pressão, e energia extra é necessária para comprimi-lo. Alguns críticos dizem que o processo de compressão reduz a margem de zero emissões. Contudo, a Honda fez um grande número de avanços nessa área para garantir que o carro seja o mais eficiente possível.

A alta capacidade do tanque utiliza um material novo desenvolvido para absorção, aumentando a quantidade de hidrogênio que é capaz de armazenar. Isso significa que não é necessário comprimir tanto para encher o tanque, novamente economizando energia no estágio de compressão. A alta capacidade do tanque é tão efetiva que o hidrogênio pode ser comprimido a 350 bar, enquanto outros carros utilizam compressão de 750 bar.

9.6.3 Eficiência energética e o meio ambiente

Como o FCX Clarity possui um sistema eficiente de geração e armazenamento de energia, sua taxa de eficiência fica em torno de 60%. A Figura 9.24 mostra uma comparação de diferentes tipos de carro.

O hidrogênio existe não apenas em sua forma natural, mas também como componente de

Comparação em eficiência energética

Comparado a veículos Honda dirigidos no modo LA4
Eficiência energética na direção (%)
60
50
40
30
20
10
Melhoria de aprox. 10%
Mais de três vezes maior
Duas vezes maior
55
60
Veículo compacto a gasolina
Veículo híbrido compacto
2008 FCX
FCX Clarity

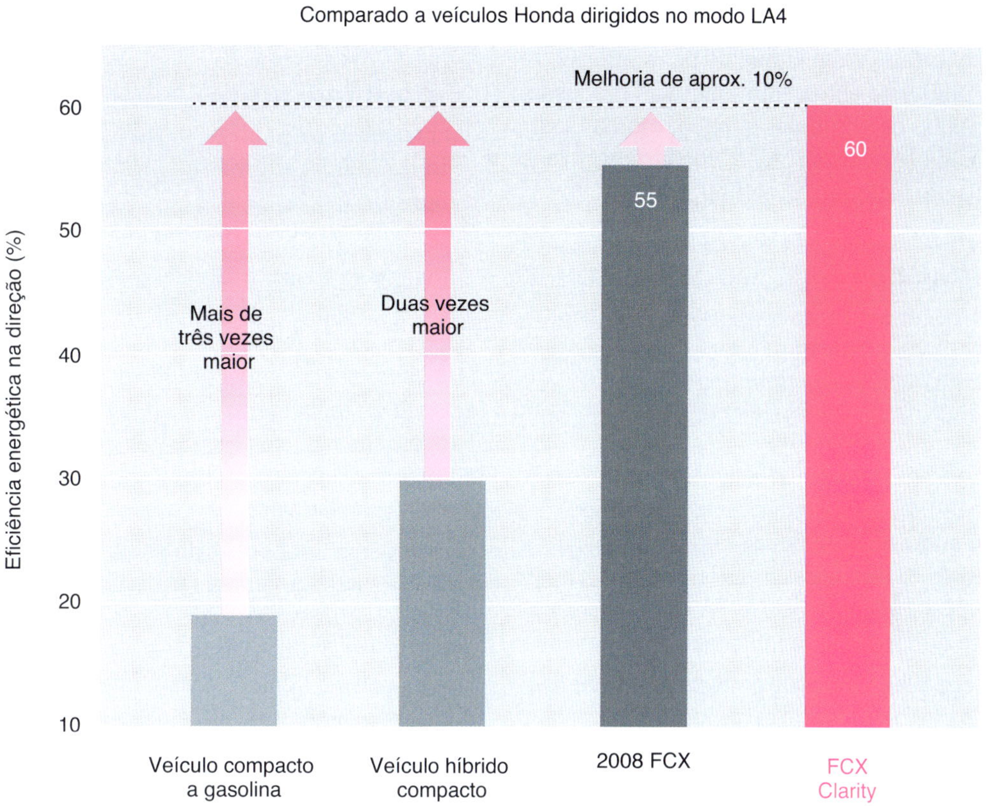

Figura 9.24 Comparação em eficiência energética (fonte: Honda Media).

Ciclo de energia renovável

Energia solar
Energia eólica
Energia hidráulica
Oxigênio
O_2
Hidrogênio
H_2
Oxigênio
O_2
Eletrólise da água
Ciclo do hidrogênio
Célula de combustível
Água
H_2O
Energia para tracionar o veículo

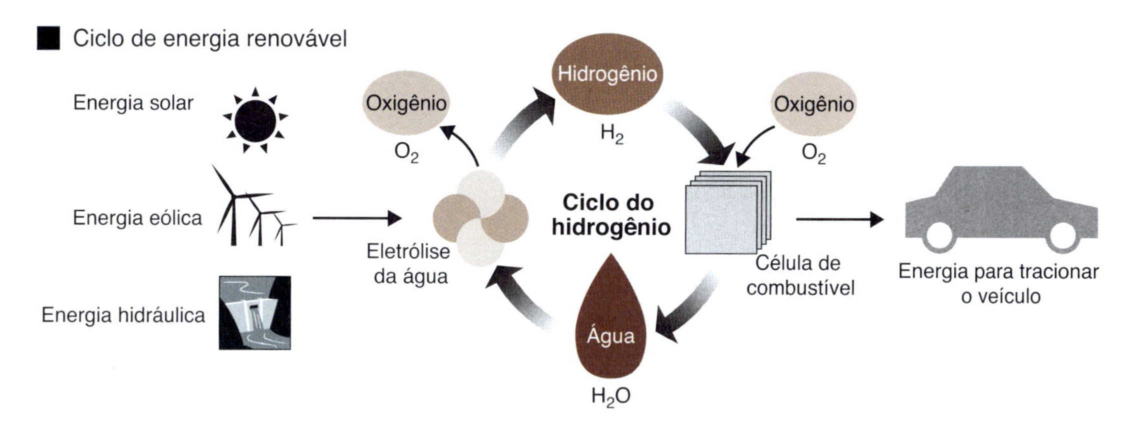

Figura 9.25 Ciclo de energia renovável (fonte: Honda Media).

diversos outros dos quais pode ser extraído – a água (H_2O), por exemplo.

O ciclo ideal para o hidrogênio utiliza fontes renováveis de energia, como solar, eólica ou hídrica, para extrair hidrogênio por eletrólise. A água produzida como subproduto do processo das células de combustível pode retornar aos rios e oceanos, antes de ser convertida novamente em hidrogênio por eletrólise.

Definição

Eletrólise: um método de utilizar corrente elétrica contínua para causar uma reação química não espontânea.

Em uma célula de combustível, o hidrogênio é convertido em eletricidade sob demanda, então apenas a quantidade de energia necessária é produzida. Utilizar o hidrogênio para gerar eletricidade elimina a dificuldade de armazenamento em grandes quantidades em baterias.

Existem duas medições principais ao observarmos o custo ambiental de produzir hidrogênio, eletricidade ou, na verdade, qualquer outro combustível utilizado para a mobilidade.

- Fonte-ao-tanque (*well-to-tank*):[1] transformar em combustível a partir da extração.
- Tanque-a-roda (*tank-to-wheel*): utilizar o combustível para prover mobilidade.

Em um carro a célula de combustível ou em um carro elétrico alimentado com bateria existem zero emissões de tanque-a-roda, independentemente de como a energia ou o hidrogênio é produzido. Contudo, a questão é: qual o custo ambiental de se produzir o combustível?

O processo mais comum para produzir hidrogênio no momento é retirá-lo do vapor do gás natural. Esse processo é o mais disponível atualmente e, enquanto existir um custo ambiente, é limitado. Colocando em perspectiva, se um consumidor utilizar um FCX Clarity (abastecido com hidrogênio gerado do gás natural) ainda haverá uma redução de 60% nas emissões de gases do efeito estufa se comparado com a utilização de um carro convencional. Esse é um benefício enorme em relação à tecnologia veicular utilizada em larga escala no momento.

Fato importante

O processo mais comum para produzir hidrogênio no momento é retirá-lo do vapor do gás natural.

Somando-se a isso, o fabricante de cloro (para uso industrial) gera hidrogênio como um subproduto. Este pode ser armazenado em tanques e direcionado por tubulações a uma estação de reabastecimento pública. Somente na Alemanha gera-se hidrogênio como subproduto de processos químicos para abastecer meio milhão de carros.

O hidrogênio também pode ser produzido de uma variedade de outras formas, incluindo o uso de energias renováveis como solar, eólica e hidroelétrica. Por exemplo, a Honda já produz células solares ultraeficientes, que podem produzir energia de uma forma sustentável. Essa eletricidade pode ser utilizada para fazer eletrólise da água e extrair o hidrogênio por meio de estações de reabastecimentos solares, o que reduziria o custo ambiental fonte-ao-tanque ainda mais.

É a combinação do benefício ambiental e a praticidade do combustível de um veículo a célula de combustível que causa um aumento cada vez maior da demanda por esses carros – e esses benefícios existem pelo uso do hidrogênio como combustível.

9.6.4 Tecnologias principais

O FCX anterior possuía dois tanques de hidrogênio, mas o FCX Clarity possui apenas um. Isso cria mais espaço para os assentos traseiros e porta-malas. A válvula de segurança, o regulador, o sensor de pressão e outros componentes no sistema de reabastecimento são integrados a um tanque único, reduzindo consideravelmente o número de peças.

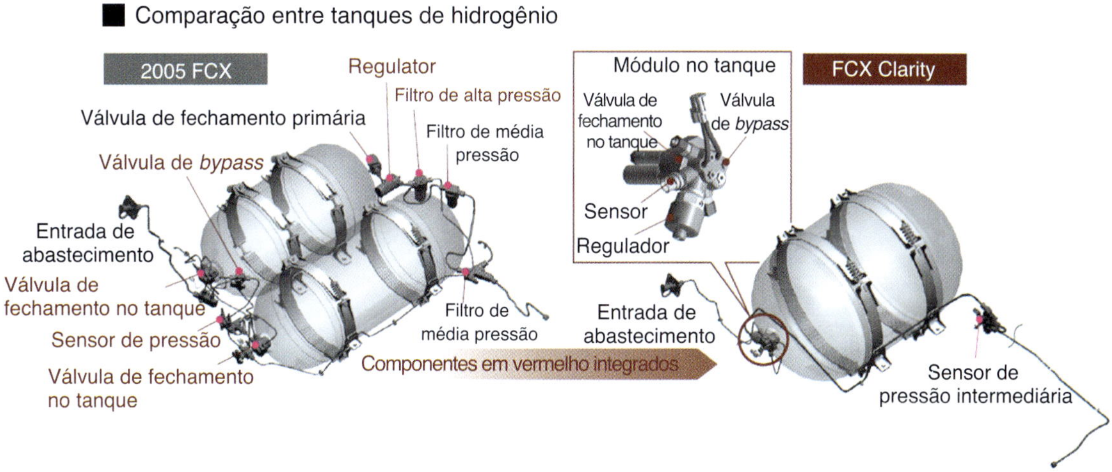

■ Comparação entre tanques de hidrogênio

2005 FCX
Regulator
Filtro de alta pressão
Válvula de fechamento primária
Filtro de média pressão
Válvula de *bypass*
Entrada de abastecimento
Válvula de fechamento no tanque
Sensor de pressão
Válvula de fechamento no tanque
Filtro de média pressão
Componentes em vermelho integrados
Módulo no tanque
Válvula de fechamento no tanque
Válvula de *bypass*
Sensor
Regulador
Entrada de abastecimento
FCX Clarity
Sensor de pressão intermediária

Figura 9.26 Avanços no tanque de hidrogênio (fonte: Honda Media).

Os componentes principais da unidade geradora do veículo são as células de combustível, o tanque de hidrogênio, a bateria de íons de lítio, o motor elétrico de tração e a unidade de potência, que gerencia o fluxo de eletricidade.

No coração do sistema estão as células de combustível – um dispositivo que usa a reação eletroquímica entre o hidrogênio e o oxigênio para converter energia química em elétrica. Na prática, é o inverso da eletrólise, que utiliza eletricidade para separar a água em hidrogênio e oxigênio. Quando alimentada com hidrogênio e oxigênio, a célula de combustível gera simultaneamente água e eletricidade sem nenhuma emissão danosa ou de CO_2.

Fato importante

Uma célula de combustível é um dispositivo que usa a reação eletroquímica entre o hidrogênio e o oxigênio para converter energia química em elétrica.

A Honda V Flow FC Stack (FC de *fuel cell*, ou célula de combustível) utiliza uma célula de combustível com membrana de troca de prótons (PEMFC) como sistema de geração que converte diretamente energia química produzida da reação hidrogênio-oxigênio em energia elétrica. A membrana extremamente

Figura 9.27 Conjunto de células de combustível (fonte: Honda Media).

fina de troca de próton (membrana eletrolítica) é colocada entre pares de camadas de eletrodo e difusoras (os eletrodos de hidrogênio e de oxigênio) para formar uma montagem da membrana de eletrodos (*membrane electrode assembly* – MEA). A MEA é colocada entre dois separadores para formar uma célula – uma única unidade geradora de eletricidade. Várias centenas de células são empilhadas em conjunto para formar uma pilha de células, o módulo, por assim dizer. Como nas baterias, essas células são conectadas em série para produzir alta-tensão.

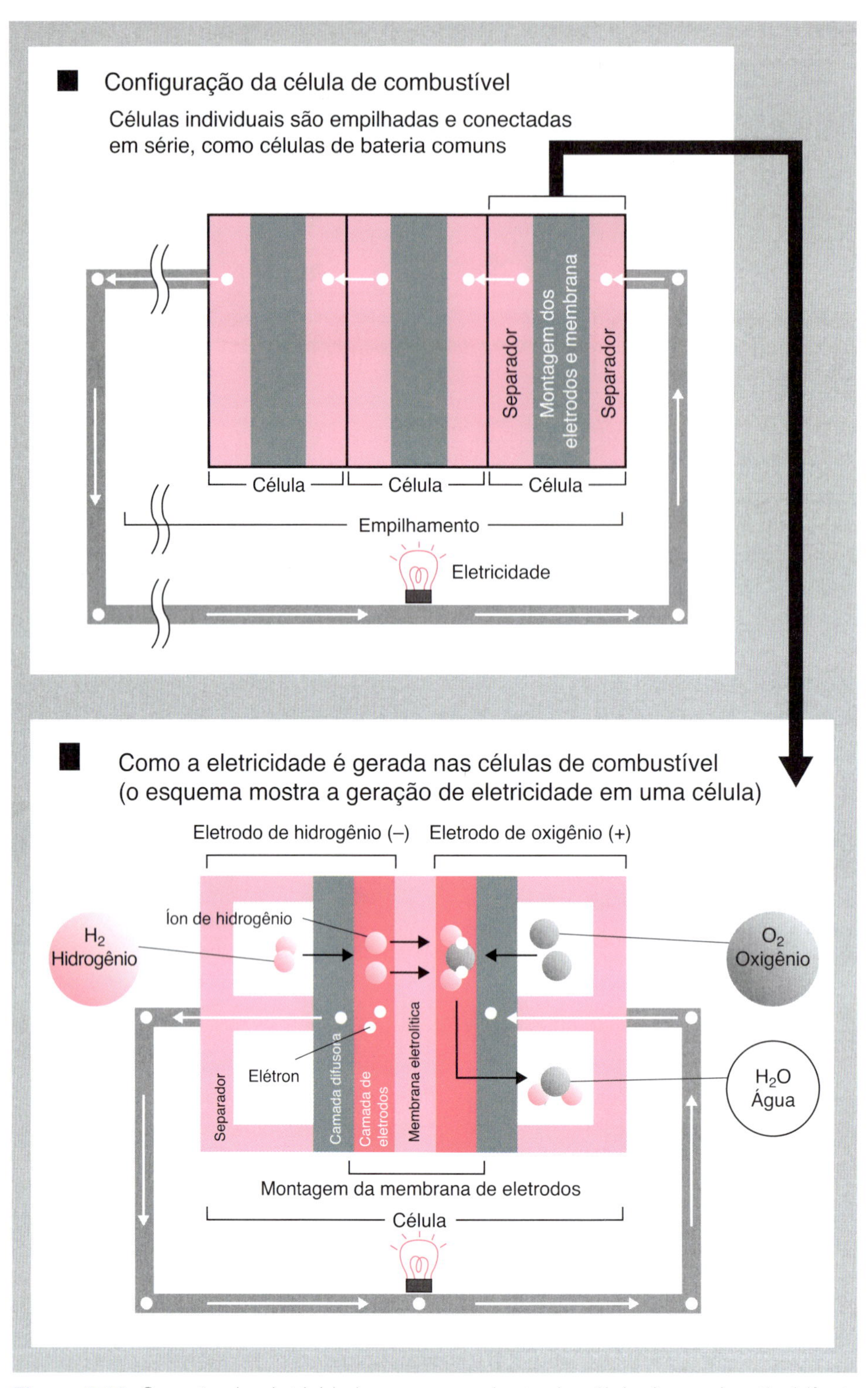

Figura 9.28 Geração de eletricidade em um conjunto de célula de combustível (fonte: Honda Media).

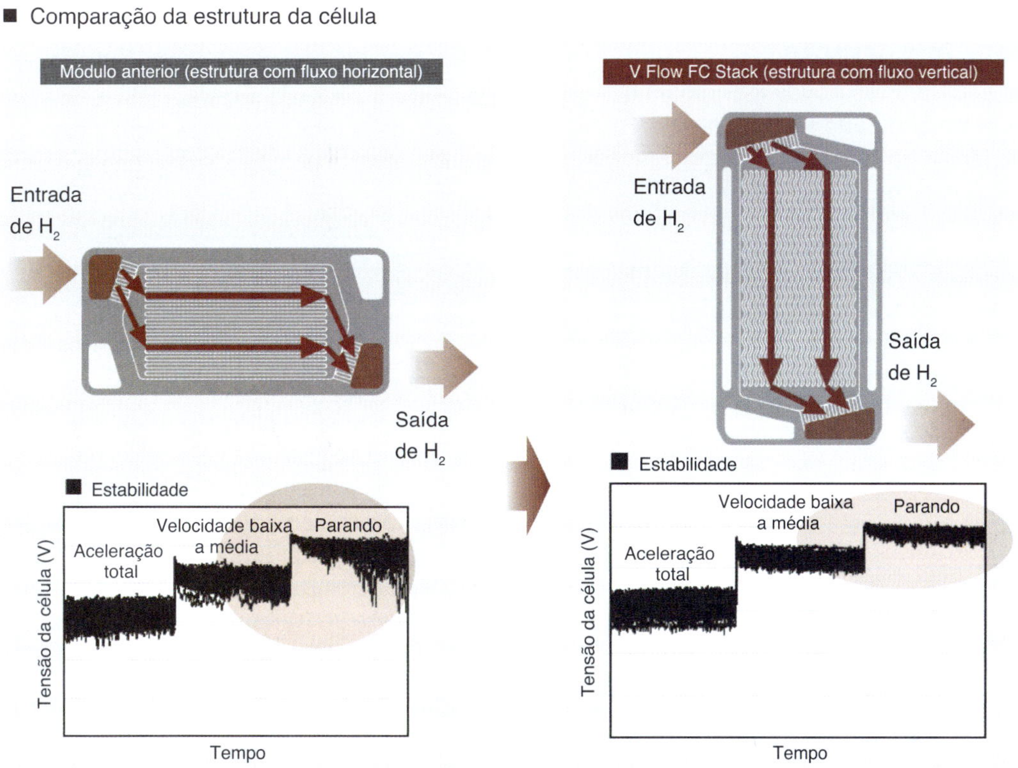

■ Comparação da estrutura da célula

Módulo anterior (estrutura com fluxo horizontal)

V Flow FC Stack (estrutura com fluxo vertical)

Entrada de H_2

Saída de H_2

■ Estabilidade

Aceleração total | Velocidade baixa a média | Parando

Tensão da célula (V)

Tempo

Figura 9.29 Desenvolvimento da estrutura da célula (fonte: Honda Media).

Definição

PEMFC: *proton exchange membrane fuel cell* (célula de combustível com membrana de troca de prótons).

O gás de hidrogênio passa por meio do eletrodo de hidrogênio. Cada átomo de hidrogênio é convertido em um íon em uma reação catalisada com um eletrodo de platina, liberando um elétron. Liberando esse elétron, o íon de hidrogênio atravessa a membrana eletrolítica, onde se junta com oxigênio do eletrodo de oxigênio e um elétron chegando por um circuito externo.

Os elétrons liberados criam um fluxo de corrente contínua no circuito externo. A reação no eletrodo de oxigênio produz água como subproduto. Como a membrana eletrolítica deve permanecer sempre encharcada, é necessário umidificar a fonte de hidrogênio e oxigênio. A água de subproduto é reciclada para esse uso. A água e o ar excedentes são liberados pelo escape.

Até recentemente, hidrogênio e ar fluíam horizontalmente pelas células do módulo da Honda. O novo V Flow FC Stack introduz uma estrutura na qual o hidrogênio e o ar fluem verticalmente, e a gravidade é utilizada para facilitar a drenagem de forma mais eficiente da água de subproduto da camada de geração de eletricidade.

O resultado é uma maior estabilidade na geração de energia. A nova estrutura também permite o uso de um canal de fluxo mais fino e redução do tamanho e peso do módulo. Os separadores novos e originais em formato ondulado fornecem ainda mais eficiência no fornecimento de hidrogênio, ar e arrefecimento para a camada geradora. O resultado é uma maior performance de geração, características de arrefecimento ótimas e maior redução de tamanho e peso.

Fato importante

Os separadores novos e originais em formato ondulado fornecem ainda mais eficiência no fornecimento de hidrogênio, ar e arrefecimento para a camada geradora.

A drenagem de água melhorada devido à estrutura do V Flow Cell auxilia a atingir melhor saída imediatamente após a partida. O volume reduzido de fluido para arrefecimento e o *design* de caixa única possibilitado pelos separadores em formato ondulado resultam em uma massa aquecida 40% menor que em módulos anteriores. Como resultado, o tempo necessário para atingir 50% de saída após partida em –20 °C reduziu para um quarto do anterior. Agora é possível dar partida no sistema em temperaturas tão baixas quanto –30 °C.

A bateria de íons de lítio é 40% mais leve e 50% menor que o ultracapacitor do FCX antigo, permitindo ser alocada abaixo do assento traseiro. Isso fornece mais espaço para os passageiros. A bateria avançada fornece um auxílio poderoso ao módulo de células de combustível, melhorando o torque do motor para uma aceleração superior. Soma-se a isso a capacidade total de energia, com a bateria armazenando-a por um sistema inteligente de frenagem regenerativa, capturando 11% mais energia cinética que o ultracapacitor utilizado no FCX 2005; 57% da energia de desaceleração é regenerada com o novo sistema.

Fato importante

A bateria avançada fornece um auxílio poderoso ao módulo de células de combustível, melhorando o torque do motor para uma aceleração superior. Soma-se a isso a capacidade total de energia, com a bateria armazenando-a por um sistema inteligente de frenagem regenerativa.

A configuração do motor de tração entrega uma aceleração poderosa e alta velocidade máxima, em conjunto com uma experiência luxuosa e silenciosa. Os novos rotor e estator possuem

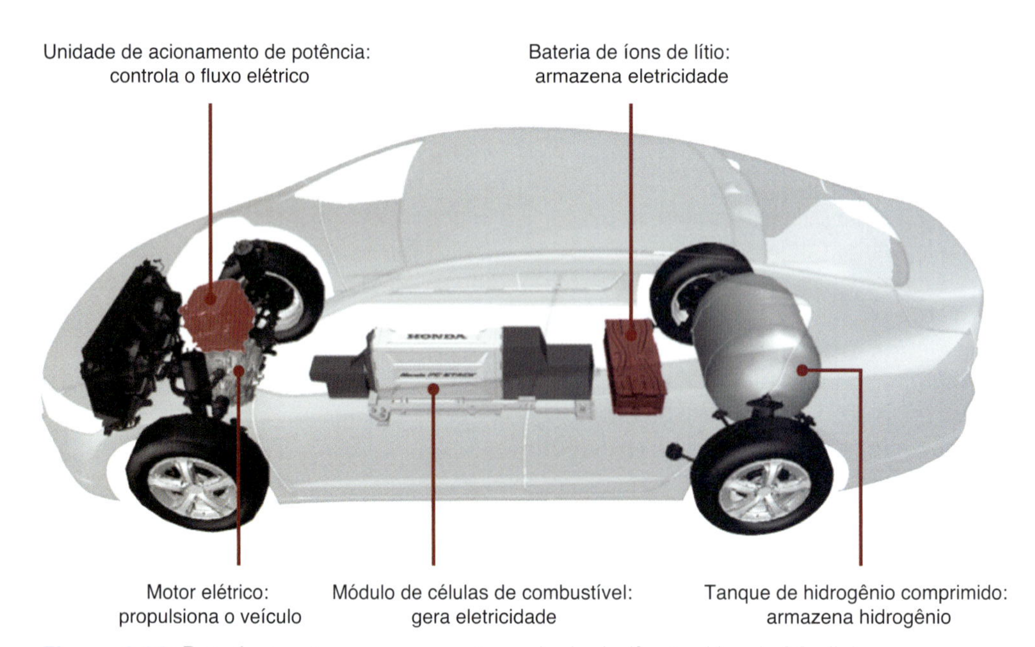

Figura 9.30 Bateria e outros componentes principais (fonte: Honda Media).

um torque de relutância combinada, baixa perda magnética no circuito e controle vetorial digital total para alcançar alta eficiência e alto torque em uma faixa grande de velocidades.

O formato inovador bem como o posicionamento dos ímãs no rotor fornecem alta saída, alto torque e alta rotação em termos de performance. Essas inovações entregam saída máxima de 100 kW em conjunto com um torque e uma densidade de energia impressionantes. Ao mesmo tempo, pontos ressonantes nas faixas de alta frequência foram eliminados para uma operação silenciosa.

O novo rotor tem interior de ímãs permanentes que reduzem a indutância, melhorando o torque de relutância para atingir alta performance de torque. As características de alta energia dos ímãs também contribuem para o alto torque e tamanho compacto. Essas inovações resultaram em 50% mais potência de saída e 20% mais densidade de alto torque. O número de polos também foi reduzido, e os ímãs foram alargados para melhor manutenção de faixa de operação. Uma longarina central foi instalada para melhorar a rigidez. Essa construção mais robusta permite operações em velocidades angulares superiores.

O estator é composto de folhas de aço com baixa perda ferromagnética e enrolamentos com maior densidade que diminuem a resistência e contribuem para uma melhor entrega de potência e alto torque. O número de polos magnéticos do rotor foi reduzido de doze para oito, eliminando os pontos de ressonância em altas velocidades.

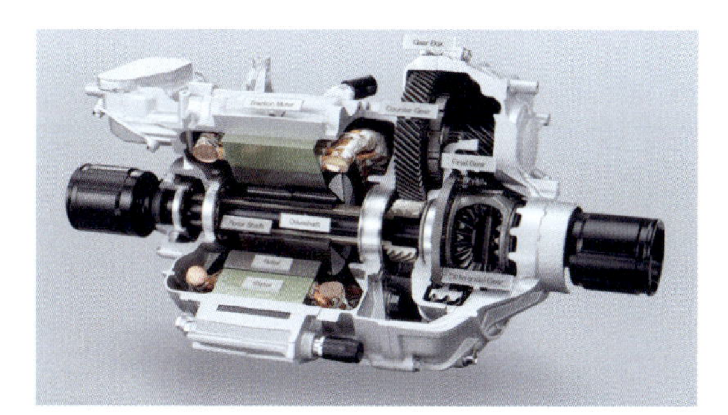

Figura 9.31 Motor de tração de indução, diferencial e componentes finais de tração (fonte: Honda Media).

9.6.5 Dinâmica da direção

O motor elétrico do FCX Clarity proporciona uma sensação de direção completamente diferente de um carro convencional.

Não existem trocas de marcha para interromper a entrega de potência, e as características de torque são suaves, fazendo que a aceleração seja imperceptível. Não existem vibrações causadas pelos pistões. Os tempos de aceleração são os mesmos de um carro 2.4 de tamanho similar.

A relação de engrenagens fixa do veículo permite operação simples: possui um controle de marcha simples para a frente, ré e parada, com toque leve e curto. O controle compacto é composto de um controle eletrônico, permitindo que uma alavanca de câmbio seja instalada no painel. A alavanca, o botão de partida e o de estacionamento são fáceis de operar.

Em conjunto com um novo motor sem escovas com saída de potência maior, a suspensão dianteira auxilia em curvas e manobras estreitas, possibilitando um raio de 5,4 m – muito pequeno em comparação com o tamanho do veículo. A baixa inércia do motor e o mínimo atrito da suspensão durante a direção contribuem para manobras suaves. Um volante com ajuste de profundidade e altura fornece posicionamento ótimo para todos os motoristas. O FCX Clarity possui controle automático de velocidade adaptativo de fábrica.

As características do FCX Clarity incluem frenagem integrada, controle de tração e sistema de direção elétrica, que trabalham em conjunto para auxiliar o motorista a manter controle do veículo em situações de emergência e condições de estrada adversas.

Trabalhando em conjunto com os freios ABS, o sistema de controle de tração evita escorregamento das rodas, e a assistência elétrica de direção melhora a dirigibilidade do veículo.

Em momentos de alta força de manobra, o sistema de assistência elétrica de direção evita que o volante seja muito torcido, reduzindo o torque do motor e aplicando força de frenagem para impedir a perda de tração das rodas traseiras. Em condições de estrada em que o atrito para as rodas direitas e esquerdas sejam diferentes, o sistema auxilia o motorista a manter o controle do veículo.

Como resultado do aumento da capacidade de armazenamento de energia, tem-se um aumento na autonomia do veículo, inclusive referente ao controle de regeneração, permitindo implementar um sistema que regule a aceleração e reduza a necessidade de operação do pedal quando em declive.

Auxiliando conforme a inclinação e velocidade do veículo, o sistema regula a aceleração quando o motorista retira o pé do acelerador, minimizando a necessidade de frenagens constantes. O sistema simultaneamente ajusta a quantidade de energia por frenagem regenerativa, mantendo a velocidade do veículo constante após o primeiro acionamento do pedal do freio. Essa função é similar ao uso do freio motor, mas mais inteligente, suave e fácil de utilizar.

■ Performance da aceleração

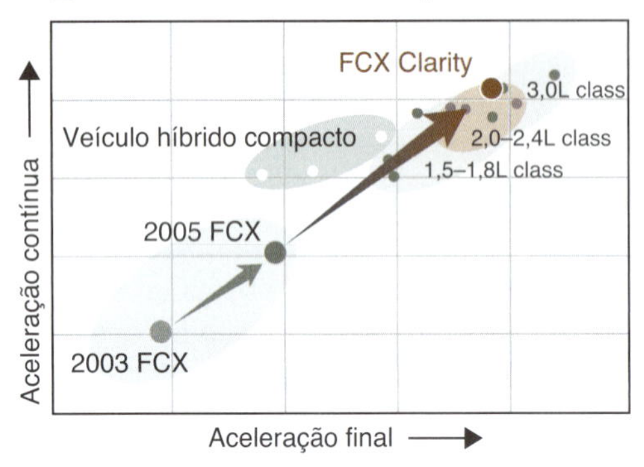

■ Características da aceleração

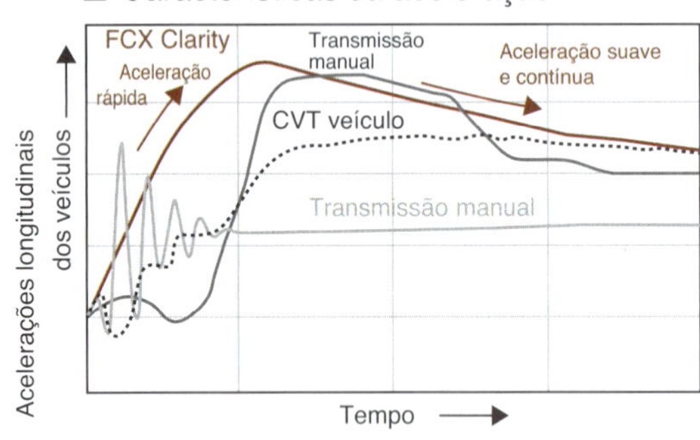

■ Ruído/vibração

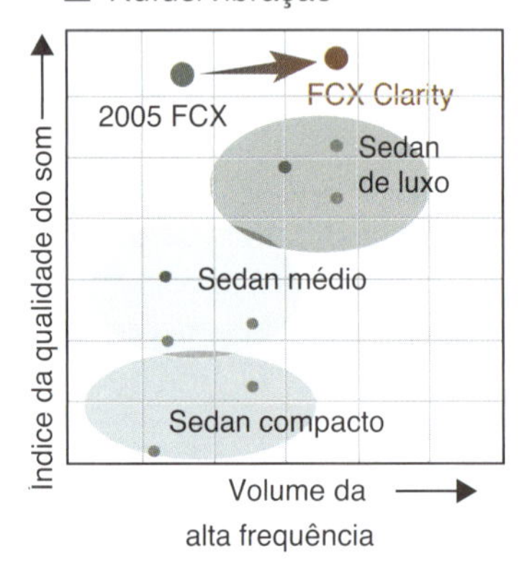

Figura 9.32 Características e performance (fonte: Honda Media).

Figura 9.33 Painel e controles.

Figura 9.34 Performance suave (fonte: Honda Media).

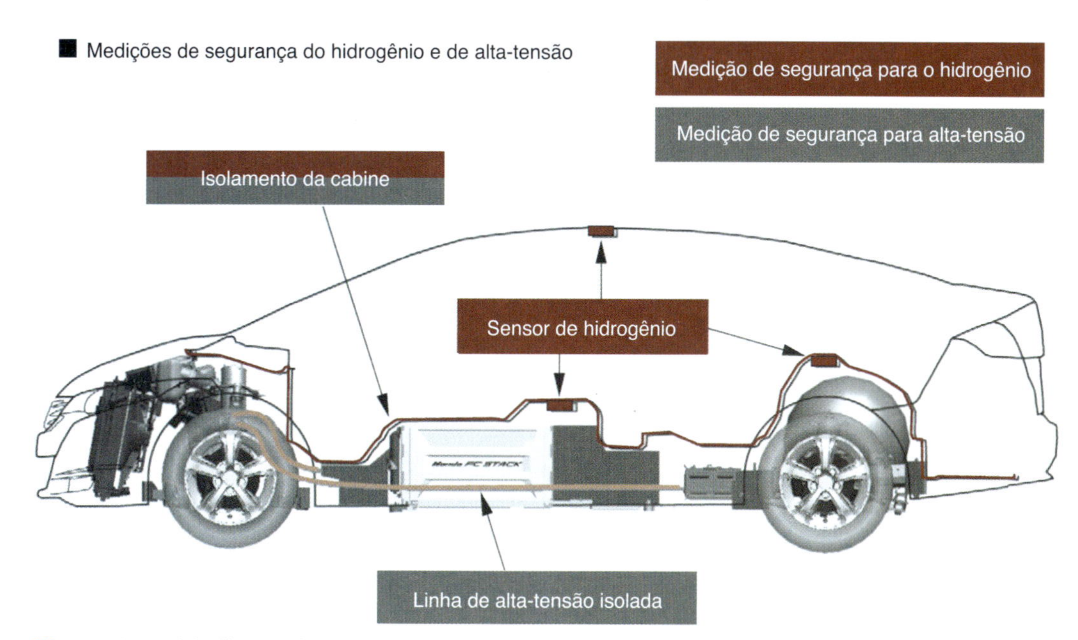

Figura 9.35 Medições de segurança do hidrogênio e de alta-tensão (fonte: Honda Media).

Fato importante

O sistema simultaneamente ajusta a quantidade de energia por frenagem regenerativa, mantendo a velocidade do veículo constante após o primeiro acionamento do pedal do freio em situações de declive.

9.6.6 Segurança: hidrogênio e alta-tensão

Sensores estão localizados por todo o veículo para avisar no caso improvável de vazamento de hidrogênio. Se um vazamento ocorrer, um sistema de ventilação é ativado e o sistema automaticamente fecha a válvula principal do tanque ou da linha de alimentação para o conjunto de células.

Os cabos de alta-tensão são eletricamente isolados, e sensores fornecem um aviso em caso de fuga para terra. Em colisão, contatores de alta-tensão desligam a fonte de energia. Testes repetitivos em inundação e incêndio confirmaram alto nível de segurança e confiabilidade. Encapamentos cor de laranja são utilizados em todos os cabos de alta-tensão.

Figura 9.36 Conexão do cano de reabastecimento (fonte: Honda Media).

Segurança em primeiro lugar

Em colisão, contatores de alta-tensão desligam a fonte de energia.

Para evitar o fluxo reverso do tanque durante o reabastecimento, a entrada de hidrogênio possui uma válvula de verificação. O mecanismo de entrada de combustível é projetado para evitar contaminação por outros gases ou pelos bicos de conexão designados para outros níveis de pressão de hidrogênio.

9.7 Toyota Mirai

9.7.1 Visão geral

Este veículo a célula de combustível a hidrogênio está disponível para compra no Reino Unido. Suas características principais são:

- PEMFC de 100 kg
- Bateria de níquel-metal hidreto de 1,5 kWh e 60 kg, marcha única, tração dianteira
- Potência/torque: 153 bhp/247 lb ft
- Velocidade máxima: 178 km/h
- Aceleração: 0-100 km/h em 9,6 segundos
- Autonomia: em torno de 480 km
- Emissões de CO_2: apenas vapor d'água pelo escapamento

O Mirai (que significa futuro em japonês) foi desenvolvido com base nas tecnologias centrais da Toyota em recuperação de energia durante a frenagem, que vêm sendo desenvolvidas há anos, e na tecnologia de alta performance e alta eficiência de hibridização para auxiliar partida e aceleração de motores de combustão. Duas fontes de energia, um conjunto de células de combustível e uma bateria, são utilizadas na alimentação do motor elétrico para atingir maior eficiência ambiental e uma poderosa direção.

O Mirai é um híbrido que combina células de combustível com bateria. Geralmente, um carro híbrido roda eficientemente utilizando a combinação de duas fontes de potência de tração: um motor de combustão e um elétrico. Um veículo a células de combustível difere de veículos híbridos visto que utiliza a combinação de células com uma bateria como fontes de energia para alimentar o motor elétrico. A bateria fornece potência para auxiliar durante a aceleração, assim como em qualquer outra tecnologia híbrida, para obter mais potência e eficiência na rodagem.

Definição

FCV: ***fuel cell vehicle*** **(veículo a células de combustível).**

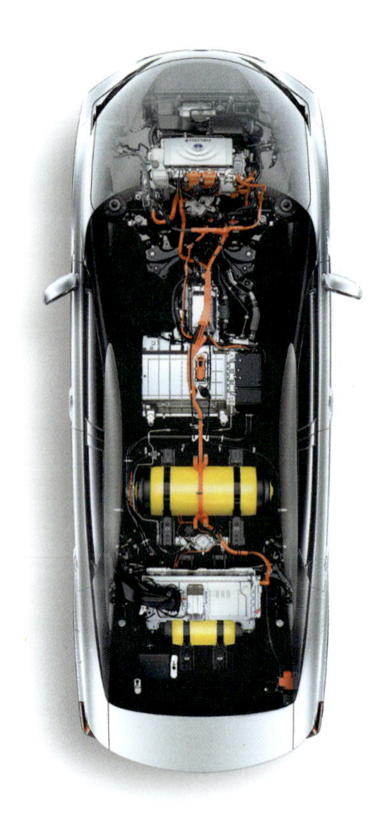

Figura 9.37 Componentes do Mirai (fonte: Toyota Media).

9.7.2 Sistema de Células de Combustível da Toyota (*Toyota Fuel Cell System* – TFCS)

O TFCS combina tecnologias híbrida e de células de combustível desenvolvidas pela Toyota por muitos anos e utiliza o último módulo de células de combustível, mais compacto e de alta performance. O menor elemento em uma célula de combustível é composto de uma membrana eletrolítica, um par de eletrodos (negativo e positivo) e dois separadores. Embora cada célula possua baixa tensão, de 1 V ou menos, uma alta potência de saída pode ser obtida conectando centenas delas em série, aumentando a tensão. Essas células combinadas formam o conjunto (ou módulo) de células de combustível; esse módulo é o que geralmente chamamos de células de combustível.

Em uma célula de combustível, a eletricidade é gerada a partir de hidrogênio e oxigênio. O hidrogênio é fornecido ao eletrodo negativo, quando ativado pelo catalisador, causando liberação de elétrons. Os elétrons liberados do hidrogênio se movem dos eletrodos negativos para os eletrodos positivos, gerando corrente elétrica. O hidrogênio libera elétrons, sendo convertido em íons de hidrogênio que se movem para o lado positivo, passando por uma membrana polimérica. No catalisador do eletrodo positivo, oxigênio e íons de hidrogênio se unem para formar água.

Fato importante

Em uma célula de combustível, eletricidade é gerada do hidrogênio e do oxigênio.

9.7.3 Segurança

O hidrogênio que alimenta o Mirai é armazenado em alta pressão (700 bar) em dois tanques compactos porém ultrarresistentes. A Toyota tem trabalhado em seu *design* desde 2000 e está mais que satisfeita com sua força e performance de segurança.

A principal fonte de resistência dos tanques é sua camada protetora de fibra de carbono, por sobre a qual existe uma camada de fibra de vidro. Caso o carro se envolva em um acidente, será visível qualquer dano na camada de fibra de vidro; testes podem ser feitos para descobrir se a proteção de fibra de carbono foi danificada. A fibra de vidro não fornece rigidez para o tanque, mas dá confiança absoluta sobre sua integridade. Os tanques são submetidos a testes em condições extremas. São projetados para aguentar até 225% de sua pressão de operação, uma margem de segurança bem grande.

Em um improvável evento de vazamento, o carro possui diversos sensores ultrassensíveis que detectarão mínimas quantidades de hidrogênio. Estes são colocados em locais estratégicos para detecção instantânea. Se ocorrer um vazamento no sistema de combustível, o sistema imediatamente fechará as válvulas de segurança e desligará o veículo.

Como terceira camada de segurança, a carroceria é estritamente separada do compartimento de hidrogênio para evitar a entrada de qualquer hidrogênio que vaze, permitindo que seja dispersado gradualmente para a atmosfera.

9.7.4 Processo de reabastecimento

O reabastecimento é um processo crítico, pois envolve intervenção humana, o que infelizmente pode levar a cenários não seguros, como tentar dirigir enquanto o veículo ainda está conectado ao ponto de abastecimento. Por essa razão, várias precauções de segurança foram implementadas.

1. O bico de abastecimento na ponta da mangueira flexível se trava mecanicamente a fim de fazer uma conexão justa na entrada do veículo. A não ser que a trava mecânica se acople perfeitamente ao encaixe, o reabastecimento não irá acontecer.
2. Um impulso de pressão verifica se há algum vazamento entre o sistema de reabastecimento e o carro. Se um vazamento for detectado, o reabastecimento é abortado.
3. A taxa de entrada de combustível é regulada cuidadosamente para evitar

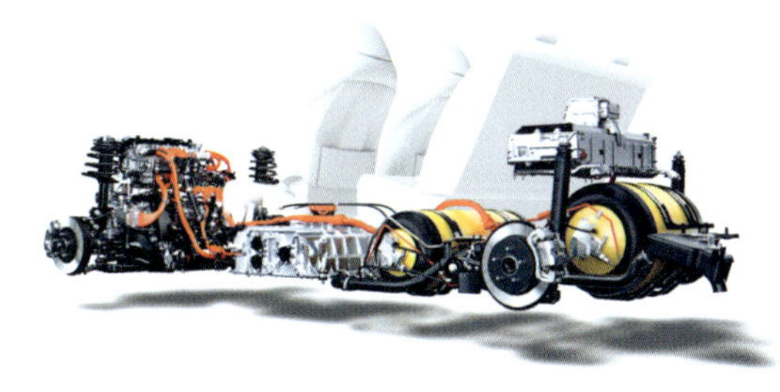

Figura 9.38 Visão em corte lateral do Mirai mostrando os tanques de combustível em amarelo (fonte: Toyota Media).

sobreaquecimento durante a transferência de combustível. Sensores de temperatura nos tanques de hidrogênio do veículo, no bico e na bomba constantemente se comunicam entre si por controle infravermelho para controlar o fluxo de hidrogênio para dentro do veículo, não permitindo o aumento de temperatura. Este é provavelmente o sistema de reabastecimento mais inteligente que qualquer motorista já operou.

As normas internacionais SAE e ISO estabelecem limites de segurança e requisitos de performance para armazenamento de hidrogênio gasoso. Os critérios incluem temperatura máxima do combustível no bico, vazão máxima de combustível e taxa de aumento de pressão máxima.

Definição

As normas internacionais SAE e ISO estabelecem limites de segurança e requisitos de performance para armazenamento de hidrogênio gasoso.

Um motorista que tente dirigir enquanto o veículo ainda estiver conectado ao bico terá o carro bloqueado até que o bico seja retirado e a tampa do veículo fechada apropriadamente. Para ter certeza absoluta, um sistema de segurança incorporado à mangueira trava a bomba em uma tentativa de movimentação do veículo durante o reabastecimento.

O hidrogênio é a coisa mais leve existente que o homem conheça, sendo muito (14x) mais leve que o ar. A consequência é que, se um vazamento ocorrer, o hidrogênio subirá para a atmosfera. E, graças ao seu pequeno tamanho, sendo a menor molécula do universo, se dispersa rapidamente no ar ou em qualquer outro gás.

Os tanques possuem um dispositivo de alívio de pressão que libera hidrogênio gradualmente em um aumento anormal de temperatura (por exemplo, em um incêndio). Isso previne sobrepressão ou ocorrência de explosão.

O hidrogênio é tão seguro quanto qualquer outro combustível utilizado em carros. É utilizado como energia por décadas, e existe muito conhecimento e experiência por parte da Toyota e em outros lugares para ser manuseado com segurança. É uma fonte livre de carbono e outros tóxicos que pode ser produzido a partir de fontes renováveis e, quando utilizado como combustível, não emite qualquer gás que contribua para o efeito estufa.

9.8 Híbridos leves da Honda

9.8.1 Visão geral

Esta categoria de veículos da Honda é descrita como híbridos leves, pois não pode rodar apenas com eletricidade, mas tem um motor integrado para assistência. O motor elétrico também age como gerador em situações de frenagem.

9.8.2 Bateria IMA

O módulo de bateria da Honda utiliza tecnologia de níquel-metal hidreto (NiMH) para uma alta densidade de energia e longa vida de operação. As baterias são construídas de forma modular com tensão total de 100,8 a 144 V (ou mais, no caso do Toyota Prius) e uma capacidade de 6,5 Ah.

Se for necessária manutenção no módulo, recorra às instruções do fabricante, pois sérios danos e até mesmo morte podem ocorrer se as instruções de segurança não forem seguidas. As baterias pesam em torno de 22 kg; a faixa de operação é de –30 a +50 °C.

Segurança em primeiro lugar

Se for necessária manutenção no módulo, recorra às instruções do fabricante, pois sérios danos e até mesmo morte podem ocorrer se as instruções de segurança não forem seguidas.

1 Conjunto de célula de combustível

Primeira célula de combustível da Toyota de produção em série, com tamanho compacto e alto nível de densidade de saída

- Tipo: célula de combustível com eletrólito polimérico
- Densidade de potência: 3,1 kW/l
- Saída máxima: 114 kW
- Sistema de umidificação: sistema de circulação interna

2 Conversor da célula de combustível

Um conversor compacto, de alta eficiência e alta capacidade, desenvolvido para células com tensão de até 650 V. Um conversor *boost* é utilizado para obter uma saída com tensão maior que a da entrada. Número de fases: 4 fases

3 Bateria

Uma bateria de níquel-metal hidreto que armazena a energia recuperada em desaceleração, complementada pela energia produzida pelo módulo de célula de combustível quando dirigindo com baixa carga, para auxiliar a aceleração

4 Tanque de hidrogênio de alta pressão

O tanque armazena hidrogênio como combustível. A pressão nominal de trabalho é de 700 bar

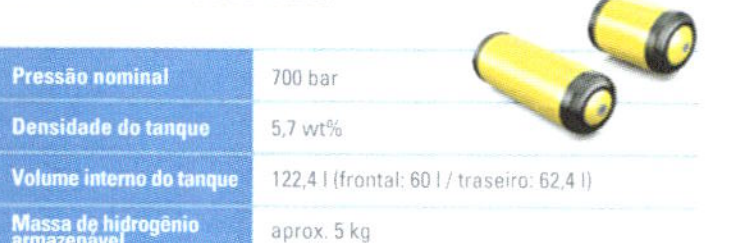

Pressão nominal	700 bar
Densidade do tanque	5,7 wt%
Volume interno do tanque	122,4 l (frontal: 60 l / traseiro: 62,4 l)
Massa de hidrogênio armazenável	aprox. 5 kg

5 Motor

Motor acionado pela eletricidade gerada pelo conjunto de células de combustível e/ou fornecida pela bateria

- Saída máxima: 113 kW
- Torque máximo: 335 Nm

6 Unidade de controle de potência

O componente que controla de forma ótima tanto as células quanto a bateria em recarga e descarga

7 Componentes auxiliares

Bomba de circulação de hidrogênio etc.

Densidade do tanque de armazenamento

Menor peso graças a inovações da estrutura de plástico reforçada com fibra de carbono.

Atinge-se densidade de 5,7 wt%

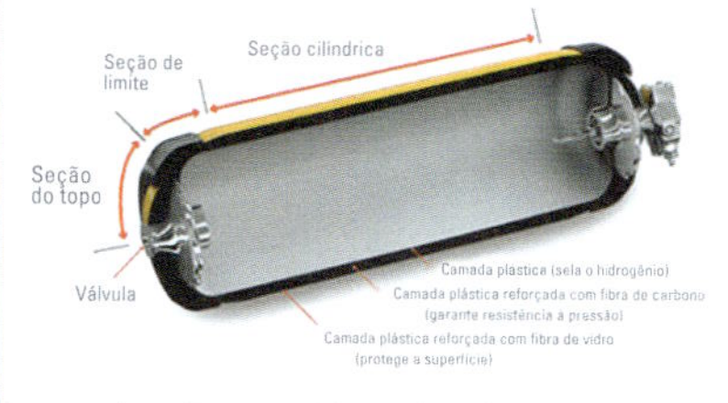

Inovações na camada interna de plástico relacionada à eficiência da aplicação resultam em uma redução de aproximadamente 40% de fibra de carbono utilizada.

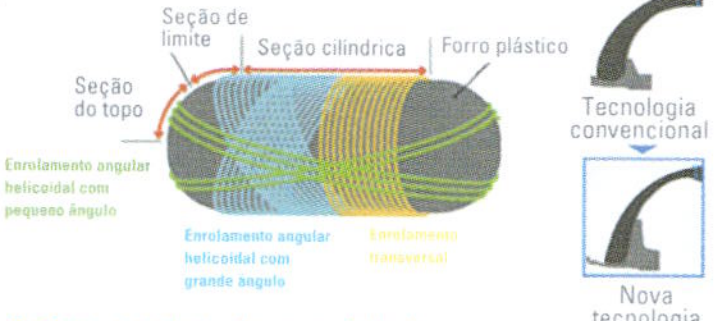

Baixo centro de gravidade

O conjunto de células de combustível, os tanques de alta pressão de hidrogênio e outros componentes de potência são colocados abaixo do assoalho do veículo.

Quanto mais baixo o centro de gravidade, melhor a estabilidade e experiência relacionada ao conforto, reduzindo movimentação da carroceria.

O peso é balanceado entre os eixos para garantir conforto apesar de a tração ser dianteira.

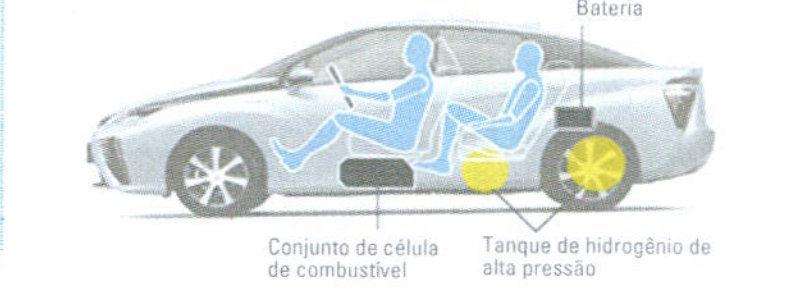

Figura 9.39 Detalhes e características principais do Mirai (fonte: Toyota Media).

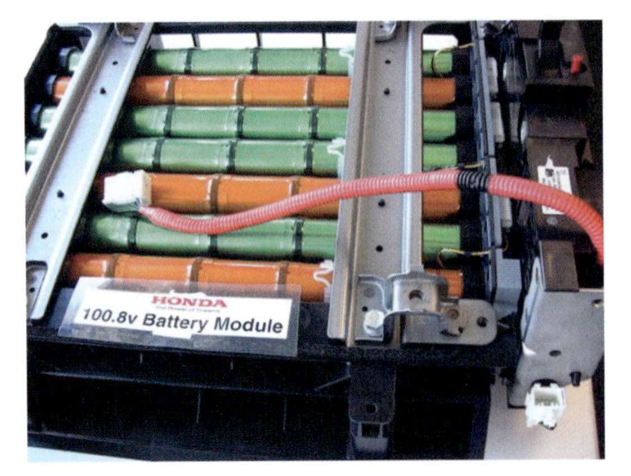

Figura 9.40 Módulo de bateria.

Figura 9.42 Células e grupos de bateria.

As baterias de alta-tensão são localizadas atrás do banco de passageiros traseiro ou, em alguns casos, abaixo do assoalho do porta-malas.

O módulo de bateria é utilizado para fornecer alta-tensão ao motor elétrico durante o modo de assistência. O módulo de bateria também é utilizado para armazenar energia proveniente do sistema de regeneração por frenagem e desaceleração. A corrente do módulo de baterias também é convertida para 12 V DC, para alimentar o sistema elétrico do veículo. Uma bateria convencional de 12 V localizada no compartimento do motor é utilizada para alimentar o sistema 12 V do veículo.

Módulos de bateria consistem normalmente em:

- Sensores de tensão
- Sensores de temperatura (termistores)
- Grupos de células de bateria; cada grupo consiste em seis células – cada célula equivale a 1,2 V
- Ventilador para arrefecimento
- Terminais de conexão

Os grupos de células da bateria são conectados em série por meio dos terminais, localizados em ambos os lados do módulo de baterias.

Recarga e descarga acontecem por movimentação do hidrogênio quando uma reação química acontece no interior da célula. A construção de uma célula é semelhante à de uma bateria convencional, mas o eletrodo positivo é fabricado de hidróxido de níquel. O eletrodo negativo é feito de um hidreto metálico (uma liga de absorção de hidrogênio) e o eletrólito é hidróxido de potássio, uma forte solução alcalina.

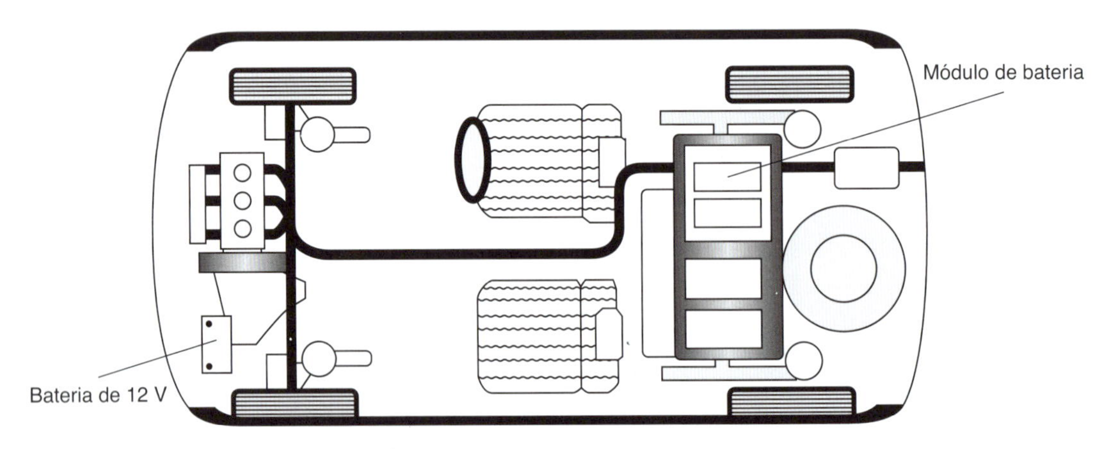

Figura 9.41 Local da bateria de alta-tensão.

Figura 9.43 Placa de informação de um Toyota.

Sempre siga os procedimentos de segurança – uma base forte é tão perigosa quanto um ácido forte.

- Utilize roupa protetora apropriada:
  - Calçado de segurança
  - Óculos de segurança
  - Luvas adequadas de borracha ou látex
- Neutralize o eletrólito.

Em estado descarregado, a superfície do eletrodo positivo irá conter di-hidróxido de níquel e haverá íons hidróxido no eletrólito. Conforme a bateria é recarregada, o eletrodo positivo perde um átomo de hidrogênio, que vira um hidróxido de níquel. O átomo de hidrogênio liberado se une ao íon hidróxido para formar água, e um elétron livre é liberado.

Em um estado descarregado o eletrodo negativo é constituído de liga metálica, rodeado de água e elétrons livres. Conforme a bateria é

$$(NiOOH + H_2O) + e \underset{\text{Recarga}}{\overset{\text{Descarga}}{\rightleftharpoons}} Ni(OH)_2 + OH$$

Figura 9.44 Reação na placa positiva.

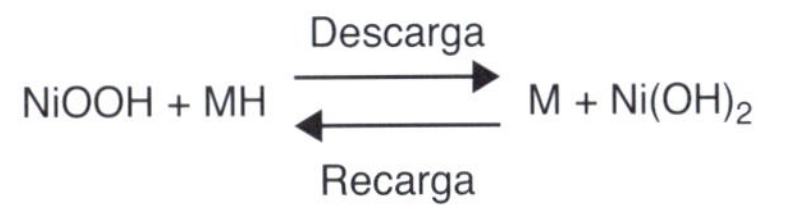

Figura 9.45 Reação na placa negativa.

recarregada, um átomo de hidrogênio é deslocado da água e absorvido pela liga de metal para formar hidreto de metal. Isso libera íons hidróxido ao eletrólito ao redor.

Baterias de níquel-metal hidreto são utilizadas porque são robustas, duram muito, descarregam e recarregam rapidamente e possuem alta densidade de energia.

O armazenamento de energia do futuro pode ser de baterias de íons de lítio. A Bosch e a Samsung estão trabalhando em conjunto para desenvolver mais essa tecnologia para aplicações veiculares. O objetivo principal é melhorar a densidade de energia das baterias e reduzir seus custos a dois terços.

Fato importante

O armazenamento de energia do futuro pode ser de baterias de íons de lítio.

Figura 9.46 Células da bateria de NiMH.

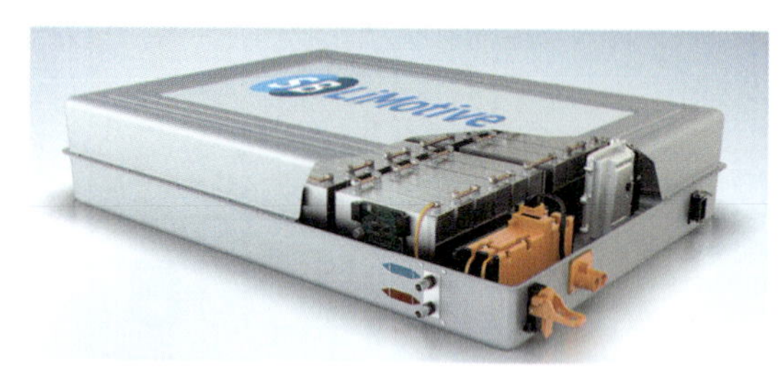

Figura 9.47 Módulo de bateria de lítio (fonte: Bosch Media).

9.8.3 Motor IMA

O motor IMA da Honda com *design* fino é localizado entre o motor de combustão e a transmissão. Trata-se de um motor de ímãs permanentes, DC sem escovas, que trabalha tanto como gerador como motor.

Figura 9.48 Estator do motor em posição em um motor de combustão da Honda.

Fato importante

Um motor IMA é geralmente localizado entre o motor de combustão e a transmissão.

As funções do motor IMA são:

- Auxiliar o motor de combustão em certas condições determinadas pelo módulo de controle do motor para melhorar a economia de combustível, diminuir emissões e melhorar a dirigibilidade.
- Regenerar potência em certas condições para recarregar o módulo de bateria de alta-tensão e a bateria comum de 12 V.
- Dar partida no motor de combustão quando a carga for suficiente.

O motor é localizado entre o motor de combustão e a caixa da transmissão.

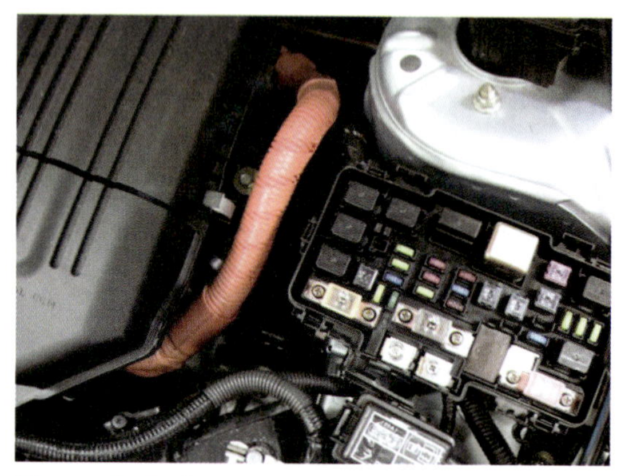

Figura 9.49 Cabo de potência conectado ao motor elétrico (lembre-se, cabos cor de laranja são de alta-tensão).

As especificações do motor IMA da Honda são apresentadas a seguir:

- Tipo DC sem escovas
- Tensão nominal de 144 V
- Potência de 10 kW/3.000 rpm
- Torque de 49 Nm/1.000 rpm

A tensão nominal irá variar entre 100 V e quase 300 V. Esses dados para potência e torque são os mais comuns, mas para outros motores pode variar.

Em um motor DC convencional, a carcaça contém ímãs de campo magnético, o rotor é feito de enrolamentos de bobinas em encaixes de núcleo ferroso, conectados por um comutador. Contudo, em um motor sem escovas, o motor comum é invertido. O rotor é composto de ímãs permanentes e o estator passa a ter enrolamentos com núcleo de ferro. As vantagens são:

- Melhor arrefecimento
- Sem escovas para desgaste
- Menor manutenção.

Fato importante

Um motor sem escovas é um motor DC convencional invertido.

As desvantagens, contudo, são:

- Circuitos de controle do motor elétrico mais complexos
- Ímãs de terras-raras são caros e precisam ser utilizados, pois ímãs ferrosos se desmagnetizam quando grandes correntes são aplicadas

Figura 9.50 Rotor de ímã permanente.

O estator é constituído de dezoito bobinas ao redor do rotor contendo doze polos. Embora seja um motor do tipo DC, observe que ele é alimentado por meio de corrente AC. Isso porque em motores DC normais (com escovas) a corrente é invertida pelas escovas e pelo comutador. Se a corrente não é invertida, o rotor para. A força que rotaciona o rotor é a interação entre dois campos magnéticos produzidos pelas bobinas do estator e o rotor. Esses campos devem permanecer constantes em magnitude e orientação relativa para produzir torque constante.

Fato importante

Um motor DC sem escovas é alimentado com AC.

Figura 9.51 Estator de um motor integrado removido do veículo.

Para manter o campo constante, as bobinas do estator são divididas em seis grupos de três. Cada grupo possui três fases em cada bobina designadas como U, V e W. A alteração da corrente para cada fase dessas bobinas é feita por uma unidade de potência quando o motor age tanto como motor como gerador. O torque máximo é produzido quando os campos do rotor e do estator ficam em 90° entre si.

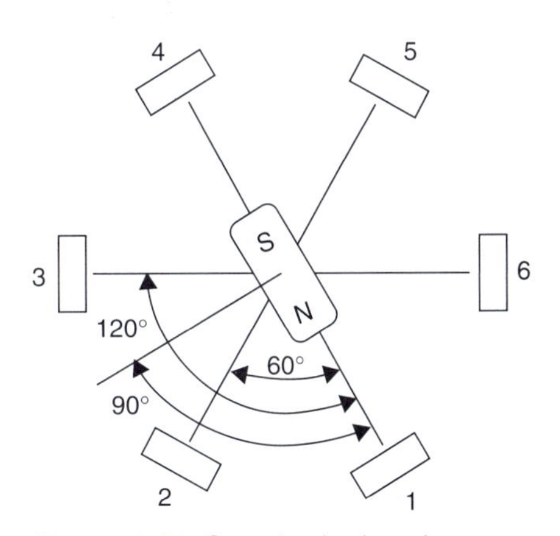

Figura 9.52 Sequência de acionamento.

Para controlar os campos das bobinas do estator de forma correta, é necessário conhecer a posição relativa do rotor. Um disco sensor é acoplado ao motor, e é dividido em doze repartições – seis altas e seis baixas. Estas são detectadas por três sensores de comutação.

Figura 9.53 O anel sensor (logo atrás das bobinas do estator) tem seções altas e baixas que são detectadas pelo sensor de comutação.

Existem três sensores de comutação. Eles agem de forma similar a um sensor de ABS: quando um dente de metal passa pelo sensor da roda, induz um sinal elétrico no sensor. Cada sensor é composto de dois elementos de baixa relutância magnética que detectam a presença de uma parte alta ou baixa passando pelo sensor. Os dois elementos de variação de relutância magnética transformam seu sinal em sinais de nível alto (1) ou baixo (0).

Figura 9.54 Conexão do sensor de comutação.

Os terminais utilizados no motor são do tipo engate rápido ou com terminais de parafusos. Cabos alaranjados são acoplados e fazem a conexão entre o motor e a unidade de potência (que fica atrás no veículo).

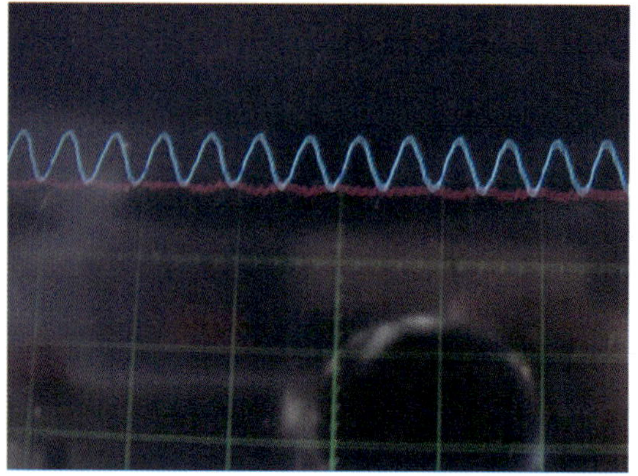

Figura 9.55 Sinal do sensor.

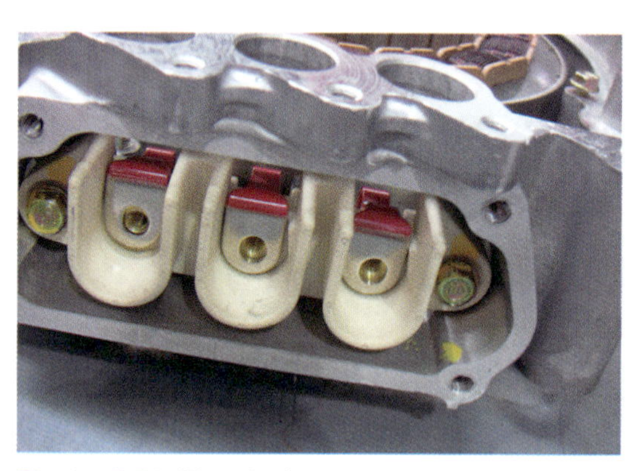

Figura 9.56 Terminais no motor para os cabos de alta-tensão (que sempre possuem capa alaranjada).

Desenvolvimentos ainda avançam no campo de motores híbridos. Contudo, a tecnologia de bobinas estacionárias acionando ímãs permanentes parece estar bem evoluída. Uma grande quantidade de métodos de controle e acionamentos é utilizada, mas, de forma simplificada, o estator é energizado em uma sequência para girar o rotor. Quando o rotor é acionado pelas rodas (em desaceleração ou frenagem), induz energia elétrica nas bobinas que é utilizada para recarregar a bateria por meio de retificação adequada e controle de tensão.

Esta seção apontou os detalhes do sistema utilizado pela Honda. Um sistema alternativo de transmissão híbrida da Bosch associado ao sistema IMA é apresentado a seguir.

9.8.4 Sistema de controle híbrido IMA

Como qualquer outro sistema de controle complexo, o controle do sistema híbrido IMA pode ser representado por meio de um diagrama de blocos mostrando as entradas e saídas. O sistema IMA pode parecer mais complexo porque o motor elétrico vira um gerador e volta a ser motor dependendo das condições de direção. Contudo, pensar no sistema aqui descrito irá lhe auxiliar a entender esta operação.

O diagrama na Figura 9.57 expande o diagrama de blocos básico. Neste caso, a localização dos componentes principais é mostrada.

Sinais dos três sensores de comutação são enviados ao módulo de controle do motor (MCM). O MCM é conectado à unidade de potência, permitindo interação entre o módulo de bateria e o motor IMA.

Fato importante

Sinais dos três sensores de comutação são enviados ao módulo de controle do motor (MCM).

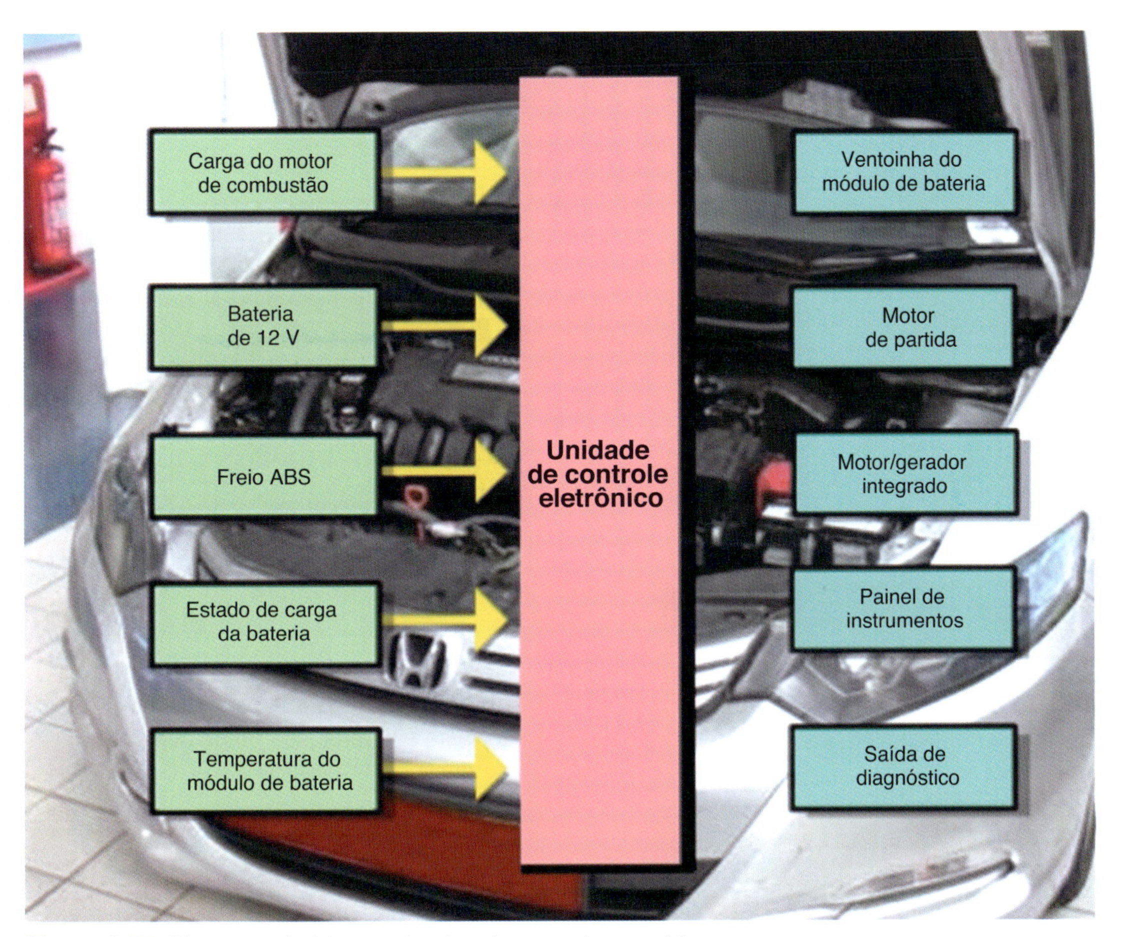

Figura 9.57 Diagrama de blocos simples de entradas e saídas.

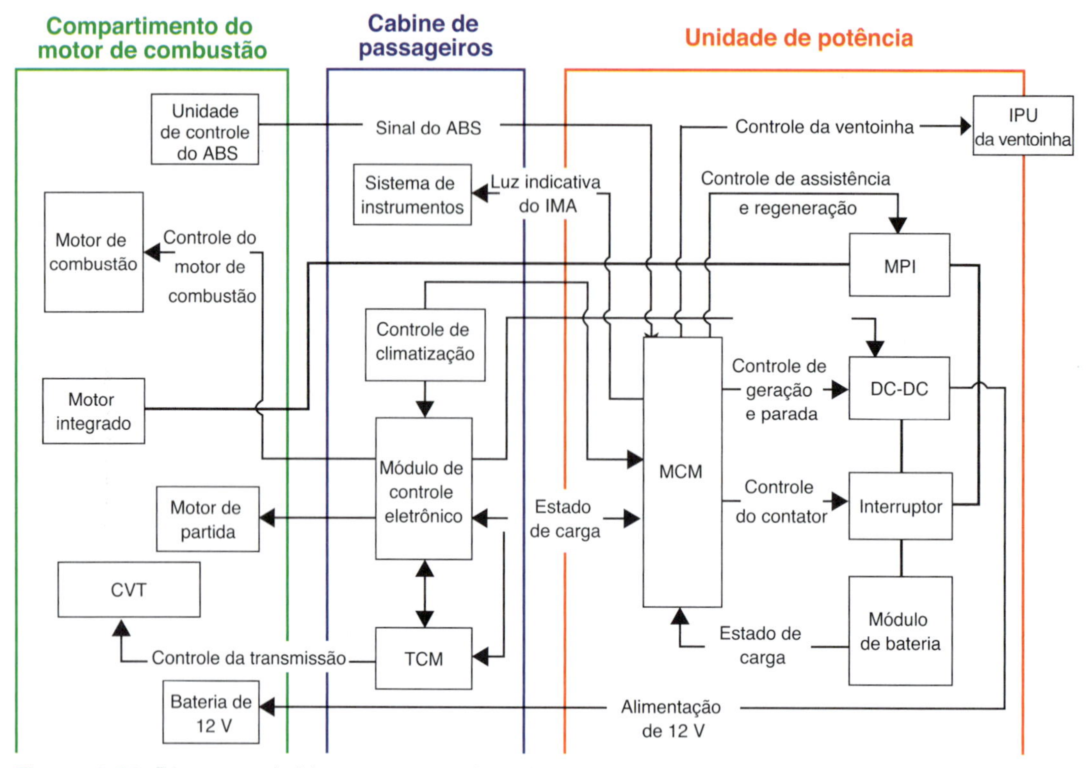

Figura 9.58 Diagrama de blocos mostrando todos os componentes e suas localizações.

Figura 9.59 Módulo de controle do motor elétrico.

Figura 9.60 Dentro de uma unidade de potência.

Os três sinais oriundos dos sensores de comutação no motor IMA são enviados ao MCM e transferidos pelo módulo em sinais altos e baixos para as fases U, V e W do estator. De acordo com esses sinais, os circuitos do módulo de bateria para o motor, ou do motor para a bateria, são feitos pela unidade de potência.

A unidade de potência (PDU) consiste em seis chaves de potência com circuito de portas para acionamento. As chaves são IGBTs, que podem controlar muita potência por meio de um pequeno sinal.

Existem seis etapas de comutação do motor, e cada etapa feita gera outro sinal. Todas as seis etapas são diferentes e nenhuma faz com que as fases U, V e W fiquem todas altas ou todas baixas. Dois IGBTs em uma mesma linha nunca são acionados em conjunto. É quase sempre um do lado superior e um do lado inferior. Isso é muito similar ao acionamento de um motor de passos. As Figuras 9.61 e 9.62 mostram exemplos dos caminhos feitos pelo acionamento que são utilizados tanto para acionar o motor como para recarga a partir do gerador – exceto que a corrente flui no sentido inverso.

Definição

IGBT: transistor bipolar de porta isolada (*insulated gate bipolar transistor*).
É um dispositivo semicondutor de potência de três terminais, conhecido por possuir alta eficiência e por ser de chaveamento rápido.

Quando o motor atua como gerador, potência é transferida do estator para diodos controlados pela PDU, utilizando os sinais fornecidos pelos sensores de comutação. A PDU trabalha de maneira similar à de um retificador.

O conversor DC-DC transforma a energia da bateria de alta-tensão, converte para recarregar a bateria de 12 V e aciona o sistema elétrico. Recarregar a bateria e alimentar o sistema de alta-tensão a partir da bateria de alta-tensão é mais eficiente que utilizar um alternador comum.

Fato importante

O conversor DC-DC transforma a energia da bateria de alta-tensão, converte para recarregar a bateria de 12 V e aciona o sistema elétrico.

Outras características principais utilizadas por muitos veículos híbridos para aumentar a eficiência são:

- Sistema *start-stop*: para economizar combustível, o motor é desligado, por exemplo, em paradas de semáforo, e depois partido quase instantaneamente pelo IMA.

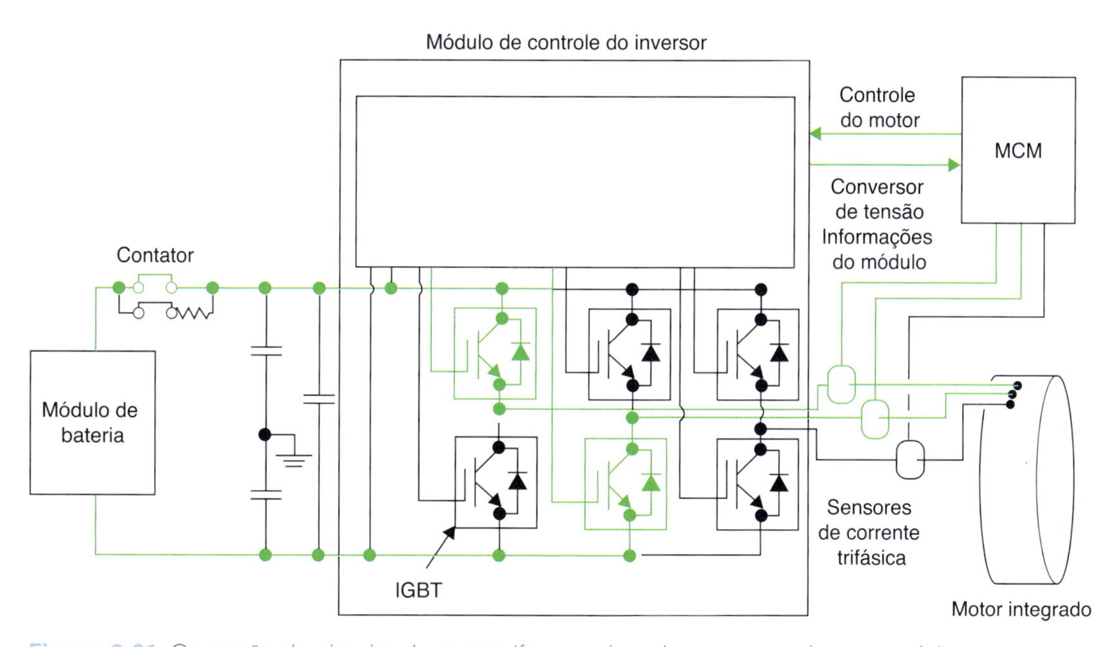

Figura 9.61 Operação do circuito do motor (fases acionadas no exemplo em verde).

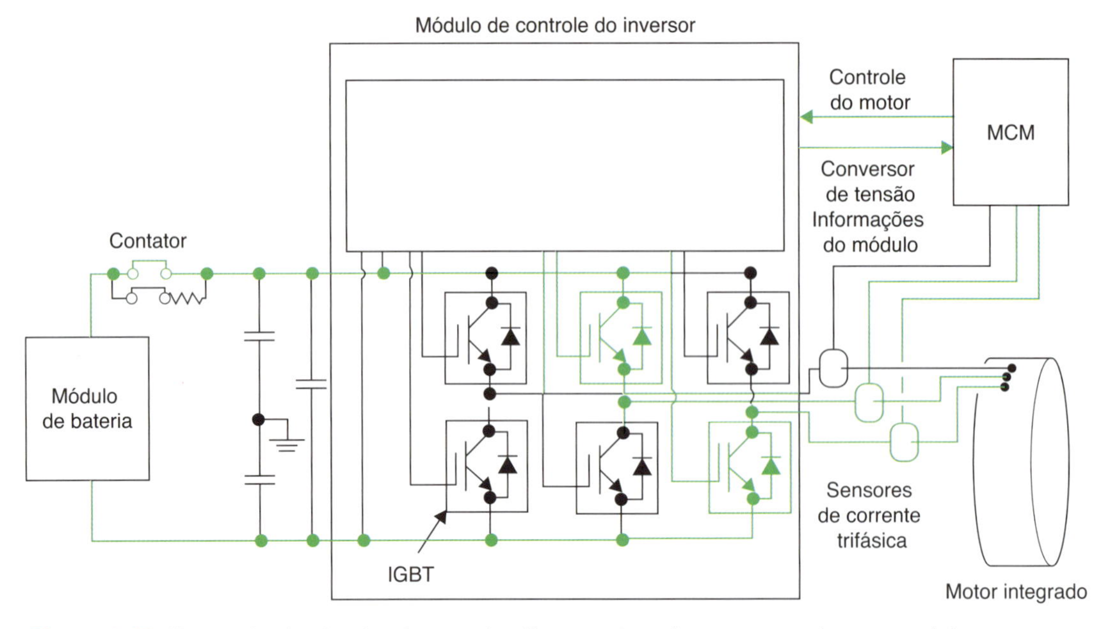

Figura 9.62 Operação do circuito do gerador (fases acionadas no exemplo em verde).

Figura 9.63 Conversor DC-DC.

Figura 9.64 Válvula que controla a quantidade de frenagem feita pelo motor/gerador.

- Controle de frenagem: o aspecto mais importante de um híbrido é coletar energia que normalmente seria perdida em frenagem. Se a operação de frenagem também for eletronicamente controlada de tal forma que o efeito regenerativo seja utilizado, a eficiência é melhorada ainda mais.
- Controle das válvulas do motor de combustão: para melhorar mais ainda o efeito regenerativo, o efeito de frenagem do motor de combustão é reduzido, evitando a operação das válvulas.
- Controle de ar-condicionado: em alguns sistemas o ar-condicionado é acionado por um motor elétrico, continuando a trabalhar em sistemas *start-stop*.
- Retorno de sinal de instrumentação: é sabido que o modo de direção do carro afeta significativamente a economia. Motoristas que optarem por híbridos tendem a buscar mais economia e,

Figura 9.65 Retorno de economia/ performance auxilia a alterar o estilo de direção e melhorar ainda mais a eficiência.

portanto, estão sujeitos a mudar seu estilo de direção. Alguns instrumentos mostram imagens como árvores verdes crescendo para indicar melhoria na performance!

A eficiência de um carro híbrido melhorou significativamente nos dias atuais. Sistemas de controle sofisticados e projetos e desenvolvimento de componentes eficientes são as razões para tal. Contudo, lembre-se de que, como qualquer sistema complexo, pode ser pensado como entradas e saídas – isso o faz muito mais fácil de entender.

9.9 Híbrido paralelo completo da Bosch

9.9.1 Visão geral

As variantes híbridas do Volkswagen Touareg e do Porsche Cayenne S utilizam tecnologia híbrida fornecida pela Bosch. Esta é a primeira vez que esses modelos foram lançados como híbridos completos. Assim como componentes fundamentais como a eletrônica de potência

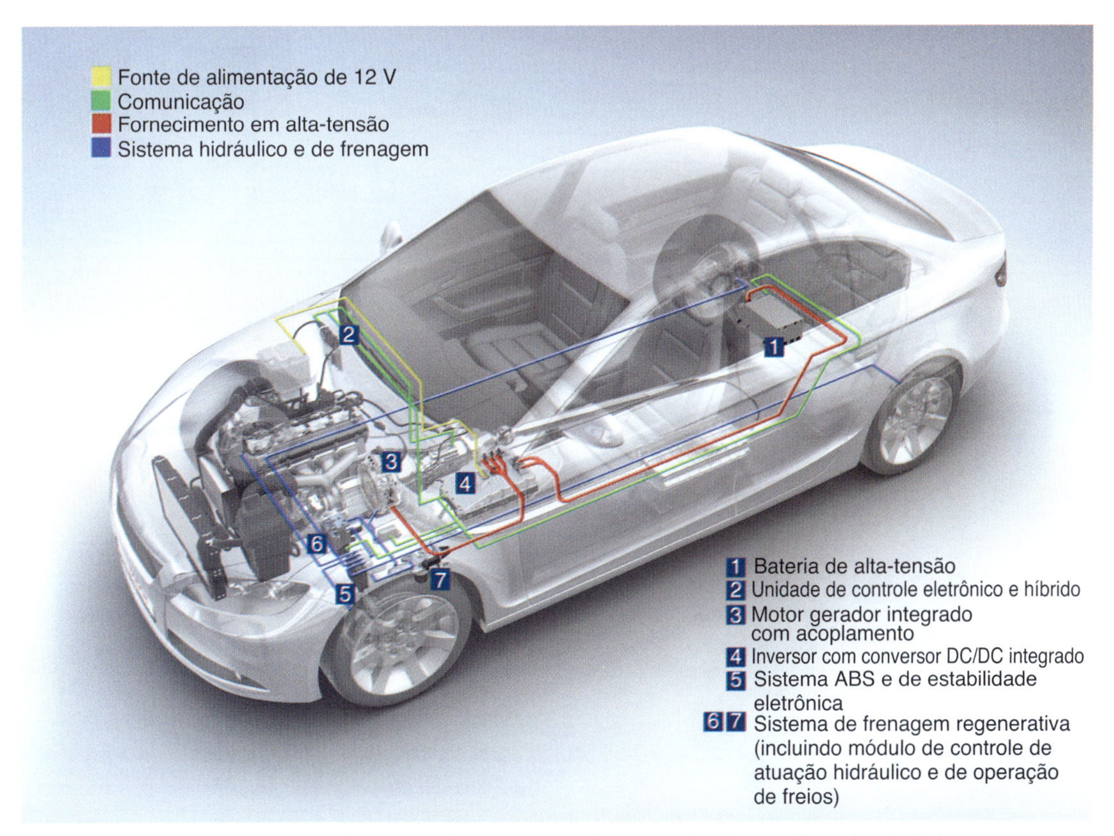

Figura 9.66 Componentes híbridos e sistemas de alimentação (fonte: Bosch Media).

e o motor elétrico, a Bosch também fornece o "cérebro" para os veículos da forma da unidade de controle Motronic para veículos híbridos, que define quando o motor elétrico, o motor de combustão ou ambos entram em ação.

A Volkswagen e a Porsche escolhem equipar seus veículos híbridos com um motor *supercharged* V6 3.0 e uma transmissão automática de oito velocidades. O motor de seis cilindros entrega 245 kW (333 hp) e torque máximo de 440 Nm iniciando em 3.000 rpm. O veículo também possui um motor-gerador integrado desenvolvido pela Bosch. O motor elétrico refrigerado a água possui acoplamento individual. O módulo híbrido é posicionado entre o motor de combustão e a transmissão; possui diâmetro de 30 cm e comprimento de apenas 145 mm. O motor elétrico entrega 34 kW e torque máximo de 300 Nm. Isso significa que o carro pode rodar no máximo entre 50-60 km/h em tração elétrica apenas, desde que a bateria de níquel-metal hidreto tenha carga suficiente.

Fato importante

O motor elétrico entrega 34 kW e torque máximo de 300 Nm.

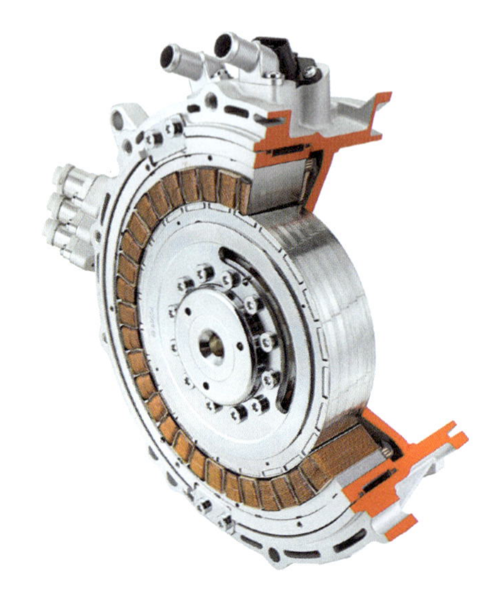

Figura 9.67 Motor gerador integrado (fonte: Bosch Media).

A bateria possui capacidade de 1,7 kWh com pico de 288 V. Durante a frenagem, o motor elétrico, agora operando como gerador, recupera energia cinética, que então é armazenada na bateria de alta-tensão.

Soltar o acelerador a qualquer velocidade até 160 km/h aciona o modo de rodagem livre: o MCI é automaticamente desligado enquanto o veículo trafega sem consumir combustível – obviamente sem sacrificar qualquer funcionalidade dos sistemas de segurança e conforto. A frenagem também é um processo totalmente automático. A unidade de controle híbrido monitora a pressão no pedal de freio para determinar qual torque deve ser parametrizado pelo motor gerador integrado. Isso não afeta sistemas de segurança como ABS e ESP, que são acionados independentemente da situação.

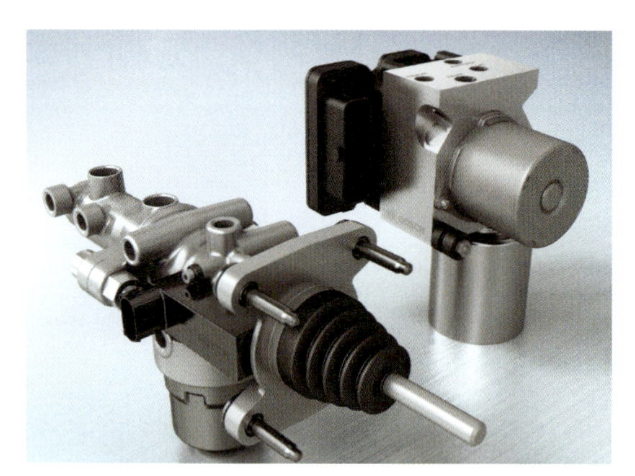

Figura 9.68 Componentes de controle de freios (fonte: Bosch Media).

9.9.2 *Power boost*

Para motoristas com pressa, o motor elétrico e o de combustão podem trabalhar em conjunto, permitindo que o carro acelere de 0 a 100 km/h em 6,5 segundos. Esta função "*power boost*" aumenta a performance para 279 kW (380 hp), oferecendo ao motorista torque de 580 Nm. Comparados com a primeira geração de veículos V8, esses veículos híbridos consomem apenas 40% do combustível. O consumo no ciclo europeu cai para 8,2 litros para 100 km, com emissão equivalente de CO_2 de 193 gramas por km. Ambos os veículos estão em conformidade com a norma Euro 5 e a norma de emissões americanas ULEV 2.

Fato importante

Esta função "*power boost*" aumenta a performance para 279 kW (380 hp), oferecendo ao motorista torque de 580 Nm.

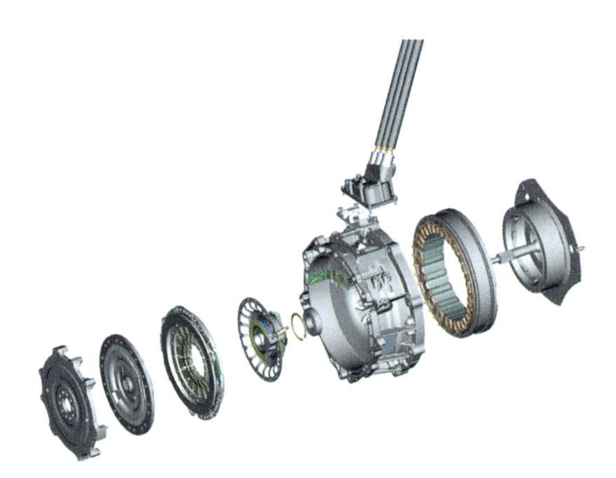

Figura 9.69 Montagem do acoplamento do motor (fonte: Bosch Media).

9.9.3 Sistema de controle

O fato de os motores trabalharem em conjunto tão perfeitamente parte de um sistema moderno de tecnologia de gerenciamento e controle e de componentes híbridos otimizados. A Bosch pode utilizar seus vários anos de experiência nesta área graças ao trabalho desenvolvido em sistema de injeção a gasolina. A unidade de controle é baseada no Motronic, que já provou seu valor em muitos veículos com injeção eletrônica. As funções adicionais necessárias para operação de veículos híbridos foram apenas integradas. A unidade de controle, por exemplo, garante que o motor elétrico e o de combustão estão sintonizados exatamente na mesma velocidade quando ocorre a transferência de torque de um para o outro.

Fato importante

A unidade de controle garante que os motores estejam sintonizados exatamente na mesma velocidade quando ocorre a transferência de torque de um para o outro.

9.9.4 Motores de combustão GDi e híbridos

O motor *supercharged* V6 é parte fundamental do conceito como um todo. A unidade de controle Motronic gerencia o motor de combustão com tremenda precisão, a ponto de controlar injeções individuais. Emprega interface CAN adicional para trocar os dados relevantes com os componentes híbridos, eletrônica de potência e bateria, e o sistema eficiente de injeção eletrônica também reduz as emissões de escape. O motor de combustão e o motor elétrico se complementam perfeitamente, permitindo que híbridos paralelos ofereçam uma série de novas funcionalidades para melhorar o conforto da direção.

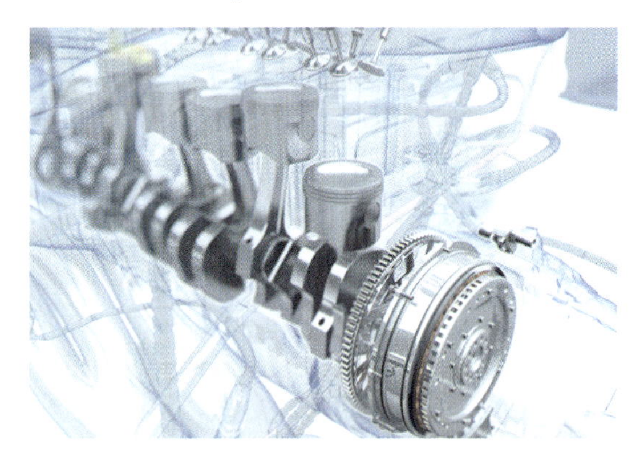

Figura 9.70 Motor integrado na posição correta (fonte: Bosch Media).

9.9.5 Componentes otimizados

A tecnologia do híbrido completo em paralelo pode ser implementada como uma solução efetiva em relação a custo quando comparada com outros conceitos híbridos. Por exemplo, requer apenas um motor elétrico, que opera tanto como motor quanto como gerador. A eletrônica de potência é o componente principal, fornecendo interface entre o acionamento elétrico de alta-tensão e o sistema elétrico de 12 V do veículo, e ainda possui um inversor que converte corrente contínua da bateria para corrente alternada trifásica para o motor elétrico, e vice-versa. Todos os componentes são otimizados em relação ao tamanho e à performance.

Fato importante

Todos os componentes são otimizados em relação ao tamanho e à performance.

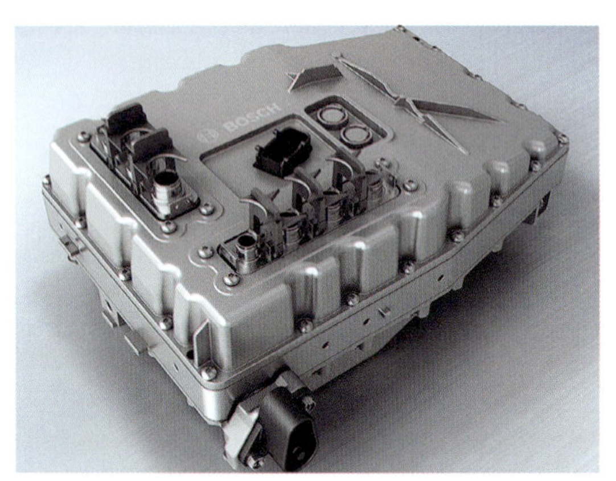

Figura 9.71 Inversor e conversor DC-DC (fonte: Bosch Media).

9.10 Volkswagen Golf GTE

9.10.1 Visão geral

O trem de força do Golf GTE é híbrido *plug-in* paralelo (VHEP). Seus motores (elétrico e de combustão) são conectados um ao outro em modo híbrido. Com saída de 150 kW, o GTE não é apenas econômico, mas muito dinâmico. Tem uma autonomia máxima informada de 939 km e autonomia de 50 km em modo apenas elétrico.

Fato importante

O trem de força do Golf GTE é híbrido *plug-in* paralelo (VHEP).

Figura 9.72 Principais componentes do Golf GTE (fonte: Volkswagen Media).

Motor de combustão interna	110 kW/150 hp
Motor elétrico	75 kW /102 hp
Sistema	150 kW/204 hp
Torque máximo, motor de combustão	250 Nm
Torque máximo, motor elétrico	330 Nm
Torque máximo, sistema	350 Nm
Autonomia elétrica	50 km
Consumo elétrico	11,4 kWh por 100 km
Aceleração 0-100 km/h	7,6 segundos
Velocidade máxima	217 km/h 220 km/h com função *boost*
Consumo de combustível (NEDC)	1,5 litro por 100 km
Emissão de CO_2	35 g/km
Peso sem carga	1.540 kg

9.10.2 Motor e eletrônica de potência

O Golf GTE é equipado com uma máquina síncrona excitada permanentemente com saída máxima de 75 kW. Os ímãs permanentes no rotor são posicionados de forma a alternar os polos positivo e negativo. O estator cria um campo magnético girante, criado pela injeção de corrente nas bobinas de cobre trifásicas. Como resultado da interação com os ímãs permanentes, o rotor gira em sincronia com o estator. O motor compacto no Golf GTE é instalado entre o acoplamento do motor de combustão e os acoplamentos de transmissão.

Fato importante

O estator cria um campo magnético girante.

A eletrônica de potência é responsável pela conversão da corrente elétrica. Para tal, é conectada ao motor e à bateria. Em modo elétrico, seis transistores de alta potência convertem a corrente contínua da bateria de alta-tensão em corrente alternada trifásica que alimenta o motor elétrico. Em modo gerador, a eletrônica de potência retifica a corrente alternada. Isso alimenta o sistema elétrico e recarrega a bateria de alta-tensão.

Figura 9.73 Transmissão e acionamento elétrico (fonte: Volkswagen Media).

9.10.3 Transmissão e motor de combustão interna

Um motor de quatro cilindros 1.4 TSI com saída de 110 kW faz parte do trem de força. A potência é transferida por meio de transmissão dupla de seis velocidades (DSG). Quando o carro é dirigido apenas eletricamente, o motor

Figura 9.74 Motor de combustão, motor elétrico e transmissão (fonte: Volkswagen Media).

de combustão fica desligado. Ele foi construído para fornecer potência total instantaneamente.

A transmissão de seis velocidade facilita a combinação da montagem transversal entre o MCI e o motor elétrico. O fluxo de potência é transferido no eixo de entrada por duas transmissões separadas, cada uma com uma engrenagem de acoplamento.

9.10.4 Bateria

A bateria de alta-tensão de íons de lítio é instalada abaixo do veículo e conectada à eletrônica de potência. O sistema de gerenciamento de bateria monitora e controla a bateria e seu fluxo de energia. A bateria deve ser recarregada anteriormente para fornecer energia para o motor. A bateria de alta-tensão no Golf GTE é totalmente recarregada em 3,5 horas, utilizando alimentação comum de 240 V com potência de 2,3 kW. Leva apenas 2,5 horas

Figura 9.75 Módulo de bateria: 120 kg e 96 células de íons de lítio, totalizando 8,8 kWh em 345 V (fonte: Volkswagen Media).

para recarregar se utilizar um sistema específico ou ponto público de recarga com potência de 3,6 kW. A recarga da bateria é feita por meio da retificação da corrente alternada.

Fato importante

O sistema de gerenciamento de bateria monitora e controla a bateria e seu fluxo de energia.

9.10.5 Sistemas de controle de direção

O motorista pode ter uma boa visão geral da tecnologia do veículo. O Golf GTE é equipado com uma tela de toque que permite ao motorista estar atualizado durante a direção. Além disso, os proprietários podem acessar várias informações a distância por meio de um aplicativo de *smartphone*. O monitoramento da autonomia mostra ao motorista o quão longe pode ir dirigindo em modo apenas elétrico. Essa função também explica como o aumento de autonomia ocorre ao desligar sistemas auxiliares que consomem energia, como controle de temperatura ou aquecimento de assentos.

Um medidor de energia complementa o conta-giros no lado esquerdo do painel de instrumentos. Ele indica se a bateria de alta-tensão está em processo de recarga pela recuperação cinética ou está sendo descarregada.

Figura 9.76 Desenho do fluxo de energia.

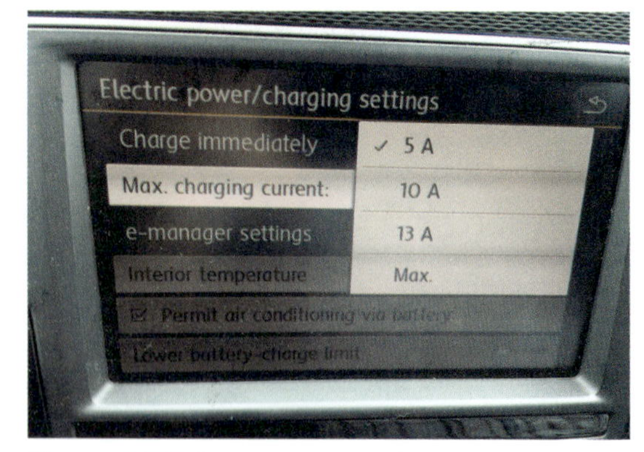

Figura 9.77 A opção de configuração da corrente máxima de recarga determina o tempo de recarga. O valor menor pode ser configurado, por exemplo, quando for utilizada a recarga por um painel solar.

Utilizando o E-Manager, três modos de partida e horários de recarga podem ser configurados. O Golf GTE configura a temperatura interior desejada bem como o estado de carga das baterias para esses horários

Notas

1 Algumas fontes apresentam o termo "poço-ao-tanque". [N.T.]

Bibliografia

Bosch (2011) Automotive Handbook. SAE
Electrical installations and shock information: http://www.electrical-installation.org/enwiki/Electric_shock
Health and Safety Executive UK: https://www.hse.gov.uk
Informações de primeiros-socorros da Tesla Motors: https://www.teslamotors.com/firstresponders
Institute of the Motor Industry (IMI): http://www.theimi.org.uk
Localização de pontos de recarga ZapMap: https://www.zap-map.com
Mennekes (plugues de recarga): http://www.mennekes.de
Mi, C., Abul Masrur, M. & Wenzhong Gao, D. (2011) *Hybrid Electric Vehicles*. Chichester: John Wiley & Sons.

Picoscope: https://www.picoauto.com
Sistema de controle de motor e bateria da Renesas: http://www.renesas.eu
Sistemas *flywheel* da Flybrid: http://www.flybridsystems.com
Society of Automotive Engineers (SAE): http://www.sae.org
Society of Motor Manufacturers and Traders (SMMT): http://www.smmt.co.uk
Transferência de energia *wireless*: https://www.qualcomm.com/products/halo

Referências bibliográficas

Denton, T. (2013) Automobile Electrical and Electronic Systems. London: Routledge.
Larminie, J. and Lowry, J. (2012) Electric Vehicle Technology Explained, Second Edition. Chichester: John Wiley & Sons.

Índice

Impressão e Acabamento
Bartiragráfica
(011) 4393-2911